Manual de Instalações Elétricas

O GEN | Grupo Editorial Nacional – maior plataforma editorial brasileira no segmento científico, técnico e profissional – publica conteúdos nas áreas de ciências exatas, humanas, jurídicas, da saúde e sociais aplicadas, além de prover serviços direcionados à educação continuada e à preparação para concursos.

As editoras que integram o GEN, das mais respeitadas no mercado editorial, construíram catálogos inigualáveis, com obras decisivas para a formação acadêmica e o aperfeiçoamento de várias gerações de profissionais e estudantes, tendo se tornado sinônimo de qualidade e seriedade.

A missão do GEN e dos núcleos de conteúdo que o compõem é prover a melhor informação científica e distribuí-la de maneira flexível e conveniente, a preços justos, gerando benefícios e servindo a autores, docentes, livreiros, funcionários, colaboradores e acionistas.

Nosso comportamento ético incondicional e nossa responsabilidade social e ambiental são reforçados pela natureza educacional de nossa atividade e dão sustentabilidade ao crescimento contínuo e à rentabilidade do grupo.

Manual de Instalações Elétricas

2ª edição

Julio Niskier

Engenheiro Eletricista pela Universidade Federal do Rio de Janeiro – UFRJ.
Mestrado pela UFRJ.
Antigo professor da Escola de Engenharia da UFRJ.
Pós-graduado em Engenharia de Segurança pela UERJ.
Inspetor de Riscos graduado pela Escola Nacional de Seguros do IRB.
Diretor da IECIL – Instalações e Engenharia.

O autor e a editora empenharam-se para citar adequadamente e dar o devido crédito a todos os detentores dos direitos autorais de qualquer material utilizado neste livro, dispondo-se a possíveis acertos caso, inadvertidamente, a identificação de algum deles tenha sido omitida.

Não é responsabilidade da editora nem do autor a ocorrência de eventuais perdas ou danos a pessoas ou bens que tenham origem no uso desta publicação.

Apesar dos melhores esforços do autor, do editor e dos revisores, é inevitável que surjam erros no texto. Assim, são bem-vindas as comunicações de usuários sobre correções ou sugestões referentes ao conteúdo ou ao nível pedagógico que auxiliem o aprimoramento de edições futuras. Os comentários dos leitores podem ser encaminhados à **LTC — Livros Técnicos e Científicos Editora** pelo e-mail ltc@grupogen.com.br.

Direitos exclusivos para a língua portuguesa
Copyright © 2015 by Julio Niskier
LTC — Livros Técnicos e Científicos Editora Ltda.
Uma editora integrante do GEN | Grupo Editorial Nacional

Reservados todos os direitos. É proibida a duplicação ou reprodução deste volume, no todo ou em parte, sob quaisquer formas ou por quaisquer meios (eletrônico, mecânico, gravação, fotocópia, distribuição na internet ou outros), sem permissão expressa da editora.

Travessa do Ouvidor, 11
Rio de Janeiro, RJ — CEP 20040-040
Tels.: 21-3543-0770 / 11-5080-0770
Fax: 21-3543-0896
ltc@grupogen.com.br
www.grupogen.com.br

Capa: Design Monnerat
Editoração Eletrônica: Design Monnerat

CIP-BRASIL. CATALOGAÇÃO NA PUBLICAÇÃO
SINDICATO NACIONAL DOS EDITORES DE LIVROS, RJ

N64m
2. ed.

Niskier, Julio, 1929-
Manual de instalações elétricas / Julio Niskier. - 2. ed. - [Reimpr.]. - Rio de Janeiro : LTC, 2018.
il. ; 24 cm.

Inclui bibliografia e índice
ISBN 978-85-216-2654-1

1. Instalações elétricas 2. Engenharia elétrica. I. Título.

| 14-16383 | CDD: 621.31924 |
| | CDU: 621.316.1 |

In memoriam

Ao inesquecível Professor Archibald Joseph Macintyre,
a gratidão e o reconhecimento pelo exemplo de amizade,
retidão de caráter e extrema competência profissional.

Prefácio à 2ª Edição

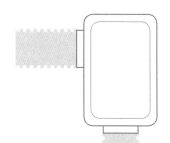

Esta edição resultou do dinamismo com que foi acolhida a edição anterior do Manual, recebida com carinho pelos interessados no assunto das Instalações Elétricas.

Abordamos com simplicidade e clareza os conceitos básicos da matéria para todos aqueles que precisam manipular esses conceitos nos projetos de obras em que estão empenhados. Procuramos vencer as dificuldades trazidas pelas permanentes atualizações das normas técnicas, conduzidas pela ABNT (Associação Brasileira de Normas Técnicas).

Que seja uma ferramenta útil para os que necessitam de tais conhecimentos sobre instalações elétricas no seu dia a dia.

Julio Niskier

Prefácio à 1ª Edição

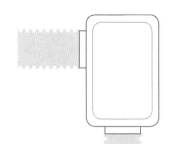

Este livro nasce da feliz conjunção de fatores simultâneos cujo amadurecimento impunha esta publicação. Sobretudo, a nova emissão da ABNT NBR 5410:2004, notável trabalho da Associação Brasileira de Normas Técnicas, "Instalações elétricas de baixa tensão", que impôs novos parâmetros de projeto, exigindo uma publicação didática com essas atualizações. Ela se tornou viável com o apoio da LTC — Livros Técnicos e Científicos Editora Ltda., uma editora integrante do GEN | Grupo Editorial Nacional, que, como em outras ocasiões, atendeu à sugestão do autor visando à divulgação de importantes transformações tecnológicas da legislação básica.

Nossa origem é o livro *Instalações Elétricas*, coautoria do Professor Archibald Joseph Macintyre, que autorizou o uso do texto existente para que fosse elaborado um Manual contendo as principais exigências do novo projeto de instalações elétricas, compatível com o século XXI e os tempos de construção em que vivemos.

Procurei, também, extrair as principais exigências da NBR 5410:2004, aqui apresentadas com rigor e simplicidade, bem como a mais atualizada legislação complementar.

Espero que o Manual encontre abrigo e seja um companheiro fiel nos empreendimentos de engenheiros, técnicos, projetistas, enfim, dos milhares e milhares de usuários da eletricidade em baixa tensão, insumo básico de obras que fazem a nossa grandeza.

Deixo aqui consignada a mais profunda gratidão a todos que colaboraram para tornar possível esta publicação.

Julio Niskier

Sumário

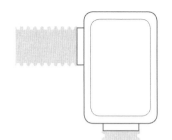

1 Conceitos Básicos de Eletricidade com Vistas a Instalações, 1

1.1 Constituição da Matéria, 1
1.2 Grandezas Elétricas, 2
1.3 Produção de uma Força Eletromotriz, 13
1.4 Geração de Corrente em um Alternador, 15
1.5 Potência Fornecida pelos Alternadores, 21
1.6 Ligação dos Aparelhos de Consumo de Energia Elétrica, 25
1.7 Emprego de Transformadores, 26

2 Fornecimento de Energia aos Prédios. Alimentadores Gerais, 33

2.1 Legislação, 34
2.2 Normas Técnicas do Corpo de Bombeiros do Estado do Rio de Janeiro – Código de Segurança contra Incêndio e Pânico (COSCIP), 36
2.3 Modalidades de Ligações, 37
2.4 Limites de Fornecimento de Energia Elétrica, 38
2.5 Definições, 40
2.6 Procedimentos para Solicitação de Fornecimento, 48
2.7 Dados Fornecidos pela Concessionária, 49
2.8 Caixas Padronizadas, 49
2.9 Proteção Geral de Entrada, 57
2.10 Entrada Coletiva, 59
2.11 Aterramento das Instalações, 62

3 Instalações para Iluminação e Aparelhos Domésticos, 67

3.1 Normas que Regem as Instalações em Baixa Tensão, 67
3.2 Elementos Componentes de uma Instalação Elétrica, 67
3.3 Estimativa de Carga, 79
3.4 Esquemas Fundamentais de Ligações, 82
3.5 Potência Instalada e Potência de Demanda, 92
3.6 Intensidade da Corrente, 93
3.7 Fornecimento às Unidades Consumidoras, 95
3.8 Cálculo da Carga Instalada e da Demanda, 97
3.9 Sistema Elétrico de Emergência, 111
3.10 Exemplos de Avaliação de Demandas, 112

4 Economia dos Condutores Elétricos. Dimensionamento e Instalação. Aterramento. O Choque Elétrico, 125

4.1 Considerações Básicas, 125
4.2 Seções Mínimas dos Condutores, 126
4.3 Tipos de Condutores, 128
4.4 Dimensionamento dos Condutores, 128
4.5 Número de Condutores Isolados no Interior de um Eletroduto, 156
4.6 Cálculo dos Condutores pelo Critério da Queda de Tensão, 160
4.7 Aterramento, 166
4.8 Cores dos Condutores, 174

5 Comando, Controle e Proteção dos Circuitos, 177

5.1 Dispositivos de Comando dos Circuitos, 177
5.2 Dispositivos de Proteção dos Circuitos, 182
5.3 Relés de Subtensão e Sobrecorrente, 191
5.4 Dispositivo Diferencial-residual. Proteção Contracorrente de Fuga à Terra, Sobrecarga e Curto-circuito, 192
5.5 Relés de Tempo, 194
5.6 *Master Switch*, 194
5.7 Relé de Partida, 196
5.8 Comando por Células Fotoelétricas, 198
5.9 Seletividade, 200
5.10 Variador da Tensão Elétrica, 203

6 Contra o Desperdício de Energia. Correção do Fator de Potência. Harmônicos nas Instalações de Edifícios, 207

6.1 Fundamentos, 207
6.2 Regulamentação sobre o Fator de Potência, 208
6.3 Correção do Fator de Potência, 213
6.4 Aumento na Capacidade de Carga pela Melhora do Fator de Potência, 215
6.5 Equipamentos Empregados, 220
6.6 Prescrições para Instalação de Capacitores, 221
6.7 Associação de Capacitores, 227
6.8 Determinação do Fator de Potência, 228
6.9 Comentários Gerais, 229
6.10 Harmônicos nas Instalações de Edifícios, 229

7 Proteção das Edificações. Para-raios Prediais. Sistemas de Proteção contra Descargas Atmosféricas (SPDA), 233

7.1 Eletricidade Atmosférica, 233
7.2 Classificação dos Para-raios, 235
7.3 Sistema de Proteção contra Descargas Atmosféricas (SPDA), 236
7.4 Resistência de Terra, 241
7.5 Dimensionamento de um SPDA, 242
7.6 Métodos de Cálculo da Proteção contra Descargas Atmosféricas, 243

8 Edifício Inteligente. Sistemas de Segurança e Centrais de Controle, 249

8.1 Edifício Inteligente, 249
8.2 Sistemas de Alarme contra Roubo, 251
8.3 Sistemas de Alarme contra Fogo, Fumaça e Gases, 251
8.4 Central de Supervisão e Controle, 257

9 Execução das Instalações. Materiais Empregados e Tecnologia de Aplicação, 263

9.1 Definições gerais, 263
9.2 Condutos, 268
9.3 Instalação em Dutos, 281
9.4 Instalação em Calhas e Canaletas, 281
9.5 Molduras, Rodapés e Alizares, 290
9.6 Espaços Vazios e Poços para Passagem de Cabos, 292
9.7 Instalações sobre Isoladores, 292
9.8 Instalações em Linhas Aéreas, 293
9.9 Caixas de Embutir, Sobrepor e Multiuso , 295
9.10 Caixas de Distribuição Aparentes (Conduletes), 297
9.11 Quadros Terminais de Comando e Distribuição, 300

10 Exemplo de Projeto de Instalação Elétrica, 303

10.1 Elaboração de Projeto, 303
10.2 Elementos Constitutivos de um Projeto, 303
10.3 Projeto de um Prédio de Apartamentos, 305

11 Unidades e Conversões de Unidades, 331

11.1 Unidades Básicas do Sistema Internacional de Unidades – SI, 331
11.2 Prefixos no Sistema Internacional (os mais usuais), 331
11.3 Unidades Elétricas e Magnéticas, 332
11.4 Tabela de Fatores de Conversão, 333
11.5 Equivalências Importantes, 337
11.6 Alfabeto Grego, 338

Bibliografia, 341

Índice, 345

Material Suplementar

Este livro conta com o seguinte material suplementar:

- Ilustrações da obra em formato de apresentação (restrito a docentes)

O acesso ao material suplementar é gratuito. Basta que o leitor se cadastre em nosso *site* (www.grupogen.com.br), faça seu *login* e clique em GEN-IO, no menu superior do lado direito. É rápido e fácil.

Caso haja alguma mudança no sistema ou dificuldade de acesso, entre em contato conosco (sac@grupogen.com.br).

GEN-IO (GEN | Informação Online) é o repositório de materiais suplementares e de serviços relacionados com livros publicados pelo GEN | Grupo Editorial Nacional, maior conglomerado brasileiro de editoras do ramo científico-técnico-profissional, composto por Guanabara Koogan, Santos, Roca, AC Farmacêutica, Forense, Método, Atlas, LTC, E.P.U. e Forense Universitária. Os materiais suplementares ficam disponíveis para acesso durante a vigência das edições atuais dos livros a que eles correspondem.

Manual de Instalações Elétricas

Conceitos Básicos de Eletricidade com Vistas a Instalações

1.1 Constituição da Matéria

A compreensão dos fenômenos elétricos supõe um conhecimento básico da estrutura da matéria, cujas noções fundamentais serão resumidas a seguir.

Toda matéria, qualquer que seja seu estado físico, é formada por partículas denominadas *moléculas*. As moléculas são constituídas por combinações de tipos diferentes de partículas extremamente pequenas, que são os átomos. Quando uma determinada matéria é composta de átomos iguais, é denominada *elemento químico*. É o caso, por exemplo, do oxigênio, hidrogênio, ferro etc., que são alguns dos elementos que existem na natureza. A molécula da água, como sabemos, é uma combinação de dois átomos de hidrogênio e um de oxigênio.

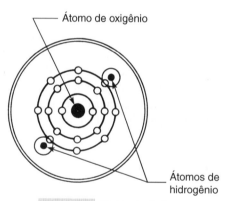

Figura 1.1 Molécula da água.

Os átomos são constituídos por partículas extraordinariamente pequenas, das quais as mais diretamente relacionadas com os fenômenos elétricos básicos são as seguintes:

- *prótons*, que possuem carga elétrica positiva;
- *elétrons*, possuidores de carga negativa;
- *nêutrons*, que são eletricamente neutros.

Uma teoria bem fundamentada afirma que a estrutura do átomo tem certa semelhança com a do sistema solar. O *núcleo*, em sua analogia com o sol, é formado por *prótons* e *nêutrons*, e em redor dele giram, com grande velocidade, elétrons planetários. Tais elétrons são numericamente iguais aos prótons, e esse número influi nas características do elemento químico.

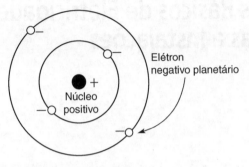

Carga total do núcleo: +4
Carga total dos elétrons: −4

Figura 1.2 Átomo com duas camadas de elétrons.

Os elétrons, que giram segundo órbitas mais exteriores, são atraídos pelo núcleo com uma força de atração menor do que a exercida sobre os elétrons das órbitas mais próximas do núcleo. Como os elétrons mais exteriores podem ser retirados de suas órbitas com certa facilidade, são denominados *elétrons livres*.

O acúmulo de elétrons em um corpo caracteriza sua *carga elétrica*. Apesar de o número de elétrons livres constituir uma pequena parte do número de elétrons presentes na matéria, eles são, todavia, numerosos. O movimento desses elétrons livres se realiza com uma velocidade da ordem de 300 000 km/s e se denomina "corrente elétrica".

Em certas substâncias, a atração que o núcleo exerce sobre os elétrons é pequena; estes elétrons têm maior facilidade de se libertar e deslocar. É o que ocorre nos metais como a prata, o cobre, o alumínio etc., denominados, por isso, *condutores elétricos*. Quando, ao contrário, os elétrons externos se acham submetidos a forças interiores de atração que dificultam consideravelmente sua libertação, as substâncias em que isso ocorre são denominadas *isolantes elétricos*. É o caso do vidro, das cerâmicas, dos plásticos etc. Pode-se dizer que um *condutor elétrico* é um material que oferece pequena resistência à passagem dos elétrons, e um *isolante elétrico* é o que oferece resistência elevada à corrente elétrica.

Assim como em hidráulica, a unidade de volume de líquido é o m^3; em eletricidade prática exprime-se a "quantidade" de eletricidade em *coulombs*.[*]

1.2 Grandezas Elétricas

1.2.1 Potencial elétrico

Quando, entre dois pontos de um condutor, existe uma diferença entre as concentrações de elétrons, isto é, de carga elétrica, diz-se que existe um *potencial elétrico* ou uma *tensão elétrica* entre esses dois pontos.

Consideremos uma pilha comum. A ação química obriga as cargas positivas a se reunirem no terminal positivo e os elétrons ou cargas negativas a se reunirem no terminal negativo. Dessa forma cria-se uma pequena diferença de potencial energético (d.d.p.) entre esses terminais, que estabe-

---
[*] COULOMB, Charles de — físico francês (1736-1806).

lecerá um deslocamento dos elétrons entre o terminal negativo e o positivo. Esse deslocamento de elétrons deve-se à ação de uma força chamada *força eletromotriz* (f.e.m.). Se estabelecermos um circuito fechado, ligando um terminal ao outro por um condutor, a tensão a que os elétrons livres estão submetidos desloca-se ao longo do condutor, estabelecendo-se assim uma *corrente elétrica*, cujo sentido é definido por convenção (do polo positivo [+] para o polo negativo [−], no circuito externo), como se vê na Fig. 1.3, embora se saiba que o sentido real da corrente é do polo negativo para o polo positivo.

Se em vez de uma pilha ou bateria tivermos um *gerador elétrico rotativo*, realizar-se-á fenômeno semelhante. Desenvolve-se no gerador uma tensão interna do polo negativo (−) para o positivo (+), que é a força eletromotriz, graças à qual o gerador fornece corrente a um condutor ligado aos seus terminais, orientada do polo negativo (−) para o polo positivo (+).

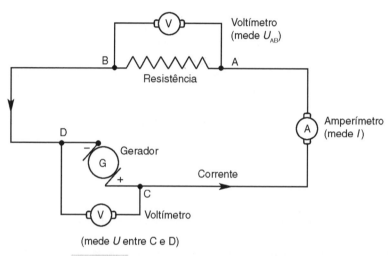

Figura 1.3 Circuito elétrico com resistência ôhmica.

A tensão é medida em *volts*, cuja definição será apresentada mais adiante e determinada com o voltímetro.

Convenciona-se empregar as letras E para designar a f.e.m. gerada ou induzida nos terminais de um gerador ou bateria. Usa-se, em geral, a letra U para representar a tensão ou diferença de potencial entre dois pontos de um circuito pelo qual a corrente passa. Uma parte da f.e.m. é aplicada em vencer a resistência interna do próprio gerador quando fornece a corrente. Essa perda interna é a diferença entre E e U, como será visto no item 1.2.2.

1.2.2 Intensidade da corrente elétrica

Os elétrons livres dos átomos de uma certa substância normalmente se deslocariam em todas as direções. Quando, em um condutor, o movimento de deslocamento de elétrons livres é mais intenso em um determinado sentido, diz-se que existe uma *corrente elétrica* ou um *fluxo elétrico* no condutor. A *intensidade* da corrente é caracterizada pelo número de elétrons livres que atravessa uma determinada seção do condutor na unidade de tempo. A unidade de intensidade da corrente elétrica é o *ampère*.

Ampère (A)* é a corrente elétrica invariável que, mantida em dois condutores retilíneos, paralelos, de comprimento infinito e de área de seção transversal desprezível e situados no vácuo a 1 metro de distância um do outro, produz entre esses condutores uma força igual a 2×10^{-7} newtons** por metro de comprimento desses condutores (Inmetro — Instituto Nacional de Metrologia).

A medição da intensidade da corrente efetua-se com o auxílio de um *amperímetro*, ligado em *série* no circuito. Define-se, na prática, o ampère como a intensidade de escoamento de 1 coulomb em 1 segundo. Por analogia, a corrente elétrica se assemelha à *vazão* em hidráulica, expressa em m^3/s, por exemplo.

1.2.3 Resistência elétrica

Existe uma força de atração entre os elétrons e os respectivos núcleos atômicos e que resiste à liberação dos elétrons para o estabelecimento da corrente elétrica. Abreviadamente, designa-se essa oposição ao fluxo da corrente como *resistência*. Nos materiais ditos *condutores*, a corrente elétrica circula facilmente, porque a resistência que neles se verifica é pequena. Nos materiais isolantes, ocorre o contrário.

A unidade de resistência elétrica é o *ohm (Ω)*,*** que corresponde à resistência de um fio de mercúrio a 0 °C, com um comprimento de 1,063 m e uma seção de 1 mm^2. Equivale à resistência elétrica de um elemento de circuito tal que uma diferença de potencial constante, igual a 1 *volt*, aplicada aos seus terminais, faz circular nesse elemento uma corrente invariável de 1 ampère.

$$1 \, \Omega = \frac{1 \, V}{1 \, A} \tag{1.1}$$

A resistência de um condutor depende de quatro fatores: material, comprimento, área da seção e temperatura.

A *resistividade* ou *resistência específica* de um material homogêneo e isótropo é tal que um cubo com 1 metro de aresta apresenta uma resistência elétrica de 1 ohm entre faces opostas. Seu símbolo é o ρ (rô). O Inmetro indica como unidade de resistividade o *ohm $\times$ metro* ($\Omega \times$ m).

A resistência de um *condutor* de seção uniforme, expressa em *ohms*, é dada por:

$$R = \rho \, \frac{l}{S} \tag{1.2}$$

sendo:

l — comprimento do condutor (m)
S — seção reta do condutor (m^2)
ρ — resistividade do condutor ($\Omega \times$ m)

Pode-se usar a fórmula com:
S em mm^2; ρ em $\Omega \times mm^2/m$

---

* AMPÈRE, André Marie — físico e matemático francês (1775-1836).
** NEWTON, Sir Isaac — cientista e matemático inglês (1642-1727).
*** OHM, Georg Simon — físico alemão (1787-1854).

Valores da resistividade ρ a 15 °C
Cobre — 0,0178 $\Omega \times$ mm²/m, ou $\frac{1}{56}$ $\Omega \times$ mm²/m
Alumínio — 0,028 $\Omega \times$ mm²/m
Prata-liga — 0,300 $\Omega \times$ mm²/m

Denominam-se *resistores* os elementos de circuito elétrico que se caracterizam por sua *resistência*.

EXEMPLO 1.1

Calcular a resistência de um condutor de cobre a 15 °C, sabendo-se que sua seção é de 3 mm² e que seu comprimento é de 200 m.

Solução

Para o cobre, $\rho = 0,0178$ $\Omega \times$ mm²/m
A resistência é dada por:

$$R = \rho \frac{l}{S} \therefore R = \rho \left[\Omega \times \frac{mm^2}{m} \right], \text{ sendo } l \text{ (m) e } S \text{ (mm}^2\text{)};$$

portanto,

$$R = \frac{0,0178 \times 200}{3} = 1,186 \text{ ohm}$$

Variação de resistência com a temperatura

A resistência do condutor depende da temperatura a que ele se acha submetido.
Denomina-se *coeficiente de temperatura* (α) a variação da resistência de um condutor, quando a temperatura varia de 1 °C.
Para o cobre, $\alpha = 0,0039$ °C^{-1} a 0 °C e 0,004 °C^{-1} a 20 °C.
Para o alumínio, $\alpha = 0,0038$ °C^{-1} a 20 °C.
A variação de resistência com a temperatura é expressa por:

$$R_t = R_0 (1 + \alpha t) \tag{1.3}$$

sendo
R_0 — resistência a 0 °C (Ω)
R_t — resistência a uma temperatura de t °C (Ω)
Se a temperatura variar de t_1 para t_2, a resistência variará do valor R_0 para o valor R_t, segundo a expressão:

$$R_t = R_0 [1 + \alpha (t_2 - t_1)] \tag{1.4}$$

Exemplo 1.2

Um condutor de cobre tem uma resistência de 120 Ω a 20 °C. Qual será sua resistência se a temperatura for de 50 °C?
  Dado: $\alpha_{cobre} = 0{,}004\ °C^{-1}$ a 20 °C

Solução

$$R_t = R_0\,[1 + \alpha\,(t_2 - t_1)]$$

$$R_{50} = 120\,[1 + 0{,}004\,(50 - 20)] = 134{,}4 \text{ ohms}$$

1.2.4 Lei de Ohm

A intensidade da corrente I que percorre um condutor é diretamente proporcional à f.e.m. E, que a produz, e inversamente proporcional à *resistência R* do condutor, isto é:

$$I = \frac{E}{R} \qquad (1.5)$$

em que
  I — intensidade da corrente (A)
  E — tensão ou f.e.m. (V)
  R — resistência (Ω)

A lei de Ohm é aplicável, sob esta forma simples, para:
  a) circuitos de corrente contínua contendo apenas uma f.e.m.;
  b) condutores ou resistências de corrente contínua;
  c) *qualquer circuito contendo apenas resistências.*

Para circuitos envolvendo elementos mais complexos que serão vistos adiante, a lei de Ohm não se aplica sob essa forma simples.

Exemplo 1.3

Qual a resistência da lâmpada incandescente ligada a um circuito de 120 V, sabendo-se que o amperímetro indica 0,5 A e que a resistência dos fios é desprezível?

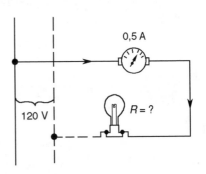

Figura 1.4 Esquema do circuito elétrico, indicando a resistência a ser determinada.

Solução

A diferença de potencial existente entre os parafusos do soquete da lâmpada é de 120 V, de modo que temos:

$$R = \frac{U}{I} = \frac{120}{0,5} = 240 \ \Omega$$

1.2.5 Potência elétrica

A *potência* é definida como o trabalho efetuado na unidade de tempo. Assim como a potência hidráulica é dada pelo produto do desnível energético pela vazão, a potência elétrica, para um circuito puramente resistivo, é obtida pelo produto da *tensão U* pela *intensidade da corrente I*:

$$P = U \times I \tag{1.6}$$

A unidade de potência é o *watt* (W), sendo 1 kW = 1 000 W.

Pela lei de Ohm, sabemos que:

$$U = R \times I$$

de modo que podemos escrever:

$$P = R \times I^2 \tag{1.7}$$

e
$$R = \frac{U}{I}, \text{ sendo } P = U \times I \text{ e } I = \frac{P}{U}; \text{ logo, } R = \frac{U^2}{P}. \tag{1.8}$$

EXEMPLO 1.4

Um chuveiro elétrico indica na plaqueta 3 000 W e 220 V. Quais os valores da corrente que o chuveiro absorve e da sua resistência?

Solução

$$I = \frac{P}{U} = \frac{3\ 000}{220} = 13,6\,\text{A}$$

e

$$R = \frac{U^2}{P} = \frac{220^2}{3\ 000} = 16,1\ \Omega$$

1.2.6 Energia e trabalho

A energia consumida, ou o trabalho elétrico T efetuado, é dada pelo produto da potência P pelo tempo t, durante o qual o fenômeno elétrico ocorre. As fórmulas que permitem calcular este valor são:

$$T = P \times t = \text{watt} \times \text{hora (Wh)} \tag{1.9}$$

ou

$$T = U \times I \times t = \text{watt} \times \text{hora (Wh)} \tag{1.10}$$

$$T = \frac{R \times I^2 \times t}{1\,000} = \text{quilowatt} \times \text{hora (kWh)} \tag{1.11}$$

$$T = \frac{U \times I \times t}{1\,000} = \text{quilowatt} \times \text{hora (kWh)} \tag{1.12}$$

O consumo de energia é medido em *kWh* pelos aparelhos das empresas concessionárias, e a tarifa é cobrada em termos de consumo, expresso na mesma unidade.

1.2.7 Queda de tensão

A *tensão* representa nível energético elétrico. A corrente elétrica, ao percorrer um circuito constituído por condutores e outros elementos resistivos, despende a energia de que está dotada, a fim de vencer as resistências que lhe são opostas. Portanto, a tensão vai se reduzindo a partir da fonte geradora até o retorno da corrente à mesma fonte. Diz-se, pois, que ocorre uma *queda de tensão* ou *perda de carga energética* ao longo do circuito.

A tensão nos terminais do gerador, U, é igual à f.e.m. do gerador menos o produto da corrente que dele parte pela sua *resistência* interna, isto é:

$$U = f.e.m. - R_i \times I$$

A tensão na resistência interna R_e (aparelho de consumo de energia) é inferior à tensão do gerador U devido à queda de tensão (Fig. 1.5) ao longo do circuito $\Delta U_{c_1} - \Delta U_{c_2}$, assim:

$$U_{R_e} = U - \Delta U_{c_1} - \Delta U_{c_2}$$

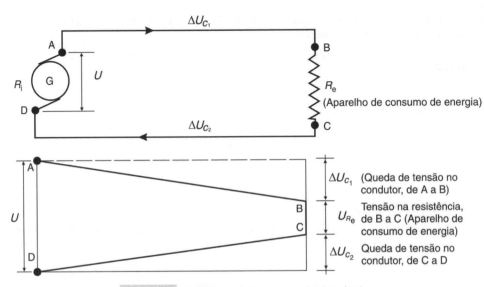

Figura 1.5 Queda de tensão em um circuito elétrico.

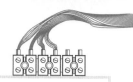

Exemplo 1.5

A tensão nominal (sem ligação de carga) de uma bateria é de 24 V, e sua resistência interna é de 0,5 Ω.

Ligou-se um aparelho de consumo à bateria e mediu-se num voltímetro, colocado nos bornes da bateria, uma tensão de 22 V. Qual a intensidade da corrente fornecida?

Solução

$$\text{f.e.m.}\ (E) = 24\ \text{V};\ R_i = 0{,}5\ \Omega;\ U = 22\ \text{V}$$

Sabemos que:
$$E = U + I \times R_i$$

Logo:
$$I = \frac{E - U}{R_i} = \frac{24 - 22}{0{,}5} = 4\ \text{A}$$

Exemplo 1.6

Um circuito de corrente contínua consome 20 A, e a queda de tensão no ramal que o alimenta não deve exceder 5 V. Qual a máxima resistência que pode ter esse ramal? (Ver Fig. 1.6.)

Solução

$$R = \frac{U}{I} = \frac{5}{20} = 0{,}25\ \Omega\ \text{para os dois condutores. Cada um deverá ter } 0{,}125\ \Omega.$$

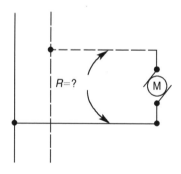

Figura 1.6 Esquema do circuito elétrico, indicando a resistência a ser calculada.

1.2.8 Circuitos com resistências associadas

1.2.8.1 Circuitos com resistências em série

Diz-se que existem resistências (resistores) associadas em série quando são ligadas, extremidade com extremidade, diretamente ou por meio de trechos de condutores.

A Fig. 1.7 mostra que a mesma corrente I percorre todas as resistências e que a tensão U se divide pelos diversos elementos que constituem o circuito.

Assim:
$$U_{BE} = U_{BC} + U_{CD} + U_{DE} \tag{1.15}$$

e a resistência total equivalente será a soma das resistências em série no circuito.
$$R = R_1 + R_2 + R_3 \tag{1.16}$$

Exemplo 1.7

Na Fig. 1.7 as resistências são $R_1 = 42,9\ \Omega$, $R_2 = 36,4\ \Omega$ e $R_3 = 18,5\ \Omega$.

Se aplicarmos entre os pontos B e E uma tensão de 220 volts, qual será a corrente que percorrerá o circuito?

Solução

A resistência equivalente R será:
$$R = 42,9 + 36,4 + 18,5 = 97,8\ \Omega$$

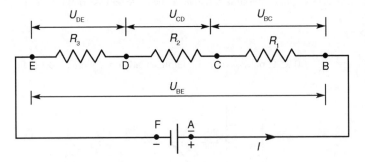

Figura 1.7 Circuito com resistências em série.

A intensidade de corrente I será:
$$I = \frac{U}{R} = \frac{U}{R_1 + R_2 + R_3} = \frac{220}{97,8} = 2,249\ A$$

Exemplo 1.8

Considerando o circuito do Exemplo 1.7, conhecidas as resistências R_1, R_2 e R_3 e a intensidade da corrente acima determinada (2,249 A), calcular os valores da diferença de potencial nos terminais de cada uma das resistências e nos terminais B e E do circuito.

Solução

Apliquemos a lei de Ohm, $U = R \times I$, a cada um dos trechos do circuito.
Para:
$$R_1, U_1 = I \times R_1 = 2{,}249 \times 42{,}9 = 96{,}482 \text{ V}$$
$$R_2, U_2 = I \times R_2 = 2{,}249 \times 36{,}4 = 81{,}863 \text{ V}$$
$$R_3, U_3 = I \times R_3 = 2{,}249 \times 18{,}5 = 41{,}606 \text{ V}$$

a diferença de potencial entre B e E será:
$$U_{BE} = U_1 + U_2 + U_3 = 219{,}95 \simeq 220 \text{ V}$$

1.2.8.2 Circuitos com resistências em paralelo

No circuito em paralelo, as extremidades das resistências estão ligadas a um ponto comum. As diversas resistências estão submetidas à mesma diferença de potencial, e a intensidade de corrente total é dividida entre os elementos do circuito, de modo inversamente proporcional às resistências.

Se um certo número de resistências $R_1, R_2, R_3, ..., R_n$ estiver associado em paralelo, a *resistência efetiva ou equivalente* do conjunto poderá ser calculada por:

$$\frac{1}{R} = \frac{1}{R_1} + \frac{1}{R_2} + \frac{1}{R_3} + ... + \frac{1}{R_n} \quad (1.17)$$

e

$$\frac{1}{R} = \frac{P_1 + P_2 + P_3 + ... + P_n}{U^2} \quad (1.18)$$

sendo $P_1, P_2, P_3, ..., P_n$ as potências dos aparelhos correspondentes, respectivamente, às resistências $R_1, R_2, R_3, ..., R_n$. As correntes serão dadas por:

$$I_1 = \frac{U}{R_1} \,;\, I_2 = \frac{U}{R_2} \,;\, I_3 = \frac{U}{R_3} \,;\, ...;\, I_n = \frac{U}{R_n} \quad (1.19)$$

Exemplo 1.9

Uma corrente de 25 A percorre um circuito com três resistências $R_1 = 2{,}5\ \Omega$, $R_2 = 4{,}0\ \Omega$ e $R_3 = 6{,}0\ \Omega$ em paralelo (Fig. 1.8). Determinar as parcelas de corrente total que percorrem cada uma das resistências.

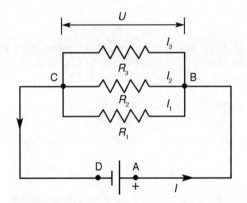

Figura 1.8 Circuito com resistências em paralelo.

Solução

Temos:

$$\frac{1}{R} = \frac{1}{R_1} + \frac{1}{R_2} + \frac{1}{R_3} = \frac{1}{2,5} + \frac{1}{4} + \frac{1}{6} = 0,40 + 0,25 + 0,16 = 0,81$$

$$R = \frac{1}{0,81} = 1,234\,\Omega$$

Mas,

$$U = R_1 \times I_1 \quad \text{(I)}$$

$$U = R \times I \quad \text{(II)}$$

Dividindo-se (I) por (II), fica

$$R_1 \times I_1 = R \times I$$

logo,

$$\frac{I}{I_1} = \frac{R_1}{R}$$

donde,

$$I_1 = \frac{I \times R}{R_1} = \frac{25 \times 1,234}{2,5} = 12,34 \text{ A}$$

$$I_2 = \frac{I \times R}{R_2} = \frac{25 \times 1,234}{4} = 7,71 \text{ A}$$

$$I_3 = \frac{I \times R}{R_3} = \frac{25 \times 1,234}{6} = 5,14 \text{ A}$$

Verificação:

$$I = I_1 + I_2 + I_3 = 12,34 + 7,71 + 5,14 = 25,19 \text{ A} \simeq 25 \text{ A}$$

1.3 Produção de uma Força Eletromotriz

Como vimos no início deste capítulo, para que circule uma corrente elétrica é necessário haver uma diferença de tensão elétrica entre dois pontos. Estabelece-se o movimento de elétrons livres, do ponto de maior tensão para o de menor tensão ou tensão nula. A tensão elétrica é produzida em dispositivos ou máquinas adequados, e quando medida nos terminais destes geradores de eletricidade é, como vimos, denominada *força eletromotriz* (f.e.m.). Portanto, é necessário recorrer-se a um gerador de força eletromotriz para criar um desnível energético capaz de promover o deslocamento dos elétrons livres, isto é, a corrente elétrica ao longo dos condutores e dos aparelhos e equipamentos elétricos de utilização.

A obtenção da força eletromotriz pode realizar-se de várias maneiras:

- por *atrito* do vidro contra o couro, e da ebonite contra a lã;
- pela *ação da luz* sobre uma película de selênio ou telúrio, depositada sobre uma chapa de ferro (células fotoelétricas e fotovoltaicas);
- pela ação *de compressão* e *tração* sobre cristais como o de quartzo (efeito piezoelétrico);
- por *aquecimento* do ponto de soldagem entre dois metais diferentes (efeito termelétrico);
- por *ação química* de soluções de sais, ácidos e bases, na presença de dois metais diferentes ou de metal e carvão (pilhas e baterias) e nas células de hidrogênio;
- *por indução eletromagnética*, no caso dos geradores rotativos.

Vejamos como se estabelece uma f.e.m. por efeito de indução eletromagnética. Três são os processos pelos quais se pode obtê-la:

1) Pelo movimento de um condutor num campo magnético

Dado um campo magnético (formado por um ímã, por exemplo), se deslocarmos, com movimento de rotação, um condutor (uma espira), de modo que corte as linhas de força do campo magnético, origina-se uma f.e.m. entre os dois extremos do condutor. Se este estiver ligado a um circuito externo, circulará uma corrente elétrica pelo mesmo; este é o princípio do método empregado na produção da f.e.m. de um gerador de corrente elétrica, e o fenômeno se denomina *indução eletromagnética*.

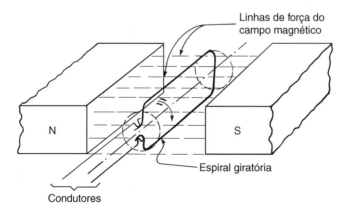

Figura 1.9 Rotação de um condutor em um campo magnético.

2) Pelo movimento de um campo magnético no interior de um solenoide

Se deslocarmos um ímã no interior de um solenoide, de tal modo que as linhas de força do campo magnético sejam cortadas pelas espiras desse solenoide, estabelecer-se-á entre os terminais do solenoide uma f.e.m. Se os terminais estiverem ligados a um circuito externo, circulará no mesmo uma corrente elétrica.

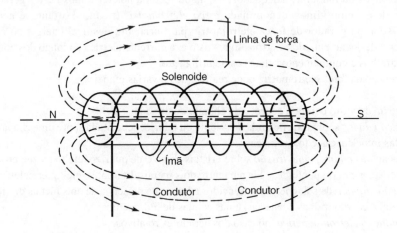

Figura 1.10 Deslocamento longitudinal de um ímã no interior de um solenoide.

3) Pela variação da intensidade de um campo magnético a cuja ação se acha submetido um condutor com espiras helicoidais

Este, a rigor, não é propriamente um método de geração de f.e.m., pois a variação de intensidade do campo magnético por uma corrente supõe a existência deste campo. Suponhamos que o núcleo representado na Fig. 1.11 seja constituído por um material capaz de ser magnetizado temporariamente (p. ex., o aço silício) e que em torno do anel enrolemos dois condutores independentes um do outro, constituindo duas bobinas.

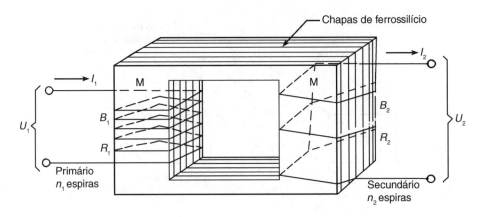

Figura 1.11 Esquema básico de um transformador monofásico.

Se fizermos passar uma corrente elétrica em uma das bobinas envolvendo o núcleo de aço silício, teremos formado um eletroímã e, em consequência, um campo magnético. Se esta corrente for alternada, a intensidade do campo mudará a cada variação da intensidade da corrente. Esta variação do fluxo magnético através da segunda bobina determinará, em seus terminais, o aparecimento de uma f.e.m. Se esta segunda bobina estiver ligada a um circuito externo, circulará, na mesma, uma corrente elétrica. Este princípio é empregado nos *transformadores*. A primeira bobina constituirá o *primário*, e a segunda, o *secundário* do transformador.

1.4 Geração de Corrente em um Alternador

1.4.1 Gerador monofásico

Vejamos de uma forma simples como se estabelece uma f.e.m. em um alternador monofásico. Para isso, consideremos a Fig. 1.12, onde vemos uma espira de material bom condutor de eletricidade que gira, com velocidade angular constante, em torno do seu eixo longitudinal, no espaço compreendido entre os dois polos de um ímã permanente (supondo campo magnético uniforme).

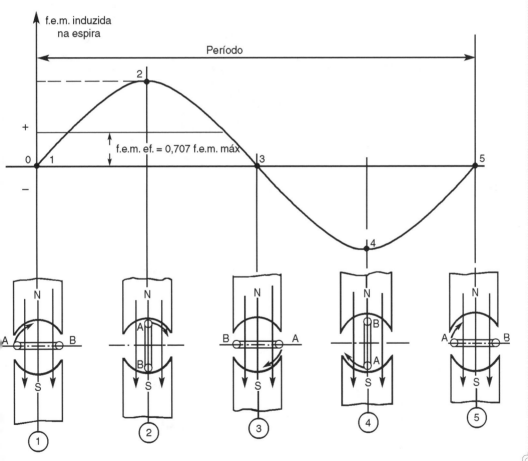

Figura 1.12 Gerador de corrente elétrica monofásica e variação da f.e.m. em um período.

Na posição *1*, a f.e.m. gerada é igual a zero, porque nessa posição nenhum dos dois lados da espira corta as linhas magnéticas e não há modificação do campo magnético na espira.

Na posição *2*, há uma grande modificação no campo magnético, e a f.e.m. que ocorre é máxima.

Na posição *3*, não há corte das linhas de fluxo magnético pela espira, e a f.e.m. é novamente nula. A partir de *3*, verifica-se a inversão no sentido da f.e.m. no condutor, porque cada condutor se encontra agora sob o polo de sinal oposto ao que correspondia às posições entre *1* e *3*. De *3* a *4*, a f.e.m. cresce com sinal negativo, e de *4* a *5* o valor da mesma decresce ainda negativamente até zero. Continuando o movimento da rotação, a f.e.m. irá variar, repetindo-se o ciclo.

Na Fig. 1.12 acham-se representados, no eixo das abscissas, as posições sucessivas da bobina, e nas ordenadas, os valores da f.e.m. induzida, resultando uma curva senoidal.

Na Fig. 1.13 vemos que a f.e.m. pode ser aplicada ao fornecimento da corrente elétrica a um circuito por meio de dois anéis I e II. Cada anel tem sua superfície externa contínua e é isolado eletricamente do outro e do eixo da espira. Uma lâmina metálica ou "escova" de carvão apoia-se sobre cada um dos anéis e conduz a corrente para o circuito externo.

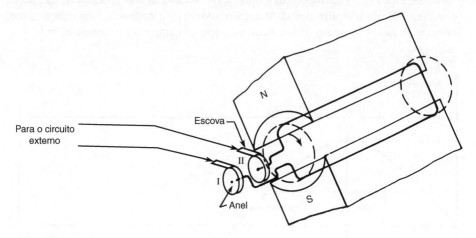

Figura 1.13 Espira de gerador monofásico com anéis e escovas (representação esquemática).

1.4.2 Gerador trifásico elementar

Um alternador trifásico elementar é constituído por três bobinas, gerando tensões defasadas entre si de 120°.

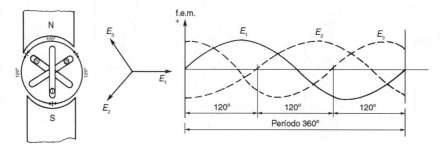

Figura 1.14 Variação da f.e.m. em uma volta completa do sistema.

Valores eficazes

Intensidade eficaz de uma corrente alternada é definida como a quantidade de uma corrente contínua equivalente, isto é, com um valor capaz de produzir os mesmos efeitos térmicos que a primeira. Demonstra-se que ela é igual à raiz quadrada da média dos quadrados dos valores das intensidades instantâneas. Seu valor é medido com o amperímetro ou calculado por:

$$I_{ef} = \frac{I_{máx}}{\sqrt{2}} = I_{máx} \times 0{,}707, \text{ sendo } \frac{1}{\sqrt{2}} = 0{,}707 \quad (1.20)$$

e

$$U_{ef} = \frac{U_{máx}}{\sqrt{2}} = U_{máx} \times 0{,}707, \text{ sendo } \frac{1}{\sqrt{2}} = 0{,}707 \quad (1.21)$$

1.4.3 Grandezas a serem consideradas em um circuito de corrente alternada

1.4.3.1 Somente com resistência

Numa resistência, a variação da forma de onda da corrente que a atravessa e da tensão aplicada acontece simultaneamente, significando que a tensão e a corrente estão em fase: $\varphi = 0$.

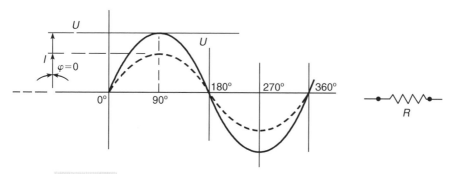

Figura 1.15 Variação de *U* e *I* quando a carga é ôhmica (resistência pura).

1.4.3.2 Reatância indutiva

Entende-se por *reatância indutiva* a oposição à passagem da corrente alternada em uma bobina; isto se deve ao fato de existir em uma bobina o fenômeno de autoindução, que é a capacidade da bobina de induzir tensão em si mesma, quando a corrente varia. A reatância indutiva é representada por X_L.

Os enrolamentos dos motores e transformadores representam *cargas indutivas*, ao passo que os ferros elétricos, chuveiros, torradeiras, aquecedores e lâmpadas incandescentes representam simplesmente *cargas reativas*.

A *reatância indutiva* X_L depende da *frequência f* (hertz)[*] da corrente e da *indutância L* (expressa em henrys,[**] H).

$$X_L = 2\pi \times f \times L \quad (1.22)$$

---

[*] HERTZ, Heinrich Rudolf — físico alemão (1857-1894).
[**] HENRY, Joseph — físico norte-americano (1797-1878).

Quando a carga de um circuito é indutiva, existe uma diferença entre a tensão e a corrente porque esta última sofre um atraso em seu deslocamento, devido ao efeito da autoindução. Quando a resistência ôhmica é desprezível, isto é, só se considera a indutância, a defasagem entre I e U é de 90°, conforme mostra a Fig. 1.16.

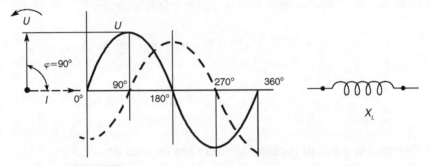

Figura 1.16 Variação de U e I quando a carga é indutiva, apenas.

1.4.3.3 Impedância indutiva

Quando existe uma resistência ôhmica R no mesmo circuito que uma reatância indutiva X_L, temos a impedância indutiva Z, em que

$$Z = \sqrt{R^2 + X_L^2} \qquad (1.23)$$

1.4.3.4 Reatância capacitiva

Um **capacitor** é um dispositivo elétrico que acumula eletricidade, ou seja, concentra elétrons. Os capacitores oferecem certa resistência à passagem da corrente alternada, que se denomina **reatância capacitiva** e se designa por X_c, calculada por:

$$X_c = \frac{1}{2 \times \pi \times f \times C}$$

sendo f a frequência da corrente em hertz e C a capacitância em *farads*.*

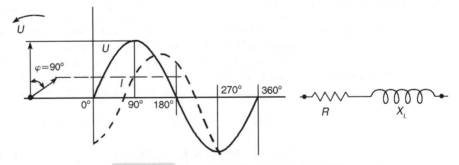

Figura 1.17 Variação de U e I quando há R e X_L.

---

* FARADAY, Michael — físico e químico inglês (1791-1867).

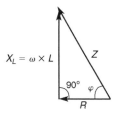

Figura 1.18 Triângulo de impedâncias.

Quando existe reatância capacitiva, a corrente se apresenta adiantada de 90° em relação à tensão: $\varphi = -90°$.

Quando existe resistência ôhmica no mesmo circuito onde existe um capacitor, a impedância capacitiva é calculada por:

$$Z = \sqrt{R^2 + X_c^2}$$

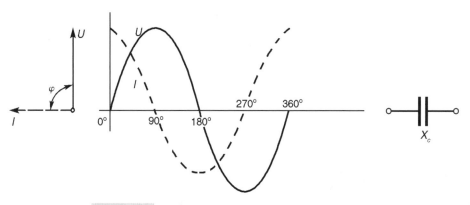

Figura 1.19 Variação de U e I quando existir um capacitor.

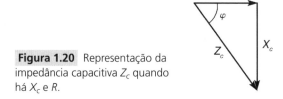

Figura 1.20 Representação da impedância capacitiva Z_c quando há X_c e R.

1.4.3.5 Impedância

Há circuitos em que temos resistência ôhmica (R), reatância indutiva (X_L) e reatância capacitiva (X_c). Neste caso, a impedância Z será a soma vetorial destas três grandezas.

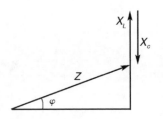

Figura 1.21 Representação da impedância Z.

1.4.4 Ligações dos enrolamentos dos geradores trifásicos

O alternador trifásico possui um *induzido*, dotado de três enrolamentos defasados de 120°, de modo que tudo se passa como se nele houvesse três circuitos monofásicos associados.

Quando os três enrolamentos do induzido têm um ponto de ligação comum 0, chamado *ponto neutro*, dizemos que o alternador se acha montado ou ligado em *estrela* (ou Y). Se pelos três fios-fase A, B e C passar corrente com a mesma intensidade, isto é, se o sistema estiver equilibrado, no ponto 0 não passará corrente, daí seu nome de *ponto neutro*.

Acontece que, normalmente, poderão ocorrer correntes de intensidades diferentes nas três fases e, neste caso, usa-se um quarto condutor, ligado ao ponto 0, e que serve como condutor de retorno da *corrente de compensação*. Este condutor é o *condutor neutro* ou simplesmente o *neutro*, como se costuma dizer. Pelo neutro não passará corrente se pelas três fases estiverem passando correntes de mesma intensidade, isto é, se estiverem equilibradas.

A Fig. 1.22 representa esquematicamente o induzido de um alternador trifásico em estrela e o esquema gráfico da rede que o alternador alimenta.

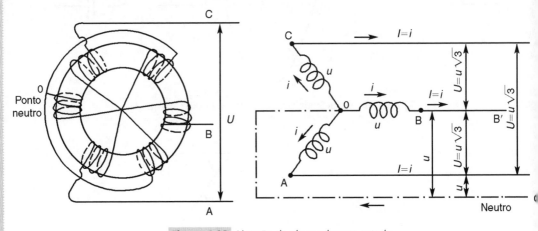

Figura 1.22 Ligação de alternador em *estrela*.

Não cabendo aqui o estudo dos alternadores, diremos apenas que, se chamarmos de i a intensidade eficaz da corrente que atravessa uma bobina do induzido, e de u a tensão eficaz entre o borne da bobina e o ponto neutro, teremos uma intensidade de corrente eficaz I nos condutores da linha, tal que

$$I = i \qquad (1.26)$$

e uma diferença de potencial entre os fios-fase igual a U, tal que

$$U = u\sqrt{3} \qquad (1.27)$$

Quando os enrolamentos do induzido são ligados entre si, de modo a constituírem um circuito fechado, diz-se que a ligação é em *triângulo* ou delta (Δ). As três linhas de alimentação (fases) partem dos pontos de junção A, B e C das bobinas. Esta disposição não comporta *ponto neutro* nem *fio-neutro*.

Ligação de alternador em triângulo (delta)

A ligação em delta é raramente empregada em alternadores por causa da corrente de circulação que se estabelece no circuito ABC do induzido, quando as forças eletromotrizes geradas nos três enrolamentos não se equilibram. Essa corrente não é desejável, uma vez que ela provoca efeitos de aquecimento e interferências, sobretudo onde houver circuitos.

A Fig. 1.23 representa esquematicamente o gerador e a rede, segundo a ligação em triângulo.

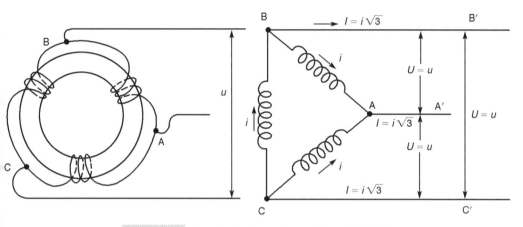

Figura 1.23 Ligação de alternador em triângulo (delta).

Na ligação em triângulo, temos:

Tensão de linha

$$U = u$$

sendo *u* a tensão entre fases.

Corrente de linha

$$I = i\sqrt{3}$$

sendo *i* a corrente de fase.

1.5 Potência Fornecida pelos Alternadores

1.5.1 Expressão da potência

A potência trifásica ativa, tanto para a disposição de alternador em estrela quanto em triângulo, é a mesma, e vem a ser a soma das potências das três fases. Calcula-se pela fórmula:

$$P = U \times I \times \sqrt{3} \times \cos \varphi \qquad (1.30)$$

sendo:

U a *tensão eficaz* entre dois fios-fase e

I a *corrente eficaz* na linha.

φ é o *ângulo de defasagem* de I em relação a U na representação vetorial dessas grandezas.

1.5.2 Fator de potência

Em um circuito de corrente alternada onde existem apenas resistências ôhmicas, a potência lida no wattímetro é igual ao produto da intensidade de corrente I (lida no amperímetro) pela diferença de potencial U (lida no voltímetro). Isto se deve ao fato de a corrente e a tensão terem o mesmo ângulo de fase ($\varphi = 0$). Quando neste circuito inserirmos uma bobina, notaremos que a potência lida no wattímetro passará a ser menor que o produto $V \times A$; isto se explica pelo fato de que a bobina causa o efeito de atrasar a corrente em relação à tensão, criando uma defasagem entre elas ($\varphi \neq 0$), como mostrado na Fig. 1.16.

A potência lida no wattímetro denomina-se *potência ativa* P e é expressa em watts (W). A potência total dada pelo produto da tensão U pela corrente I denomina-se *potência aparente* P_a e é expressa em volt-ampères (VA)

$$P_a = \sqrt{3} \times U \times I \tag{1.31}$$

De posse da potência ativa e da potência aparente, podemos definir fator de potência como a relação entre estas duas potências.

$$\text{Fator de potência} = \frac{P}{P_a} = \cos \varphi \tag{1.32}$$

O fator de potência pode apresentar-se sob duas formas:

1) em circuitos puramente resistivos:

$$\boxed{\cos \varphi = 1}$$

2) em circuitos com indutância:

$$\boxed{\cos \varphi < 1}$$

Na Fig. 1.24 acha-se representado um circuito monofásico no qual o amperímetro indica $I = 10$ A e o voltímetro $U = 220$ V. A potência *aparente* ou *total* é dada por $P_a = U \times I = 10 \times 220 = 2\ 200$ volts-ampères (VA), mas o wattímetro indica 1 870 watts, para a potência *real* ou *ativa*.

O fator de potência para este circuito monofásico será:

$$\frac{\text{Potência ativa}}{\text{Potência total}} = \frac{\text{W}}{\text{VA}} = \frac{1\ 870}{2\ 200} = 0,85 \text{ ou } 85\ \%$$

isto é, $\cos \varphi = 0,85$. Logo, o ângulo de defasagem de I em relação a U será de 32°.

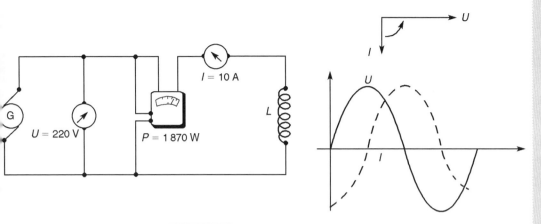

Figura 1.24 Circuito com indutância.

Vemos que, quando o fator de potência é inferior à unidade, existe um consumo de energia não medida no wattímetro, consumo aplicado na produção da indução magnética. Uma instalação com baixo fator de potência, para produzir uma potência ativa P, requer uma potência aparente P_a maior, o que onera essa instalação com o custo mais elevado de cabos e equipamentos.

A parte da potência consumida pelos efeitos de indução é denominada *potência reativa*, e demonstra-se que esta potência, somada vetorialmente com a potência ativa (em watts), fornece o produto volt-ampère (VA, kVA).

A potência reativa é medida em VAr.

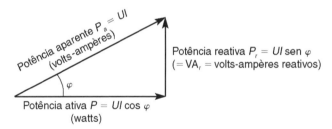

Figura 1.25 Potência a considerar quando há indutância.

Pela Fig. 1.25 temos:

$$P_r = \sqrt{P_a^2 - P^2} \qquad (1.33)$$

Devido ao inconveniente causado por um baixo fator de potência, as empresas concessionárias de energia elétrica exigem um fator de potência igual ou maior do que 0,92. Essa obrigatoriedade segue as determinações da Agência Nacional de Energia Elétrica – ANEEL, Resolução normativa nº 414, de 9 de setembro de 2010. O não cumprimento desse limite sujeita o consumidor ao pagamento de um ajuste pelo baixo fator de potência.

Todas as instalações de lâmpadas ou tubos de iluminação a vapor de mercúrio, neônio, fluorescente, ultravioleta, cujo fator de potência seja inferior a 0,90, deverão ser providas dos dispositivos de correção necessários para que seja atingido o fator de potência de 0,90, no mínimo, valor este obtido junto ao medidor da instalação.

Nos casos de instalações com baixo fator de potência, consegue-se corrigi-las (elevá-lo) intercalando-se um *capacitor* em um circuito com indutância, pois o capacitor faz com que a corrente avance em relação à tensão, e este efeito "anula" o efeito da indutância (ver Fig. 1.19). Outro recurso também muito usado para melhoria do fator de potência em instalações industriais é o uso de motores síncronos superexcitados, que têm a propriedade de fornecer a componente natural ou deswattada da potência.

1.5.3 Rendimento

Entende-se por rendimento de uma máquina elétrica a razão entre sua potência de saída e sua potência de entrada.

$$\eta = \frac{P_s}{P_{ent}}$$ (1.34)

Por essa expressão notamos que num bom aproveitamento de potência pela máquina teremos o rendimento próximo de 1.

EXEMPLO 1.10

A potência de um motor elétrico, trifásico, alimentado em 220 V, 25 cv, 18,5 kW. O fator de potência é 0,82 e seu rendimento, 0,86 (Tabela 6.16). Calcular a corrente de alimentação do motor, as potências aparente e reativa.

$$1 \text{ cv} = 736 \text{ W}$$

Dados:
$P_m = 18,5$ kW = 25 cv
$U = 220$ V
$\cos \alpha = 0,82$
$\eta = 0,86$

Solução

1) Intensidade da corrente
   Da Equação 1.30, tiramos:

$$I = \frac{P_m}{U\sqrt{3}\,\cos\varphi\cdot\eta} = \frac{18\,500}{200\sqrt{3}\times 0,82 \times 0,86} = 69 \text{ A}$$

2) Potência aparente
   Da Equação 1.31, tem-se que:

$$P_a = \sqrt{3} \times 220 \times 69 = 26,2 \text{ kVA}$$

3) Potência ativa

$$P = \frac{P_m}{\eta} = \frac{18,5}{0,86} = 21,5 \text{ kW}$$

sendo P_m = potência mecânica do motor.

4) Potência reativa
   Da Equação 1.33 tiramos:

$$P_r = \sqrt{26,2^2 - 21,5^2} = 15 \text{ kVAr}$$

1.6 Ligação dos Aparelhos de Consumo de Energia Elétrica

Os circuitos dos receptores de energia elétrica de corrente alternada trifásica, do mesmo modo que os dos alternadores ou dos transformadores, podem ser ligados em triângulo ou em estrela. Vejamos os dois casos.

1.º Caso. Ligação dos receptores em triângulo (delta)

Consideremos a Fig. 1.26, onde se acha representada uma ligação de lâmpadas em triângulo. A corrente que passa em cada lâmpada é dada por $i = I/\sqrt{3}$, sendo I a corrente em cada fase, A, B ou C.

A tensão entre os terminais das lâmpadas é a mesma que a existente entre as fases da rede (não levando em conta a queda de tensão).

A potência P' consumida em cada uma das lâmpadas é $P' = U \times i$, e a potência total P consumida nas três lâmpadas é:

$$P = U \times I \times \sqrt{3}$$

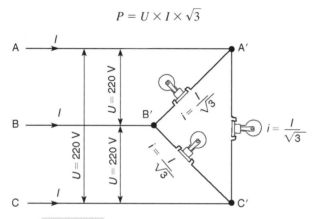

Figura 1.26 Ligação de lâmpadas em triângulo.

2.º Caso. Ligação dos aparelhos em estrela

A Fig. 1.27 indica três lâmpadas (ou aparelhos) ligadas em estrela, com fio neutro.

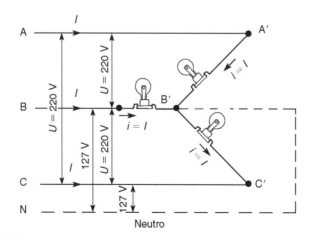

Figura 1.27 Ligação de aparelho (no caso, lâmpadas) entre fases e o ponto neutro.

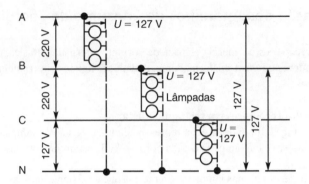

Figura 1.28 Diagrama de ligação de aparelhos entre fase e neutro. As lâmpadas acham-se ligadas em paralelo, havendo, entre os parafusos do receptáculo de cada uma, a tensão de 127 V.

A tensão u que existe entre os parafusos ou bornes de cada receptor é igual à que existe entre um fio-fase e o neutro aos quais se acha ligado, e é dada por $U/\sqrt{3}$, sendo U a tensão entre as fases da rede.

Na prática, para iluminação, o que se verifica quase sempre é a distribuição em estrela com fio neutro. No item 4.7.4. será mostrado como e quando deverá ser aterrado o neutro.

1.7 Emprego de Transformadores

1.7.1 Conceito de transformador

Demonstra-se que, para uma mesma potência, a tensão elétrica em um condutor é inversamente proporcional à área da seção transversal deste condutor. Isto quer dizer que, para uma mesma potência a transmitir, quanto maior a tensão, menor precisará ser a seção do condutor, e, portanto, menor será seu custo. Assim, se a potência for transmitida sob uma tensão de 6 000 V, os condutores terão seção transversal muito menor do que se a tensão for de 220 V, havendo, pois, na primeira hipótese, economia de material.

Exemplo 1.11

Suponhamos uma potência de 100 kW a ser transmitida, sendo cos $\varphi = 0{,}92$.

1.ª Solução

Se projetarmos a transmissão de energia sob 220 V, a corrente no condutor será:

$$I = \frac{P}{U \times \sqrt{3} \times \cos \varphi} = \frac{100\,000}{220 \times \sqrt{3} \times 0{,}92} = 285{,}26 \text{ A}$$

2.ª Solução

Se projetarmos a transmissão de energia sob 6 000 V, a corrente será:

$$I = \frac{100\ 000}{6\ 000 \times \sqrt{3} \times 0,92} = 10,46 \text{ A}$$

Conclusão

A potência transmitida em 6 000 V será de muito menor custo tendo em vista a menor seção do condutor, pois passamos de $I = 285,26$ A (em 220 V) para $I = 10,46$ A (em 6 000 V).

Para se elevar a tensão de modo a transmitir a corrente com economia nas linhas de transmissão e depois baixar a tensão, para que a energia possa ser utilizada com segurança nos edifícios ou aparelhos, emprega-se o chamado *transformador*.

O *transformador* é o dispositivo que realiza a transformação de uma corrente alternada, sob uma tensão, para outra corrente alternada, sob uma nova tensão, sem praticamente alterar o valor da potência. O tipo mais comumente empregado é o *transformador estático*. Consta essencialmente de um núcleo de chapas de aço silício *MM* em torno do qual são enroladas duas bobinas fixas, B_1 e B_2, conforme a Fig. 1.11. A bobina B_1 tem n_1 espiras e acha-se ligada aos polos do alternador A. Essa bobina constitui o *indutor* ou *primário* do transformador, e a corrente alternada que o atravessa engendra no circuito magnético *MM* um fluxo de indução alternativo.

A segunda bobina B_2 possui n_2 espiras e acha-se ligada à rede de distribuição interna; tem o nome de *induzido* ou *secundário* do transformador, e a corrente que passa por suas espiras é gerada pela indução a que se acham submetidas.

Denomina-se *relação de transformação* de um transformador a relação entre a tensão nos bornes do primário e a existente nos bornes do secundário. A relação de transformação é a mesma que a existente entre os números das espiras e inversa à relação entre as correntes que por elas passam:

$$\frac{U_1}{U_2} = \frac{n_1}{n_2} = \frac{I_2}{I_1} \tag{1.35}$$

Nos casos mais comuns, a energia é fornecida pelas concessionárias aos prédios em baixa tensão (220/127 V) ou (380/220 V). Entretanto, em indústrias e prédios de grande potência, pode vir a ser necessário o suprimento em média tensão, devendo ser construída uma estação abaixadora de tensão pelo consumidor.

Os transformadores podem ser monofásicos ou trifásicos.

1.7.2 Ligação de transformadores trifásicos

Um transformador trifásico é, em síntese, um agrupamento de três transformadores monofásicos cujos circuitos elétricos (enrolamentos) são distintos e independentes mas têm em comum o núcleo de ferrossilício.

Em função do sistema de distribuição adotado e das tensões a serem transformadas, os três enrolamentos monofásicos que constituem a unidade trifásica podem ser ligados de várias maneiras, duas das quais, em especial, merecem referência:

a) ligação em triângulo ou delta;
b) ligação em estrela.

1.7.2.1 Ligação em triângulo

É muito empregada pela economia de material condutor utilizado na fabricação dos transformadores. De fato, se chamarmos de i a corrente nas espiras do secundário, a corrente I nas linhas de distribuição será notavelmente maior, porque:

$$I = i\sqrt{3} \qquad (1.36)$$

Acha-se representado na Fig. 1.29 um esquema de ligação $\Delta\Delta$ (triângulo-triângulo), isto é, primário e secundário ligados em triângulo.

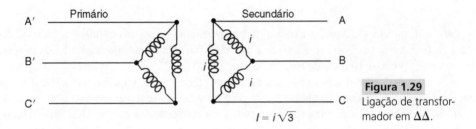

Figura 1.29 Ligação de transformador em $\Delta\Delta$.

1.7.2.2 Ligação de transformador com secundário em estrela

É muito empregada quando se deseja que o secundário tenha tensões muito elevadas, a fim de diminuir a tensão em cada transformador, nas suas respectivas bobinas, e, por conseguinte, facilitar e baratear seu isolamento e construção.

Representemos, na Fig. 1.30, uma instalação de transformador para elevar 5 000 V a 55 000 V, usando um transformador com primário em triângulo e secundário em estrela.

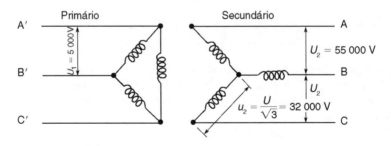

Figura 1.30 Ligação de transformador em ΔY.

Entre fase e neutro do transformador, a tensão não será mais de 55 000 V. Será, apenas, de

$$u_2 = \frac{U_2}{\sqrt{3}} = \frac{55\,000}{1{,}73} \approx 32\,000 \text{ V}$$

o que conduz a um isolamento de menor custo nas espiras.

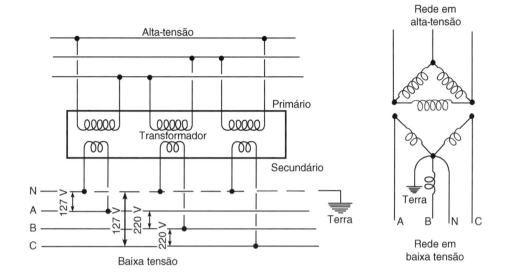

Figura 1.31 Ligação de transformador em ΔY utilizada para distribuição de iluminação em 220/127 V (ou 380/220 V).

Nas redes de distribuição para iluminação, o secundário, em baixa tensão, exigindo a distribuição com três fases e neutro, obriga o emprego de transformador com secundário em estrela.

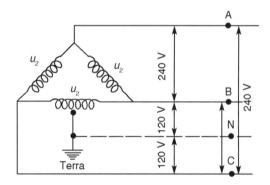

Figura 1.32 Secundário em Δ com neutro.

Em alguns casos, é necessário prever uma alimentação em baixa tensão com o secundário do transformador em Δ, havendo um condutor *neutro* que sai do *tap* central de uma das bobinas.

Na Fig. 1.33 acha-se representada uma rede de distribuição típica, como descrito anteriormente.

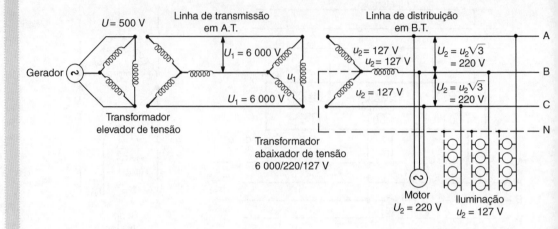

Figura 1.33 Rede de distribuição usual nas instalações elétricas de edificações.

Biografia

**EDISON, THOMAS (ALVA)
(1847–1931)**

Físico norte-americano e inventor muito criativo. Edison não recebeu educação formal, foi expulso da escola ao ser considerado retardado, tendo sido educado por sua mãe. Durante a Guerra Civil Americana trabalhou como operador de telégrafo, período em que inventou e patenteou um gravador elétrico. Três anos mais tarde, em 1809, inventou um papel especial para enviar a todo o país as cotações da bolsa. Vendeu a patente por US$30 000 e abriu um laboratório de pesquisa industrial. Decidiu aplicar seu tempo integralmente em invenções, registrando um total de 1 069 patentes antes de morrer. Suas mais notáveis invenções foram o microfone, para complementar o telefone de Graham Bell, o fonógrafo (dispositivo para gravar som, inventado em 1877) e o bulbo da lâmpada elétrica. Suas experiências com a lâmpada exigiram uma extraordinária soma de tentativas, com erros e acertos, nas quais usou mais de 6 000 substâncias até encontrar uma, a fibra de bambu cartonizado. Isso conduziu a geradores elétricos de maior eficiência, cabos de força, medidor elétrico e a revolucionária luz residencial e iluminação pública. O impacto de Edison na vida do século XX foi imenso, e sua reputação como o mais produtivo gênio inventivo permaneceu sem-par.

Fornecimento de Energia aos Prédios. Alimentadores Gerais

2

Ocorreram modificações no sistema elétrico brasileiro. A *privatização* das empresas de eletricidade, a criação da ANEEL (Agência Nacional de Energia Elétrica), bem como a edição de documentos básicos que enumeraremos a seguir:

I. AGÊNCIA NACIONAL DE ENERGIA ELÉTRICA – ANEEL – RESOLUÇÃO NORMATIVA Nº 414, DE 9 DE SETEMBRO DE 2010. Estabelece as Condições Gerais de Fornecimento de Energia Elétrica de forma atualizada e consolidada.

II. NORMA BRASILEIRA ABNT NBR 5410:2004, Instalações elétricas de baixa tensão, Revisão de 2004, Versão Corrigida de 17.03.2008.

III. NORMA BRASILEIRA ABNT NBR 14039:2005, Instalações elétricas de média tensão de 1,0 kV a 36,2 kV, segunda edição de 31.05.2005, válida a partir de 30.06.2005.

IV. LIGHT SESA – RECON – BT – ENTRADAS INDIVIDUAIS E COLETIVAS. Regulamentação para o fornecimento de energia elétrica a consumidores em Baixa Tensão. Novembro de 2007.

V. LIGHT SESA – RECON – MT – Até 34,5 kV. Regulamentação para o fornecimento de energia elétrica a consumidores atendidos em média tensão. Outubro de 2005.

VI. NORMAS TÉCNICAS DO CORPO DE BOMBEIROS DO ESTADO DO RIO DE JANEIRO – Código de segurança contra incêndio e pânico (COSCIP), de 21 de julho de 1975 e decretos publicados atinentes ao assunto.

Esses documentos influenciam o sistema elétrico de nosso país. À medida que se desenvolvam os assuntos seguintes deste livro, apresentaremos as interferências nos textos, especialmente dos capítulos citados a seguir:

Nº do Capítulo	Título
3	Instalações para iluminação e aparelhos domésticos
4	Economia dos condutores elétricos. Dimensionamento e instalação. Aterramento. O choque elétrico
5	Comando, controle e proteção do circuito
6	Contra o desperdício de energia Correção do fator de potência
10	Exemplo de projeto de instalações elétricas

Este Capítulo 2 — Fornecimento de Energia aos Prédios. Alimentadores Gerais, também foi revisto, como veremos.

2.1 Legislação

A ANEEL, que assumiu suas funções para fortalecer o Estado regulador, vem fixar "as Condições Gerais de Fornecimento de Energia Elétrica", fiscaliza as empresas concessionárias privatizadas em suas atividades de distribuição e comercialização da eletricidade no país. Em 2007, foi editada pela Light SESA a *Regulamentação* elaborada sob a responsabilidade técnica do ilustre Engº Clayton Guimarães do Vabo, dividida em:

a) Condições gerais
   1) Introdução;
   2) Terminologia e definições;
   3) Dispositivos legais;
   4) Limites de fornecimento de energia elétrica;
   5) Solicitação de fornecimento de energia elétrica;
   6) Proteção da instalação de entrada de energia elétrica;
   7) Medição;
   8) Aterramento das instalações;
   9) Materiais padronizados;
   10) Compensação de reativos;
   11) Condição de uso da proteção diferencial residual.
b) Seção 01.07.00
   Determinação da carga instalada
c) Seção 02.07.00
   Padrão de ligação de entradas de energia elétrica individuais
d) Seção 03.07.00
   Padrão de ligação de entrada de energia coletiva
e) Figuras, tabelas, anexos

2.1.1 Principais definições da Resolução Normativa nº 414 da ANEEL, de 9 de setembro de 2010

- *Carga instalada:* Soma das potências nominais dos equipamentos elétricos instalados na unidade consumidora, em condições de entrar em funcionamento, expressa em quilowatts (kW).
- *Demanda:* Média das potências elétricas ativas ou reativas, solicitadas ao sistema elétrico pela parcela da carga instalada em operação na unidade consumidora, durante um intervalo de tempo especificado, expressa em quilowatts (kW) e quilovolt-ampère-reativo (kVAr), respectivamente.
- *Tensão secundária de distribuição:* Tensão disponibilizada no sistema elétrico da concessionária com valores inferiores a 2,3 kV.
- *Tensão primária de distribuição:* Tensão disponibilizada no sistema elétrico com valores padronizados iguais ou superiores a 2,3 kV.

2.1.2 Limites de fornecimento

Compete à Distribuidora informar ao Interessado a tensão de fornecimento para a Unidade Consumidora (UC), com observância dos seguintes critérios:

   I – tensão secundária em rede aérea: quando a carga instalada na Unidade Consumidora for igual ou inferior a 75 kW;

II – tensão secundária em sistema subterrâneo: até o limite de carga instalada, conforme padrão de atendimento da Distribuidora;

III – tensão primária de distribuição inferior a 69 kV: quando a carga instalada na Unidade Consumidora for superior a 75 kW e a demanda a ser contratada pelo interessado, para o fornecimento, for igual ou inferior a 2 500 kW; e

IV – tensão primária de distribuição igual ou superior a 69 kV, quando a demanda a ser contratada pelo Interessado for superior a 2 500 kW.

2.1.3 Ponto de entrega (PE)

O ponto de entrega é a conexão do sistema elétrico da Distribuidora com a Unidade Consumidora e situa-se no limite da via pública com a propriedade onde esteja localizada a Unidade Consumidora, vedada a passagem aérea ou subterrânea por vias públicas e propriedades de terceiros, exceto quando:

I – existir propriedade de terceiros, em área urbana, entre a via pública e a propriedade onde esteja localizada a Unidade Consumidora, caso em que o ponto de entrega (PE) se situará no limite da via pública com a primeira propriedade;

II – tratar-se de condomínio horizontal, onde a rede elétrica interna não seja de propriedade da Distribuidora, caso em que o ponto de entrega (PE) se situará no limite da via pública com o condomínio horizontal;

III – tratar-se de um condomínio horizontal, onde a rede elétrica interna seja de propriedade da Distribuidora, caso em que o ponto de entrega (PE) se situará no limite da via interna com a propriedade onde esteja localizada a Unidade Consumidora;

IV – a Distribuidora deve adotar todas as providências com vistas a viabilizar o fornecimento, operar e manter o seu sistema elétrico até o ponto de entrega (PE), caracterizado como o limite de sua responsabilidade, observadas as condições estabelecidas na legislação e regulamentos aplicáveis.

V – a Distribuidora deve atender, gratuitamente, a solicitação de aumento de carga de Unidade Consumidora, desde que a carga instalada, após o aumento, não ultrapasse 50 kW e não seja necessário realizar acréscimo de fases da rede em tensão igual ou superior a 2,3 kV.

2.1.4 Responsabilidades

A Distribuidora deve atender, gratuitamente, à solicitação de fornecimento para Unidade Consumidora, localizada em propriedade ainda não atendida, cuja carga instalada seja menor ou igual a 50 kW, que possa ser efetivada:

I – mediante extensão de rede, em tensão inferior a 2,3 kV, inclusive instalação ou substituição de transformador, ainda que seja necessário realizar reforço ou melhoramento na rede em tensão igual ou inferior a 138 kV; ou

II – em tensão inferior a 21,3 kV ainda que seja necessária a extensão da rede em tensão igual ou inferior a 138 kV, observando o respectivo plano de universalização de energia elétrica da Distribuidora;

III – a Distribuidora deve atender, gratuitamente, à solicitação de aumento de carga de Unidade Consumidora, desde que a carga instalada após o aumento não ultrapasse 50 kW e não seja necessário realizar acréscimo de fases da rede em tensão igual ou superior a 2,3 kV.

2.2 Normas Técnicas do Corpo de Bombeiros do Estado do Rio de Janeiro – Código de Segurança contra Incêndio e Pânico (COSCIP)

1) Todas as instalações, materiais e aparelhagens exigidos somente serão aceitos quando satisfizerem as condições deste código, às das Normas, às da Light SESA, às do Inmetro e a da ABNT (Associação Brasileira de Normas Técnicas).

2) Para a edificação cuja altura exceda a 12 metros do nível do logradouro público ou da via interior, serão exigidos Canalização Preventiva Contra Incêndio, portas corta-fogo leves e metálicas e escadas previstas e sistema elétrico ou eletrônico de emergência.

3) Conjuntos de bombas
Haverá sempre dois sistemas de alimentação, um elétrico e outro a explosão, podendo ser este último substituído por gerador próprio.
As bombas elétricas terão instalação independente da rede elétrica geral. As bombas serão de partida automática e dotadas de dispositivo de alarme que denuncie o seu funcionamento.

4) Na área destinada ao estacionamento de veículos a iluminação será feita utilizando-se material elétrico (lâmpadas, tomadas e interruptores) blindado e à prova de explosão.

5) Nos teatros e cinemas, haverá luzes de emergência com fonte de energia própria; quando ocorrer uma interrupção de corrente, as luzes de emergência deverão iluminar o ambiente de forma a permitir uma perfeita orientação aos expectadores.

6) Em depósitos de Líquidos, Gases e Outros Inflamáveis, a instalação elétrica será à prova de explosão. A fiação elétrica será feita em eletrodutos, devendo ter os interruptores colocados do lado de fora da área de armazenamento.

7) Nas instalações industriais, as instalações e equipamentos elétricos nas áreas de periculosidades serão blindados e à prova de explosão, de modo a evitar risco de ignição. A fim de evitar os riscos de eletricidade estática, os equipamentos deverão estar inerentemente ligados à terra, de modo a esvair as cargas elétricas.

8) Poderá existir um sistema de comunicação direta com o quartel de bombeiro militar mais próximo.

9) Dispositivos de proteção por para-raios
Essas exigências do COSCIP serão desenvolvidas no Capítulo 10 – Proteção das Edificações.
- O cabo de descida ou escoamento dos para-raios deverá passar distante de materiais de fácil combustão e de outros onde possa causar danos.
- Na instalação dos para-raios será observado o estabelecimento de meio de descarga de menor extensão e o mais vertical possível.
- A instalação dos para-raios deverá obedecer ao que determinam as normas próprias vigentes, sendo de inteira responsabilidade do Instalador a obediência a elas.
- O Corpo de Bombeiros exigirá para-raios em:
  I – edificações e estabelecimentos industriais ou comerciais com mais de 1 500 m^2 de área construída;
  II – toda e qualquer edificação com mais de 30 metros de altura;

III – área destinada a depósitos de explosivos ou inflamáveis;

IV – outros casos, a critério do Corpo de Bombeiros quando a periculosidade o justi-
ficar.

10) A edificação, cuja altura exceder a 12 metros do nível do logradouro público ou da via
interior, será provida de sistema elétrico ou eletrônico de emergência a fim de iluminar
todas as saídas, setas e placas indicativas, dotados de alimentador próprio.

11) Elevadores

Todos os elevadores deverão ser dotados de:

a) comando de emergência para ser operado pelo Corpo de Bombeiros, em caso de
incêndio, de forma a possibilitar a anulação das chamadas existentes;

b) dispositivo de retorno do carro ao pavimento de acesso no caso de falta de energia
elétrica.

12) Emergência

Os dispositivos elétricos ou eletrônicos de emergência de baixa voltagem, com o objetivo de informar automática e diretamente ao Corpo de Bombeiros e de iluminar as
saídas convencionais, setas e placas indicativas, serão dotados de *alimentação de
energia própria* que entre em funcionamento tão logo falte energia elétrica na edificação.

13) Medição de energia

Deverão ser observadas as Normas Técnicas atualizadas do Corpo de Bombeiros citadas
anteriormente, referentes ao fornecimento de energia elétrica a elevadores, bombas,
iluminação, alimentação de equipamentos destinados a detecção, prevenção e evacuação
de edificações sobre sinistros e combate ao fogo, através de *SERVIÇOS* conectados antes
da proteção geral de entrada.

2.3 Modalidades de Ligações

Para desenvolver este item, utilizamos, como exemplo, o RECON-BT – Regulamentação para
fornecimento de energia elétrica a consumidores em Baixa Tensão da Light – Serviços de Eletricidade S.A., emitida em novembro de 2007, com atualizações de 2009.

2.3.1 Provisórias

São estabelecidas a título precário e visam possibilitar o fornecimento de energia a instalações
que, não podendo ser construídas de acordo com os requisitos das entradas definitivas, destinam-
se a finalidades transitórias. É o que acontece com as ligações de força provisória para o funcionamento das máquinas para construção, durante a fase de execução das obras de um edifício.

2.3.2 Temporárias

São estabelecidas a título precário, nas mesmas condições das ligações provisórias, tratando-se
de fornecimento de energia de curto prazo (festividades, parques, circos, feiras etc.).

2.3.3 Definitivas

Quando se destinam a instalações de caráter permanente. Podem-se, também, classificar as modalidades de alimentação predial de energia em:

Normal. Quando a energia é fornecida de maneira permanente à instalação. No caso geral, o suprimento de energia é feito pela Concessionária. Não existindo rede pública, a energia é gerada no próprio estabelecimento (em geral, industrial). O fornecimento pode ser uma combinação destes dois tipos.

De segurança e substituição. É proporcionada por fontes independentes da alimentação normal. É o caso do suprimento para bombas de incêndio, iluminação de emergência, detectores de fumaça, alarme contra roubos, salas de operação em hospitais etc.

2.4 Limites de Fornecimento de Energia Elétrica

2.4.1 Em relação ao tipo de medição

O limite de demanda para o fornecimento em entrada de energia elétrica individual com medição direta em baixa tensão é de **66,3 kVA (220/127 V) ou 114,5 kVA (380/220 V)**. Para demandas superiores a medição será indireta, por meio de transformadores de corrente (**TC**).

A solicitação de fornecimento deve ser sempre precedida de prévia consulta à Concessionária, a fim de que sejam informadas ao interessado as condições do atendimento (aéreo, subterrâneo, nível de tensão, tipo de padrão de entrada etc.), antes da elaboração do projeto e da execução das instalações elétricas da entrada de serviço. Para tanto, é recomendável que seja apresentada pelo interessado solicitação de estudo de viabilidade de fornecimento, constando o valor total da carga instalada e a demanda avaliada conforme estabelecido na RECON-BT – Seção 01.07.00 –, endereço completo do local, tipo de atividade (residencial, comercial ou industrial) e demais documentações e exigências cabíveis.

2.4.2 Atendimento através de unidade transformadora externa dedicada

De acordo com a configuração da rede existente na área do atendimento e da demanda avaliada da entrada consumidora, o atendimento pode ser efetivado a partir de unidade transformadora dedicada, instalada conforme a seguir:

Rede aérea sem previsão de conversão para subterrânea

O limite de demanda da entrada consumidora para atendimento através de transformador de distribuição instalado no poste da Light SESA é de **300 kVA**. O ramal de ligação, dependendo da conveniência técnica, poderá ser aéreo ou subterrâneo.

Rede aérea com previsão de conversão para subterrânea

O limite de demanda da entrada consumidora para atendimento através de transformador de distribuição instalado no poste da Light SESA é de **150 kVA**, podendo o ramal de ligação ser aéreo ou subterrâneo, dependendo da conveniência técnica.

Rede subterrânea

a) Em sistema de distribuição subterrânea reticulada, o atendimento através de ramal de ligação subterrânea derivado diretamente da rede reticulada generalizada (malha) está limitado para demandas até **300 kVA**.

Os casos de atendimento a Unidades Consumidoras com demandas **superiores a 300 kVA** deverão ser submetidos previamente para estudo de viabilidade, uma vez que poderá ser necessária a cessão de espaço físico pelo interessado para a construção de **CT**, objetivando a compatibilização do sistema de distribuição para o atendimento da carga.

Em função de aspectos técnicos, principalmente quando do atendimento será de demandas **superiores a 2 000 kVA**, a critério da Light SESA é em comum acordo com o consumidor, o atendimento será viabilizado através de **sistema reticulado dedicado**.

b) Em sistema de distribuição subterrâneo radial, o atendimento será através de ramal de ligação subterrâneo derivado diretamente da rede, sempre que a demanda for igual ou inferior a **150 kVA**.

2.4.3 Tensões de fornecimento, tipo de atendimento e número de fases

O fornecimento de energia elétrica em baixa tensão na área de concessão da Light – Serviços de Eletricidade S.A. é feito em corrente alternada, na frequência de 60 Hz, nas tensões nominais de 220/127 e 380/220 V.

O tipo de atendimento, conforme o número de fases, depende dos critérios de cada Companhia Concessionária; a Ampla, por exemplo, utiliza o seguinte critério, de acordo com a demanda máxima prevista:

Até 8 kVA, monofásico – 127 V.

Acima de 5 até 12 kVA, bifásico – 220/127 V.

Acima de 8 kVA, trifásico – 220/127 V.

A Light utiliza a Tabela 2.1 a seguir:

Tabela 2.1 Categorias de atendimento

TENSÃO DE FORNECIMENTO (VOLT)	CATEGORIA DE ATENDIMENTO			DEMANDA (kVA) (1)
220/127 (urbano)	UM1	(1) (3)	(4)	$D \leq 3,3$
	UM2	(1) (3)	(4)	$D \leq 4,4$
	UM3	(1)	(4)	$4,4 < D \leq 6,6$
	UM4	(1) (2)	(4)	$6,6 < D \leq 8,0$
	UB1	(1) (2)		$D \leq 8,0$
	T	(4)		$D > 8,0$
380/220 (urbano especial)	UME1	(1)	(4)	$D \leq 5,7$
	UME2	(1)	(4)	$D \leq 7,7$
	UME3	(1)	(4)	$7,7 < D \leq 11,5$
	UME4	(1)	(4)	$11,5 < D \leq 13,4$
	TE	(4)		$D > 13,4$

Em que:
D   – Demanda avaliada a partir da carga instalada
UM – Urbano monofásico
T   – Trifásico
UB – Urbano bifásico
TE – Trifásico especial

Notas:
1) Valores determinados a partir da demanda calculada conforme critério descrito no Capítulo 3, deste livro, cálculo da carga instalada e da demanda.
2) A categoria Urbano Bifásica (UB1) é opcional, podendo ser aplicada em casos especiais onde ocorra a presença comprovada de equipamentos que operam na tensão 220 V.
3) Categoria recomendada somente para instalações que não utilizem equipamentos monofásicos especiais para aquecimento d'água (chuveiro, torneira, aquecedor etc.) com potência superior a **4,4 kVA**.

2.5 Definições

2.5.1 Unidades consumidoras (UC)

Instalação de um único consumidor, caracterizada pelo fornecimento de energia elétrica em um único ponto, com medição individualizada.

2.5.2 Edificação

Construção composta por uma ou mais Unidades Consumidoras (UCs).

2.5.3 Entrada individual

Conjunto de equipamentos e materiais destinados ao fornecimento de energia elétrica a uma edificação composta por uma única Unidade Consumidora.

2.5.4 Entrada coletiva

Conjunto de equipamentos e materiais destinados ao fornecimento de energia elétrica a uma edificação composta por mais de uma Unidade de Consumidora.

2.5.5 Instalação de entrada de energia elétrica

Conjunto de equipamentos de materiais instalados a partir do ponto de entrega.

2.5.6 Ponto de entrega

a) O ponto de entrega de energia elétrica situa-se **no limite de propriedade com a via pública em que se localiza a unidade consumidora**, sendo o ponto até o qual a Light SESA deve adotar todas as providências técnicas de forma a viabilizar o fornecimento de energia elétrica, bem como operar e manter o seu sistema elétrico, observadas as condições estabelecidas na legislação, resoluções e regulamentos aplicáveis, em especial nas definições das responsabilidades financeiras da Light SESA e do consumidor no custeio da infraestrutura de fornecimento até o ponto de entrega.

b) Quando o atendimento for através de ramal de ligação aéreo, o ponto de entrega é no ponto de ancoramento do ramal fixado na fachada, no pontalete ou no poste instalado na propriedade particular, situado no limite da propriedade com a via pública.

c) No atendimento com ramal de ligação subterrâneo derivado de rede aérea com descida no posto da Light SESA **por conveniência do Consumidor**, o ponto de entrega é na conexão entre o ramal de ligação e a rede secundária de distribuição.

d) No caso de atendimento com ramal de ligação subterrâneo derivado de rede subterrânea, o ponto de entrega é fixado no limite da propriedade com a via pública no que se refere ao cumprimento das responsabilidades estabelecidas na **Resolução 414 da ANEEL**, relativamente à viabilização do fornecimento, da operação e da manutenção, tanto por parte da Light SESA quanto por parte do Consumidor. Entretanto, considerando a necessidade técnica de evitar a realização de emendas nos ramais de ligação e de entrada junto ao limite de propriedade (principalmente no atendimento a cargas de grande porte), apenas sob o aspecto **estritamente técnico**

e operacional, a Light SESA realiza a instalação contínua do ramal de ligação até o primeiro ponto de conexão interno ao Consumidor (caixa de seccionamento ou caixa de proteção geral). O trecho interno do ramal, a partir do limite de propriedade, deve ser considerado como o "ramal de entrada".

e) Quando houver uma ou mais propriedades particulares entre a via pública e o imóvel em que localiza a Unidade Consumidora, o ponto de entrega é no limite da via pública com a primeira propriedade intermediária.

f) Em se tratando de atendimento através de unidade de transformação interna ao imóvel o ponto de entrega é na entrada do barramento secundário junto da unidade de transformação.

g) Em condomínio horizontal com rede de distribuição interna da Light SESA (arruamento com livre acesso para a Light SESA) o ponto de entrega é no limite da via interna do condomínio com cada propriedade individual.

2.5.7 Pontos de interligação

No atendimento através de ramal de ligação aéreo, o ponto de interligação situa-se na primeira estrutura de apoio dos condutores (ponto de ancoragem) junto ao limite da propriedade particular com a via pública.

No caso de atendimento através de ramal de ligação subterrâneo, o ponto de interligação situa-se na terminação do banco de dutos particulares em uma caixa de passagem, localizada junto ao limite externo da propriedade com a via pública, conforme item 9.5 da referida Regulamentação.

2.5.8 Recuo técnico

Local situado junto ao muro ou fachada da edificação, onde é construído um gabinete de alvenaria, com acesso pela parte externa, para instalação das caixas destinadas ao seccionamento, à medição, bem como à proteção geral voltada para a parte interna da edificação, além dos materiais complementares da instalação de entrada de energia elétrica.

2.5.9 Ramal de ligação

Conjunto de condutores e materiais instalados entre o ponto de derivação da rede de distribuição da Light SESA e o ponto de entrega.

2.5.10 Ramal de entrada

Conjunto de condutores e materiais instalados a partir do ponto de entrega.

2.5.11 Limite de propriedade

Linha que separa a propriedade de um Consumidor das propriedades vizinhas ou da via pública, no alinhamento determinado pelos Poderes Públicos.

2.5.12 Carga instalada

Somatório das potências nominais de todos os equipamentos elétricos e de iluminação existentes em uma instalação, expressa em quilowatts (kW).

2.5.13 Demanda

Valor máximo de potência absorvida em um dado intervalo de tempo por um conjunto de cargas existentes em uma instalação, obtido a partir da diversificação dessas cargas por tipo de utilização, definida em múltiplos de **VA** ou **kVA** para efeito de dimensionamento de condutores, disjuntores, níveis de queda de tensão ou ainda qualquer outra condição assemelhada, devendo também ser expressa em kW a fim de atender as condições definidas na **Resolução n.º 414 da ANEEL** e demais resolução e legislação atinentes.

2.5.14 Espaço físico

Ambiente apropriado, de fácil acesso, que viabilize fisicamente a instalação elétrica em sua íntegra de transformadores, chaves, caixa, quadros, sistema de medição e outros equipamentos da Light SESA, atendendo todas as condições de ventilação, iluminação, aterramento, interligação com eletrodutos etc.

O RECON da Light contém grande número de desenhos e detalhes úteis ao projetista. A seguir reproduzimos, para orientação da metodologia de projeto, alguns desses desenhos.

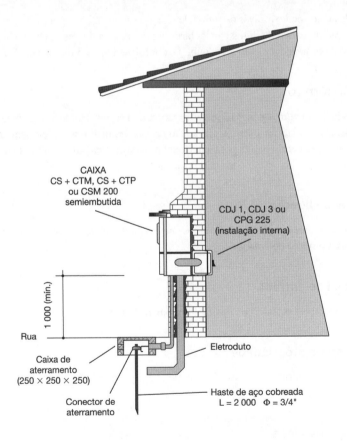

Figura 2.1 Rede subterrânea de distribuição.

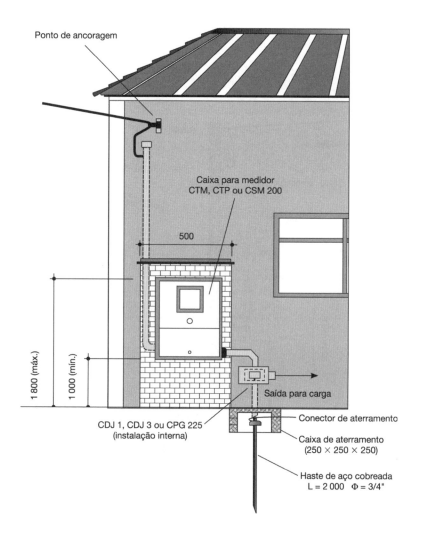

Figura 2.2 Ramal de ligação aéreo através de cabo concêntrico com ancoramento na fachada.

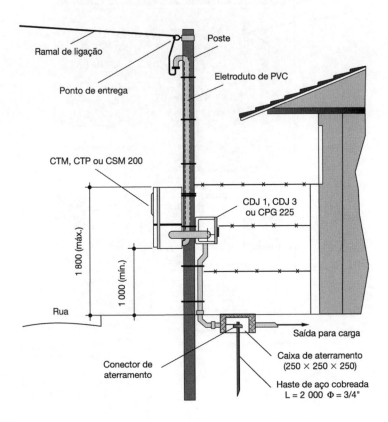

Figura 2.3 Ramal de ligação aéreo através de cabo concêntrico com ancoramento em poste particular.

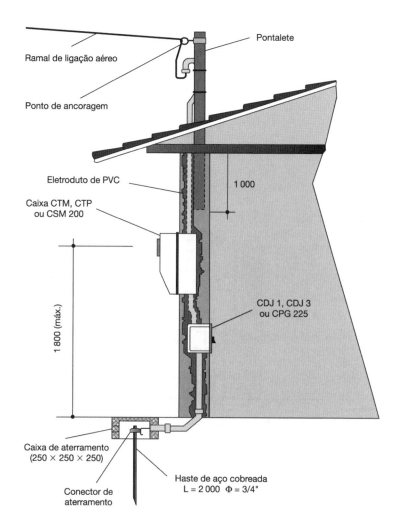

Figura 2.4 Ramal de ligação aéreo com ancoramento em pontalete (caixa do disjuntor de proteção geral interna à fachada).

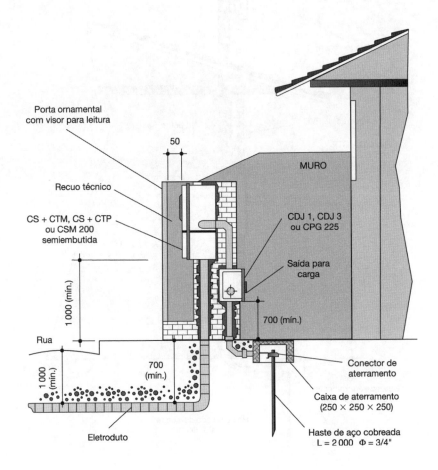

Figura 2.5 Ramal de ligação subterrâneo (caixa do medidor/seccionador sobreposta no muro e caixa do disjuntor de proteção geral interna).

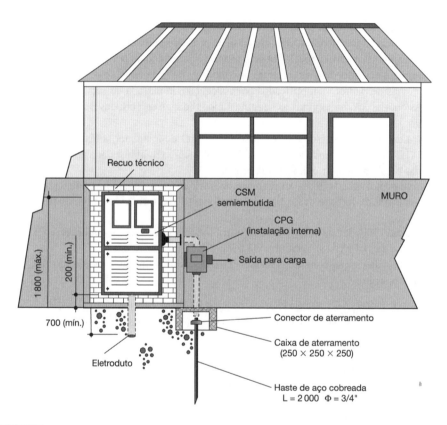

Figura 2.6 Ramal de ligação subterrâneo (caixa CV-400 sobreposta na parede interna da edificação e caixa do disjuntor de proteção geral interna).

2.6 Procedimentos para Solicitação de Fornecimento

A solicitação de fornecimento deve ser sempre precedida de prévia consulta à concessionária, a fim de que sejam informadas ao interessado as condições do atendimento (aéreo, subterrâneo, nível de tensão, tipo de padrão de entrada etc.), antes da elaboração do projeto e da execução das instalações elétricas da entrada de serviço. Para tanto, é recomendável que seja apresentada pelo interessado solicitação de estudo de viabilidade de fornecimento, constando o valor total da carga instalada e a demanda avaliada conforme estabelecido na RECON-BT – Seção 01.07.00, endereço completo do local, tipo de atividade (residencial, comercial ou industrial) e demais documentações e exigências cabíveis.

A. Ligações de entradas de energia elétrica, executadas a partir de padrão de ligação elaborado e fornecido pela concessionária, com dispensa de profissional habilitado pelo CREA/RJ.

Deverão ser tratadas junto à Light pelo próprio interessado ou por profissional credenciado, em que, além das informações atinentes às condições do fornecimento de energia, serão fornecidas cópias de padrões simplificados para execução da entrada de serviço, elaborados pela concessionária. São abrangidas as seguintes modalidades de entradas de serviço individuais isoladas:

– entradas individuais isoladas, exclusivamente residenciais, monofásicas e trifásicas em 220/127 V, com demanda avaliada até 13,3 kVA (carga total instalada até 15,0 kW), localizadas em área de distribuição aérea urbana;

– entradas individuais de baixa renda, monofásicas, com demanda avaliada até 4,4 kVA. Os padrões de ligação desse tipo de atendimento são fornecidos e montados pela Light SESA;

– pequenas unidades móveis de consumo (trailer, barracas etc.), monofásicas, com demanda avaliada até 4,4 kVA, situadas em via pública;

– aumentos de carga de entradas residenciais, dentro dos limites estabelecidos nas modalidades anteriores.

B. Ligações de entradas de energia elétrica, executadas a partir de padrão de ligação elaborado e fornecido pela concessionária, com exigência de responsabilidade técnica por profissional ou firma habilitada pelo CREA/RJ. Deverão ser tratadas junto à Light por profissional ou firma habilitada pelo CREA/RJ e autorizadas pelo consumidor para tratar dos serviços técnicos junto à concessionária, através de "Carta de credenciamento".

Além das informações atinentes às condições de fornecimento de energia, será fornecida cópia de padrão simplificado elaborado pela concessionária, para execução da entrada de serviço. São abrangidas as seguintes modalidades de entradas de serviço individuais isoladas:

– entradas individuais situadas em via pública, tais como bancas de jornais, quiosques, bancos 24 horas, cabines telefônicas, mobiliário urbano, terminais rodoviários, equipamentos de operação de outras concessionárias de serviços públicos etc.

C. Ligações de entradas de energia elétrica individuais com demanda avaliada superior a 13,3 kVA e respectivos aumentos de carga, ligações temporárias ou provisórias de obra, executadas a partir de projeto elaborado por profissional ou firma habilitada pelo CREA/RJ.

Deverão ser tratadas juntamente à Light por profissional ou firma habilitada pelo CREA/RJ e autorizadas pelo consumidor para tratar dos serviços técnicos junto à concessionária, através de "Carta de credenciamento". Formulários padronizados serão fornecidos pela Light, a serem preenchidos pelo responsável técnico pela instalação, contendo todos os dados da instalação a ser apresentado à concessionária, juntamente com diagramas unifilares e demais exigências cabíveis.

2.6.1 Apresentação de projeto da entrada de serviço

Nos casos de ligações de entradas individuais, com medição indireta, deverá ser submetida pelo responsável técnico devidamente habilitado pelo CREA/RJ, cópia (3 vias) do projeto da entrada de energia elétrica, contendo diagrama unifilar, planta de localização, planta baixa e cortes, com detalhes do centro de medição e proteção geral de entrada, dos trajetos de linhas de dutos e circuitos de energia não medida, além do quadro de cargas, avaliação da demanda e características técnicas dos equipamentos e materiais.

2.6.2 Apresentação de documento "ART" do CREA/RJ

Será obrigatória a apresentação, pelo responsável técnico pela instalação, da ART (Anotação de Responsabilidade Técnica), devidamente registrada e quitada junto ao CREA/RJ, relacionando todos os serviços sob sua responsabilidade e os dados técnicos da instalação, idênticos aos contidos na solicitação de fornecimento à concessionária, em todos os casos de ligações abrangidas pelas alíneas (B) e (C) do item 2.6. Excepcionalmente, nos casos de ligações atinentes à alínea (A) do item 2.6, não será obrigatória a apresentação da ART.

2.7 Dados Fornecidos pela Concessionária

A concessionária fornecerá os seguintes elementos:

- cópia dos padrões de ligação, conforme relacionados nas alíneas (A) e (B) do item 2.6;
- formulários padronizados, conforme casos contidos na alínea (C) do item 2.6;
- condições estabelecidas para o atendimento;
- tipo de atendimento;
- tensão de fornecimento;
- níveis de curto-circuito, quando necessários;
- valor da participação financeira a ser paga pelo consumidor, quando existente.

2.7.1 Padrão de entrada a ser utilizado

De acordo com as características da rede de distribuição local e com a demanda da entrada de serviço, um dos seguintes padrões constantes nas Tabelas 2.2 e 2.3 deverá ser empregado.

2.8 Caixas Padronizadas

Como exemplo para execução das entradas de energia, apresentamos, a seguir, Figs. 2.7 a 2.13, alguns modelos utilizados pela Light SESA até o momento. As demais Companhias Concessionárias de energia elétrica possuem caixas semelhantes, de acordo com seus próprios padrões.

2.8.1 Caixas para medidores

São destinadas para abrigar o equipamento de medição monofásico ou trifásico para medição direta ou indireta de outros acessórios nos casos de atendimento através de ramal de ligação aéreo ou subterrâneo.

Tipos de caixas padronizadas:
CTM – caixa transparente monofásica;
CTP – caixa transparente polifásica;
CM 200 – caixa para medição direta até 200 A;
CSM 200 – caixa para seccionamento e medição direta até 200 A;
CSM – caixa para seccionamento e medição indireta;
CSMD – caixa para seccionamento, medição indireta e proteção.

Todas as caixas devem ser montadas, principalmente aquelas instaladas em ambientes externos sujeitas ao contato direto com terceiros (crianças), considerando aspectos de segurança contra a possibilidade de introdução de corpos estranhos (arames, por exemplo) através do sistema de ventilação, que em geral são dispostos através de venezianas.

As caixas para medição direta – CTM (Fig. 2.7), CTP (Fig. 2.8), CM 200 e CSM 200 devem ser utilizadas para abrigar o equipamento de medição monofásico ou polifásico para medição direta, nos casos de atendimento através de ramal de ligação aéreo ou subterrâneo. Nas entradas individuais com demanda até 33,1 kVA, as caixas para medidores CTM ou CTP devem ser sempre precedidas por uma caixa para seccionamento – CS, sempre que o ramal de ligação for subterrâneo.

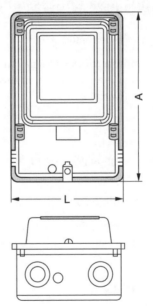

Caixas de medição transparente	Dimensões (mm)		
	A	L	P
Caixa transparente monofásica - CTM	295	196	136

Figura 2.7 Caixa para medidor monofásico – CTM.

Tabela 2.2 Dimensionamento de entrada individual "medição direta"

ENTRADA INDIVIDUAL "MEDIÇÃO DIRETA" DIMENSIONAMENTO DE MATERIAIS										
TENSÃO NOMINAL (V)	CATEGORIA DE ATENDIMENTO	DEMANDA DE ATENDIMENTO "D" (kVA)	RAMAL DE LIGAÇÃO AÉREO derivado da rede AÉREA até o ponto de ancoragem (1) (mm²)	RAMAL DE LIGAÇÃO AÉREO derivado da rede AÉREA até o ponto de ancoragem (1) (mm²)	ELETRODUTO DO RAMAL DE LIGAÇÃO e/ou do RAMAL DE ENTRADA (PVC rígido ou POLIETILENO corrugado) (Φ em mm) (2) (5)	PROTEÇÃO GERAL DISJUNTOR COM DISPOSITIVO DIFERENCIAL "DDR" ou "IDR" (Ampères – Nº de polos) (6), (9), (ver item 11 desta Regulamentação)	PADRÃO DE MEDIÇÃO (ligação nova e aumento de carga)	Condutor dos circuitos de saída após a medição (fases + neutro + proteção) até o QGBT (mm² – Cu – PVC 70 °C) (3)	P = CONDUTOR DE PROTEÇÃO (mm² – Cu – PVC 70 °C) (4)	Condutor de interligação do neutro à malha de aterramento (mm² – Cu – nu)
127 1Φ	UM1	D ≤ 3,3	Cabo concêntrico "bipolar"		25	30 - 1Φ	CTM + CDJ 1 (12)	2 (1 × 6) + P	1 × 6	1 × 6
127 1Φ	UM2	3,3 < D ≤ 4,4	Cabo concêntrico "bipolar"		25	40 - 1Φ	CTM + CDJ 1 (12)	2 (1 × 10) + P	1 × 10	1 × 10
127 1Φ	UM3	4,4 < D ≤ 6,6	Cabo concêntrico "bipolar"		25	60 - 1Φ	CTM + CDJ 1 (12)	2 (1 × 16) + P	1 × 16	1 × 16
127 1Φ	UM4	6,6 < D ≤ 8	Cabo concêntrico "bipolar"		25	70 - 1Φ	CTM + CDJ 1 (12)	2 (1 × 25) + P	1 × 16	1 × 16
220 3Φ	T1	D ≤ 10	Cabo concêntrico "tetrapolar"		32	30 - 3Φ	CTP + CDJ 3 (12)	4 (1 × 6) + P	1 × 6	1 × 6
220 3Φ	T2	10 < D ≤ 13,3	Cabo concêntrico "tetrapolar"		32	40 - 3Φ	CTP + CDJ 3 (12)	4 (1 × 10) + P	1 × 10	1 × 10
220 3Φ	T3	13,3 < D ≤ 19,9	Cabo multiplexado		50	60 - 3Φ	CTP + CDJ 3 (12)	4 (1 × 16) + P		
220 3Φ	T4	19,9 < D 23,2	Cabo multiplexado		50	70 - 3Φ	CTP + CDJ 3 (12)	4 (1 × 25) + P	1 × 16	1 × 16
220 3Φ	T5	23,2 < D ≤ 33,1	Cabo multiplexado	Cabo singelo ou armado, a critério da Light	75	100 -3Φ	CSM 200 + CPG (12)	4 (1 × 35) + P		
220 3Φ	T6	33,1 < D ≤ 41,4	Cabo multiplexado	Cabo singelo ou armado, a critério da Light	75	125 - 3Φ	CSM 200 + CPG (12)	4 (1 × 50) + P	1 × 25	1 × 25
220 3Φ	T7	41,4 < D ≤ 49,7	Cabo multiplexado	Cabo singelo ou armado, a critério da Light	100	150 - 3Φ	CSM 200 + CPG (12)	4 (1 × 70) + P	1 × 35	1 × 35
220 3Φ	T8	49,7 < D ≤ 58,0	Cabo multiplexado	Cabo singelo ou armado, a critério da Light	100	175 - 3Φ	CSM 200 + CPG (12)	4 (1 × 95) + P	1 × 50	1 × 50
220 3Φ	T9	58,0 < D ≤ 66,3	Cabo multiplexado	Cabo singelo ou armado, a critério da Light	100	200 - 3Φ	CSM 200 + CPG (12)	4 (1 × 95) + P	1 × 50	1 × 50

Tabela 2.3 Dimensionamento de eletrodo individual "medição indireta"

TENSÃO NOMINAL (V)	CATEGORIA DE ATENDIMENTO	DEMANDA DE ATENDIMENTO "D" (kVA)	RAMAL DE LIGAÇÃO AÉREO derivado da rede AÉREA da Light até o ponto de ancoragem (mm²)	RAMAL DE LIGAÇÃO SUBTERRÂNEO derivado da rede AÉREA ou SUBTERRÂNEA da Light até a medição (mm²) ver item 2.7 alínea "d" desta Regulamentação	ELETRODUTO DO RAMAL DE LIGAÇÃO/ENTRADA (PVC liso ou POLIETILENO corrugado) (Φ em mm) (2), (3) (5)	PROTEÇÃO GERAL DISJUNTOR COM DISPOSITIVO DIFERENCIAL "DDR ou IDR ou Dispositivo associado" (Ampères – Nº de polos) (6), (8)	PADRÃO DE MEDIÇÃO (ligação nova e aumento de carga)	Condutor dos circuitos de saída após medição (fases + neutro + proteção) até o QGBT (mm² – Cu – PVC 70 °C) (9)	P = CONDUTOR DE PROTEÇÃO (mm² – Cu – PVC 70 °C) (4)
220 3Φ	TI1	66,3 < D ≤ 74,6				225 - 3Φ		4 × (1 × 120) + P	1 × 70
	TI2	74,6 < D ≤ 82,8				250 - 3Φ		4 × (1 × 150) + P	1 × 95
	TI3	82,8 < D ≤ 99,4				300 - 3Φ		4 × (1 × 185) + P	1 × 95
	TI4	99,4 < D ≤ 116	Cabo multiplexado (1) (10)	Cabo singelo ou armado, a critério da Light (1)	100 (no mínimo)	350 - 3Φ	CSM ou CSMD	4 × (1 × 240) + P	1 × 120
	TI5	116 < D ≤ 132,5				400 - 3Φ		8 × (1 × 185) + P	2 × 95
	TI6	132,5 < D ≤ 165,7				500 - 3Φ		12 × (1 × 150) + P	3 × 95
	TI7	165,7 < D ≤ 198,8				600 - 3Φ		12 × (1 × 240) + P	3 × 120
	TI8	198,8 < D ≤ 231,9				700 - 3Φ		16 × (1 × 185) + P	4 × 95
	TI9	231,9 < D ≤ 265,1				800 - 3Φ		16 × (1 × 240) + P	4 × 120
	TI10	265,1 < D ≤ 331,3	Não se aplica			1 000 - 3Φ		20 × (1 × 240) + P	5 × 120

ENTRADA INDIVIDUAL "MEDIÇÃO INDIRETA" DIMENSIONAMENTO DE MATERIAIS

A caixa transparente monofásica – CTM (Fig. 2.7) deve ser fabricada em policarbonato totalmente transparente. Utilizada em ligação nova e em aumento de carga em entrada individual, ou ainda, exclusivamente, em aumento de carga em entrada coletiva padrão antigo (já existente), com medição direta e demanda até 8,0 kVA no atendimento urbano (220/127 V) e até 13,4 kVA no atendimento urbano especial (380/220 V). A caixa transparente polifásica – CTP (Fig. 2.8) é utilizada em ligação com medição direta e demanda até 33,1 kVA no atendimento urbano (220/127 V) e até 57,2 kVA no atendimento urbano especial (380/220 V).

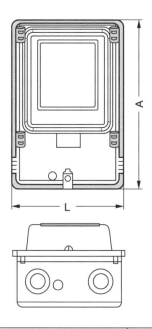

Caixas de medição transparente	Dimensões (mm)		
	A	L	P
Caixa transparente monofásica - CTP	350	230	186

Figura 2.8 Caixa para medidor polifásico (trifásico) – CTP.

2.8.2 Caixas para disjuntor – CDJ

As caixas para disjuntor – CDJ devem abrigar o disjuntor de proteção geral em entradas de energia elétricas individuais, quando utilizada caixa de medição do tipo CTM, CTP, acima.

Devem ser instaladas no muro/parede na parte interna da propriedade do Consumidor (não disponíveis ao acesso externo pela via pública).

Na utilização de disjuntor tipo DDR deve ser utilizada uma caixa CDJ e quando da utilização de dispositivo tipo IDR devem ser utilizadas duas caixas CDJ.

A caixa para disjuntor monopolar – CDJ 1 (Fig. 2.9) é utilizada em ligação nova ou aumento de carga em entrada de energia elétrica individual monofásica, com demanda até 8,0 kVA na tensão 127 V nas regiões urbanas, e a caixa para disjuntor tripolar – CDJ 3 (Fig. 2.9) em entrada de energia elétrica individual trifásica, com demanda até 33,1 kVA na classe de tensão (220/127 V).

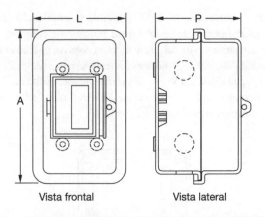

Caixas para disjuntor	Dimensões (mm)		
	A	L	P
Caixa para disjuntor monopolar - CDJ 1	208	124	111
Caixa para disjuntor tripolar - CDJ 3	476	377	222

Figura 2.9 Caixas para disjuntor CDJ 1 e CDJ 3.

2.8.3 Caixas para seccionador – CS

Devem abrigar, em ambiente selado, um dispositivo para o seccionamento geral da instalação, podendo ser um seccionador tripolar em caixa moldada ou bases fusíveis tipo NH com barras de continuidades (sem fusíveis). De acordo com a carga pode ser utilizada uma chave seccionadora tripolar ou ainda um sistema de barras desligadoras formadas por seções de barras de junção parafusadas, articuláveis ou removíveis.

A utilização de caixa para seccionador está obrigatoriamente associada ao atendimento de entradas individuais, devendo ser montada eletricamente antes e junto das caixas para medição direta (CTM, CTP, CM 200) que não dispõem de seccionamento próprio, cujo atendimento seja através de ramal de ligação subterrâneo, mesmo quando derivado da rede aérea.

A caixa para seccionador – CS 100 (Fig. 2.10) é utilizada em ligação nova ou aumento de carga em entrada individual, com demanda até 33,1 kVA na classe de tensão (220/127 V). A caixa para seccionador – CS 200 (Fig. 2.10) é utilizada a montante da caixa CM 200, em instalações com demanda superior a 33,1 kVA até 66,3 kVA, na classe de tensão (220/127 V), exclusivamente onde não for possível a utilização de uma caixa CSM 200.

2.8.4 Caixa para proteção geral – CPG

Deve abrigar o disjuntor de proteção geral da instalação de entrada de energia elétrica e dispositivos adicionais associados (barras de "neutro" e de "proteção" independentes). Ao Consumidor é permitido somente o acesso à alavanca de acionamento do disjuntor, através de janela com travamento por cadeado particular. Deve ser utilizada em ligação nova ou aumento de carga em entrada de energia elétrica individual, ou ainda em entrada coletiva como proteção geral, bem como proteção das unidades de medição direta e indireta (serviços e unidades consumidoras de grande porte).

A caixa para proteção geral – CPG 225 é aplicada em demanda superior a 33,1 kVA até 74,6 kVA na classe de tensão (220/127 V) e com demanda superior a 57,3 kVA até 128,8 kVA na classe de

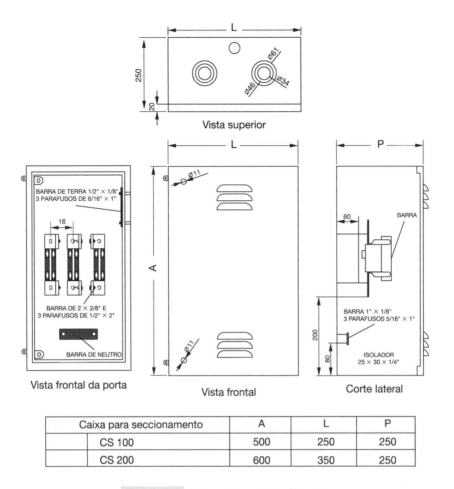

Figura 2.10 Caixas para seccionador – CS.

tensão (380/220 V), a CPG 600 em demanda superior a 74,6 kVA até 198,8 kVA na classe de tensão (220/127 V) e com demanda superior a 128,8 kVA até 343,4 kVA na classe de tensão (380/220 V) e a CPG 1000 em demanda superior a 198,8 kVA até 331,3 kVA na classe de tensão (220/127 V) e com demanda superior a 343,4 kVA até 572,3 kVA na classe de tensão (380/220 V).

As caixas CPG devem possuir dimensões adequadas ao dispositivo de proteção utilizado, às barras de neutro e de proteção quando for o caso, além das barras auxiliares de cobre, com a finalidade de permitir a derivação, antes do borne/terminal de entrada do disjuntor de proteção geral, do circuito para o medidor de serviço quando de sua necessidade, a fim de atender exigência do Corpo de Bombeiros do Estado do Rio de Janeiro, como mostra o esquema de ligação elétrica da entrada de energia na Fig. 2.12.

2.8.5 Caixa de inspeção de aterramento

Caixa de inspeção do aterramento, em alvenaria ou material termoplástico, deverá ser obrigatoriamente empregada, de forma a permitir ponto acessível para conexão de instrumentos para ensaios e verificações das condições elétricas do sistema de aterramento.

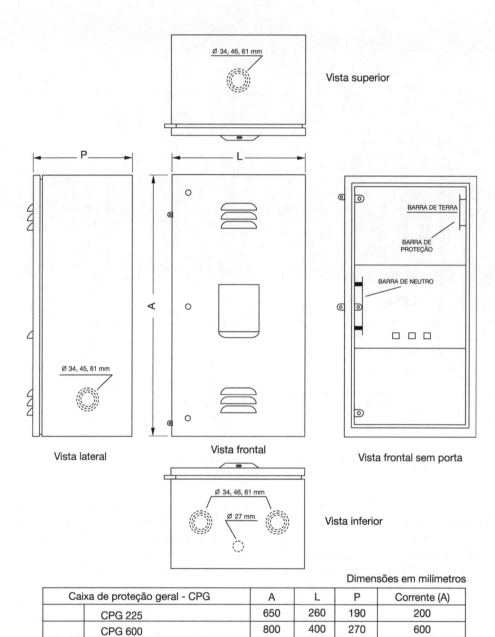

Figura 2.11 Caixas para proteção geral – CPG.

RECOMENDAÇÃO: É recomendado que todos disjuntores devam oferecer proteção diferencial residual.

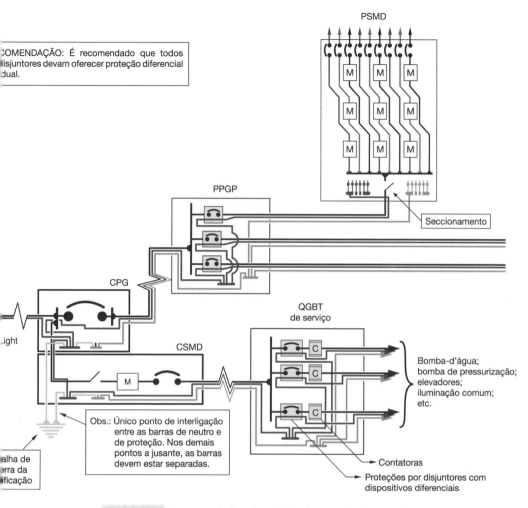

Figura 2.12 Esquema de ligação elétrica da entrada de energia.

É necessária apenas uma caixa por sistema de aterramento, na qual deverá estar contida a primeira haste da malha de terra, a conexão do condutor de aterramento do neutro e a derivação do condutor de proteção.

2.9 Proteção Geral de Entrada

2.9.1 Proteção geral contra sobrecorrentes

Dispositivos de proteção contra sobrecorrentes oriundas de sobrecargas e curto-circuito deverão ser dimensionados e instalados para proteção geral da entrada de serviço, devendo a capacidade de interrupção dos mesmos ser compatível com o valor calculado da corrente de curto-circuito, trifásica e simétrica, no ponto de instalação. A Tabela 2.4 deve ser utilizada para a obtenção dos valores mínimos, de acordo com a configuração elétrica do sistema de distribuição no local do atendimento.

Deverão ser empregados disjuntores termomagnéticos, certificados pelo INMETRO e em conformidade com as Normas Brasileiras aprovadas pela ABNT (NBR 5361, NBR IEC-60947-2 ou NBR IEC-60898), mantidas as suas atualizações.

Nas entradas individuais, os disjuntores devem ser eletricamente conectados após a medição, instalados em ambiente selado, de corrente nominal, conforme padronização para a categoria de atendimento específica, constante nas Tabelas 2.2 e 2.3 de dimensionamento de materiais das entradas de serviço.

Tabela 2.4 Capacidade mínima de interrupção simétrica dos dispositivos de proteção geral de entrada

| CONDUTOR DO RAMAL DE ENTRADA (Cu – mm²) (1) | SISTEMA DE FORNECIMENTO EM BAIXA TENSÃO (com lance de circuito de 15 metros) | | | |
| | ÁEREO | SUBTERRÂNEO | | |
	RADIAL	RADIAL	RETICULADO	RETICULADO DEDICADO
6	5 kA	15 kA	15 kA	
10				
25	10 kA			
35				
50	15 kA	25 kA	25 kA	(2)
70				
95	20 kA	30 kA	40 kA	
120				
2 × 70		40 kA	50 kA	
2 × 95		50 kA		
Maiores bitolas	25 kA	(2)	(3)	

Notas:
1) Valores relativos a 1 conjunto de cabos, salvo quando indicado.
2) Os valores de curto-circuito serão fornecidos pela Light para cada caso, devendo as capacidades de interrupção dos dispositivos de proteção geral serem compatíveis com o maior dos valores de curto-circuito disponíveis nos respectivos pontos de instalação.
3) O **nível de curto-circuito** será fornecido pela Light, para cada caso, devendo a capacidade de interrupção do dispositivo de proteção geral ser compatível com esse valor, e nunca inferior a **60 kA**.
4) Havendo previsão para conversão do sistema de fornecimento existente (ÁEREO para SUBTERRÂNEO ou SUBTERRÂNEO RADIAL para NETWORK), os dispositivos de proteção deverão ser dimensionados para a futura situação.
5) Dependendo da capacidade de interrupção do dispositivo de proteção geral, mesmo nas pequenas ligações, poderá vir a ser inviabilizada sua instalação em caixa para disjuntor **CPG** padronizada. Nesses casos, o disjuntor deve ser instalado em caixa especialmente construída, em material polimérico ou metálico protegido contra corrosão, para abrigar o dispositivo de proteção geral, com dimensões compatíveis e possibilitando a instalação de selo e demais dispositivos de segurança.
6) Todos os valores dessa tabela estão referidos a **220 V**.

2.9.2 Proteção contra sobretensões

A ocorrência de sobretensões em instalações elétricas de energia e de sinal não deve comprometer a segurança de pessoas e a integridade de sistemas elétricos e equipamentos.

A proteção contra sobretensões deverá ser proporcionada, basicamente, pela adoção de dispositivos de proteção contra surtos (DPS) de tensão nominal e nível de suportabilidade compatível para a característica da tensão do atendimento, bem como pela equalização de potencial e aplicação das demais recomendações complementares, em conformidade com as exigências contidas na Norma Brasileira NBR 5410 da ABNT, consideradas as suas atualizações.

Os DPS devem ser eletricamente conectados a jusante (após) da medição e do disjuntor de proteção geral de entrada, preferencialmente na entrada do QDG interno à edificação.

Deve ser proporcionada a segurança de pessoas, instalações e equipamentos, contra tensões induzidas e/ou transferidas (elevação de potencial) advindas de faltas à terra no lado de maior tensão da própria instalação ou das configurações elétricas próximas.

2.10 Entrada Coletiva

Será concedida a uma edificação composta por mais de uma unidade consumidora, e a alimentação geral será sempre trifásica. As Figs. 2.13 e 2.15 mostram exemplos de entradas coletivas.

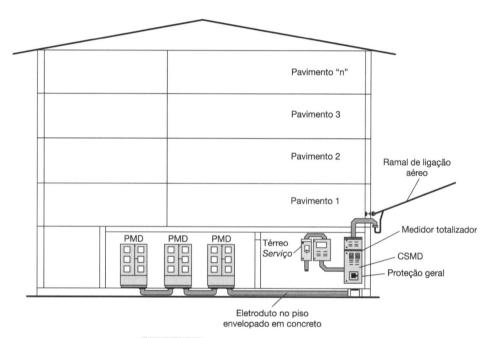

Figura 2.13 Exemplo de entrada coletiva.

2.10.1 Medição individual e agrupada

A medição individual é utilizada em unidades consumidoras independentes com residências individuais, galpões, lojas, boxes, e outros caracterizados como unidades consumidoras independentes, ou seja, possuem endereços individuais.

A medição agrupada é utilizada para um conjunto de unidades consumidoras tais como boxes, lojas, salas, prédios residenciais, comerciais, mistos e outros, desde que caracterizados como uma ligação coletiva, e possuam um endereço comum a todas as unidades consumidoras. Assim se caracterizam pela existência de um condomínio oficial para a edificação e de um único ponto de alimentação do qual derivam todas as unidades. A Tabela 2.5 apresenta o dimensionamento de materiais para entrada coletiva, enquanto a Fig. 2.14 mostra um exemplo de um Painel de Medição Direta – PMD 1, utilizado na medição agrupada.

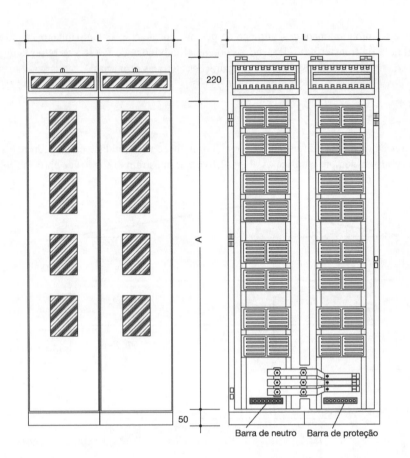

São encontrados os seguintes tipos de painéis de medição:
PMD: Painel de medição direta e proteção individual;
PSMD: Painel de seccionamento, medição direta e proteção individual;
PDMD: Painel de proteção geral, medição direta e proteção individual;
PPGP: Painel de proteção geral e parcial.

Nº de Medidores	DIMENSÕES (mm)	
	L	A
4	380	1580
8	760	1580
12	1140	1580
16	1520	1580
20	1900	1580

Figura 2.14 Painel de Medição Direta e Proteção Individual – PMD 1.

2.10.2 Medição de serviço

Nos casos de cargas de serviço para utilização comum do condomínio de equipamentos para combate a incêndio que, por exigência legal ou concepção de projeto tenham a necessidade de mais de um circuito para alimentação das mesmas, a critério da concessionária, poderá ser concedido um equipamento de medição independente para cada circuito.

Os equipamentos de medição deverão ser instalados de acordo com o estabelecido em 2.10.3 em circuito derivado antes da proteção geral.

Tabela 2.5 Dimensionamento de materiais individuais – entrada coletiva

UNIDADES CONSUMIDORAS EM ENTRADA COLETIVA – MEDIÇÃO DIRETA DIMENSIONAMENTO DE MATERIAIS INDIVIDUAIS						
TENSÃO NOMINAL (V)	CATEGORIA DE ATENDIMENTO	DEMANDA DE ATENDIMENTO "D" (kVA)	PROTEÇÃO GERAL INDIVIDUAL DISJUNTOR COM DISPOSITIVO DIFERENCIAL "DDR ou IDR" (Ampères – Nº de polos) (ver item 11 desta Regulamentação)	PADRÃO DE MEDIÇÃO (ligação nova e aumento de carga)	Condutor de circuitos de saída após a proteção (fase + neutro + condutor de proteção) (mm² – Cu – PVC 70 °C)	P = CONDUTOR DE PROTEÇÃO (mm² – Cu – PVC 70 °C)
127 1Φ	UM1	D ≤ 3,3	30 – 1Φ		2 (1 × 6) + P	1 × 6
	UM2	3,3 < D ≤ 4,4	40 – 1Φ		2 (1 × 10) + P	1 × 10
	UM3	4,4 < D ≤ 6,6	60 – 1Φ		2 (1 × 16) + P	1 × 16
	UM4	6,6 < D ≤ 8	70 – 1Φ		2 (1 × 25) + P	
220 3Φ	T1	D ≤ 10	30 – 3Φ		4 (1 × 6) + P	1 × 6
	T2	10 < D ≤ 13,3	40 – 3Φ		4 (1 × 10) + P	1 × 10
	T3	13,3 < D ≤ 19,9	60 – 3Φ		4 (1 × 16) + P	1 × 16
	T4	19,9 < D ≤ 23,2	70 – 3Φ		4 (1 × 25) + P	
	T5	23,2 < D ≤ 33,1	100 – 3Φ	Painel de medição (PMD, PDMD ou PSMD)	4 (1 × 35) + P	
	T6	33,1 < D ≤ 41,4	125 – 3Φ		4 (1 × 50) + P	1 × 25
	T7	41,4 < D ≤ 49,7	150 – 3Φ		4 (1 × 70) + P	1 × 35
	T8	49,7 < D ≤ 58	175 – 3Φ		4 (1 × 95) + P	1 × 50
	T9	58 < D ≤ 66,3	200 – 3Φ			
220 1Φ	UME1	D ≤ 5,7	30 – 1Φ		2 (1 × 6) + P	1 × 6
	UME2	5,7 < D ≤ 7,7	40 – 1Φ		2 (1 × 10) + P	1 × 10
	UME3	7,7 < D ≤ 11,5	60 – 1Φ		2 (1 × 16) + P	1 × 16
	UME4	11,5 < D ≤ 13,4	70 – 1Φ		2 (1 × 25) + P	
380 3Φ	TE1	D ≤ 17,2	30 – 3Φ		4 (1 × 6) + P	1 × 6
	TE2	17,2 < D ≤ 22,9	40 – 3Φ		4 (1 × 10) + P	1 × 10
	TE3	22,9 < D ≤ 34,3	60 – 3Φ		4 (1 × 16) + P	1 × 16
	TE4	34,3 < D ≤ 40,1	70 – 3Φ		4 (1 × 25) + P	
	TE5	40,1 < D ≤ 57,2	100 – 3Φ		4 (1 × 35) + P	
	TE6	57,2 < D ≤ 71,5	125 – 3Φ		4 (1 × 50) + P	1 × 25
	TE7	71,5 < D ≤ 85,8	150 – 3Φ		4 (1 × 70) + P	1 × 35
	TE8	85,8 < D ≤ 100,2	175 – 3Φ		4 (1 × 95) + P	1 × 50
	TE9	100,2 < D ≤ 114,5	200 – 3Φ			

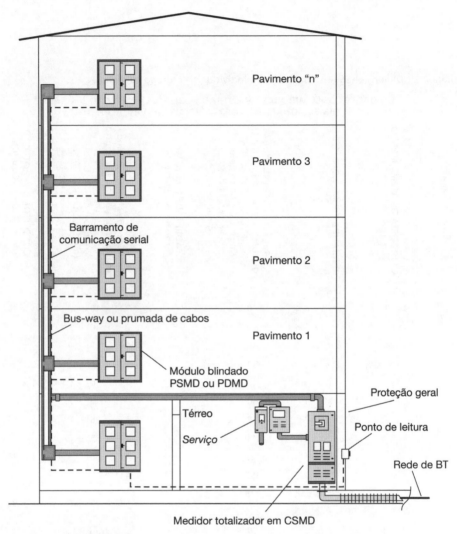

Figura 2.15 Exemplo de entrada coletiva – medição nos andares.

2.10.3 Medição totalizadora

São aplicadas em entradas coletivas sempre que, por conveniência do Consumidor, não for utilizado o sistema de medição convencional, instalada no piso térreo da edificação, no mesmo ambiente físico e com limites de distância em relação a via pública. Um concentrador de dados de medição deve ser localizado a no máximo **3** (três) metros da porta principal de acesso da edificação.

2.11 Aterramento das Instalações

2.11.1 Aterramento do condutor neutro

Em cada edificação, junto ao gabinete de medição e/ou à proteção geral de entrada, como parte integrante da instalação, é obrigatória a construção de malha de terra, constituída de uma ou mais hastes interligadas entre si por condutor de cobre nu de bitola mínima 25 mm^2 (no solo), à qual deverão ser permanentemente interligados o condutor de aterramento do neutro do ramal de entrada e o condutor de proteção.

2.11.2 Ligações a terra e condutor de proteção

Um condutor com a finalidade de proteção deve ser derivado, sempre que possível, diretamente da malha de terra da instalação. Deve ser em cobre, isolado na cor verde ou verde/amarelo, na bitola padronizada conforme Tabelas 2.2, 2.3, 2.4 e 4.21, e percorrer toda a instalação interna e ao qual deverão ser conectadas todas as partes metálicas (carcaças) normalmente não energizadas dos aparelhos elétricos existentes, bem como o terceiro pino (terra) das tomadas dos equipamentos elétricos, de acordo com as prescrições atualizadas da NBR 5410.

O sistema de aterramento deve garantir a manutenção das tensões máximas de toque (V_{toque}) e de passo (V_{passo}), dentro dos limites de segurança normalizados.

2.11.3 Eletrodo de aterramento

Deverá ser empregada haste de aço cobreado, com comprimento mínimo de 2,0 metros e diâmetro nominal mínimo de 3/4″.

Quando as condições físicas do local da instalação impedirem a utilização de hastes, deverá ser adotado um dos métodos estabelecidos pela NBR 5410, que garanta o aterramento dentro das características dispostas no item 2.11.1.

2.11.4 Interligação à malha

O condutor de aterramento do neutro e o condutor de proteção deverão ser em cobre, de seção mínima dimensionada em função dos condutores do ramal de entrada, conforme especificado para cada categoria de atendimento nas tabelas de dimensionamento de equipamentos e materiais de entradas de serviço (Tabelas 2.3 e 2.4) e na Tabela 4.21. Não deverão conter emendas, seccionadores ou quaisquer dispositivos que possam causar a sua interrupção. A proteção mecânica dos condutores de aterramento do neutro e de proteção (circuito de interligação à malha de terra) deverá ser assegurada por meio de eletrodo de PVC rígido, preferencialmente. Quando utilizado eletroduto metálico, o condutor de aterramento deverá ser conectado ao eletroduto em ambas as extremidades. A interligação dos condutores de aterramento e de proteção, ao eletrodo (haste), deverá ser feita através de conectores especialmente protegidos contra corrosão.

2.11.5 Número de eletrodos

Entradas individuais isoladas com demanda avaliada até 23,2 kVA

Deverá ser construído aterramento com, no mínimo, uma haste de aço cobreado, conforme estabelecido no item 2.11.3.

Entradas individuais isoladas com demanda avaliada superior a 23,2 kVA e Inferior a 150,0 kVA

Deverá ser construída malha de aterramento com, no mínimo, 3 hastes de aço cobreado, conforme estabelecido no item 2.11.3, interligadas entre si por condutor de cobre nu, de bitola não inferior a 25 mm^2, com espaçamento entre hastes superior ou igual ao comprimento da haste empregada.

Entradas individuais isoladas com demanda avaliada superior a 150,0 kVA

Deverá ser construída malha de aterramento com, no mínimo, 6 hastes de aço cobreado, conforme estabelecido no item 2.11.3, interligadas entre si por condutor de cobre nu, de bitola não inferior a 25 mm^2, com espaçamento entre hastes superior ou igual ao comprimento da haste empregada.

Entradas coletivas com até seis unidades de consumo

Deverá ser construída malha de aterramento com, no mínimo, uma haste de aço cobreado por unidade de consumo, interligadas entre si por condutor de cobre nu, de bitola não inferior a 25 mm^2, com espaçamento entre hastes superior ou igual ao comprimento da haste empregada.

Entradas coletivas com mais de seis unidades de consumo

Deverá ser construída malha de aterramento com, no mínimo, 6 hastes de aço cobreado, conforme estabelecido no item 2.11.3, interligadas entre si por condutor de cobre nu, de bitola não inferior a 25 mm^2, com espaçamento entre hastes superior ou igual ao comprimento da haste empregada.

Biografia

AMPÈRE, ANDRÉ MARIE (1775-1836), foi pioneiro da eletrodinâmica.

Ampère foi um menino excepcionalmente inteligente, combinando a paixão pela leitura com uma memória fotográfica e habilidade em linguística e matemática. Sua vida sofreu um trauma quando seu pai foi guilhotinado pela Revolução Francesa em 1793. No entanto, Napoleão o nomeou inspetor-geral do sistema universitário, cargo que manteve até sua morte.

Ampère foi um cientista versátil, interessado em física, filosofia, psicologia e química. Em 1820, estimulado pela descoberta de Oersted, de que uma corrente elétrica cria um campo magnético, realizou trabalhos pioneiros sobre corrente elétrica e eletrodinâmica. Demonstrou que duas linhas paralelas que conduzem correntes na mesma direção atraem-se mutuamente e que correntes circulando em direções opostas repelem-se; ele inventou o solenoide.

Em 1827 elaborou a formulação matemática do eletromagnetismo, a conhecida Lei de Ampère.

No Sistema Internacional de Medidas (SI), a unidade de corrente elétrica é assim denominada em sua homenagem.

Instalações para Iluminação e Aparelhos Domésticos

3

3.1 Normas que Regem as Instalações em Baixa Tensão

O documento fundamental sobre o qual este capítulo se baseia é a Norma Brasileira ABNT: a NBR 5410:2004, versão corrigida em 17/03/2008. Serão expostas, também, as definições usualmente utilizadas nos projetos de instalações elétricas. Simultaneamente aplicaremos o regulamento da Light: RECON – BT – Regulamentação para fornecimento de energia elétrica a consumidores em Baixa Tensão, de novembro de 2007, que, em publicação recente, estabeleceu as condições atualizadas para as instalações em sua área de concessão, bem como o Painel Setorial INMETRO de 11 de abril de 2006, padrão NBR 14136 (novembro de 2002), que determina plugues e tomadas a serem obrigatórios na execução das instalações.

3.2 Elementos Componentes de uma Instalação Elétrica

Para que se possa elaborar um projeto de instalações elétricas, é necessário que fiquem caracterizados e identificados os elementos ou partes que compõem o projeto. É o que será feito a seguir. Além disso, deverão ser utilizados os Símbolos e as Convenções, a linguagem normalizada dos projetos elétricos.

Circuitos elétricos

O conjunto dos condutores de alimentação, referido no esquema anterior, com suas ramificações, constitui um *circuito elétrico terminal*. O circuito terminal alimenta, portanto, diretamente, os pontos de utilização, os equipamentos e as tomadas de corrente. Um *circuito de distribuição* alimenta um ou mais quadros de distribuição, partindo do quadro geral (Fig. 3.1). Os circuitos terminais partem dos quadros de distribuição designados por *quadros terminais*. Os circuitos de distribuição dividem-se em "alimentador principal" e "subalimentador", quando há quadros intermediários.

Lei nº 11.337, de 26 de julho de 2006

Determina a obrigatoriedade de as edificações possuírem sistema de aterramento e instalações elétricas compatíveis com a utilização de condutor-terra de proteção, bem como torna obrigatória a existência de condutor-terra de proteção nos aparelhos elétricos que especifica.

O disposto nessa lei entrou em vigor em 1º de janeiro de 2010.

3.2.1 Símbolos e convenções

Na elaboração de projetos de instalações elétricas empregam-se símbolos gráficos para a representação dos "pontos" e demais elementos que constituem os circuitos elétricos. São apresentados a seguir os símbolos mais usuais, com a representação consagrada pela maioria dos projetistas de instalações prediais. O leitor encontrará na ABNT normas relacionadas com a simbologia em instalações elétricas, entre as quais:

- NBR 12519:1992 – Símbolos gráficos de elementos de símbolos, símbolos qualitativos e outros símbolos de aplicação geral.
- NBR 5444:1989 – Símbolos gráficos para instalações elétricas prediais.

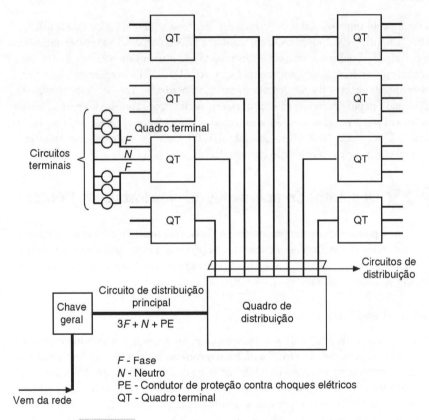

Figura 3.1 Esquema básico de instalação de um edifício.

Tabela 3.1 Símbolos e convenções para projetos de instalações elétricas

A. Dutos e Distribuição

Símbolo	Significado	Observações
⌀ 25	Eletroduto embutido no teto ou parede. Diâmetro 25 mm	Todas as dimensões em mm. Indicar a bitola se não for 15 mm

(Continua)

Tabela 3.1 Símbolos e convenções para projetos de instalações elétricas (*Continuação*)

A. Dutos e Distribuição

Símbolo	Significado	Observações
– – –⌀–⌀– – – ⌀ 25	Eletroduto embutido no piso. Diâmetro 25 mm	Todas as dimensões em mm. Indicar a bitola se não for 15 mm
– ⋅ – ⋅ – ⋅ – ⋅ –	Tubulação para telefone	
– ⋅⋅ – ⋅⋅ – ⋅⋅ –	Tubulação para informática (teleprocessamento de dados, por exemplo)	
– ⋅⋅⋅ – ⋅⋅⋅ –	Tubulação para campainha, som, anunciador ou outro sistema (TV a cabo, antena coletiva)	Indicar na legenda o sistema passante
⎯⎯┼⎯⎯	Condutor de fase no interior do eletroduto (F)	Cada traço representa um condutor. Indicar bitola, número de condutores, número do circuito e a bitola dos condutores, exceto se forem de 1,5 mm²
⎯⎯F⎯⎯	Condutor neutro no interior do eletroduto (N)	
⎯⎯⏌⎯⎯	Condutor de retorno no interior do eletroduto (R)	
⎯⎯T⎯⎯	Condutor terra no interior do eletroduto (T ou PE)	
⎯T⎯T⎯ 50•	Cordoalha de terra	Indicar a bitola utilizada; 50• significa 50 mm²
(leito de cabos) 3 (2 x 25•) + 2 x 10•	Leito de cabos com um circuito passante, composto de três fases, cada uma com dois cabos de 25 mm² e neutro com dois cabos de 10 mm²	25• significa 25 mm² 10• significa 10 mm²
– – –[P]– – – Caixa pass. (200 x 200 x 100)	Caixa de passagem no piso	Dimensões em mm
⎯⎯(P)⎯⎯ Caixa pass. (200 x 200 x 100)	Caixa de passagem no teto	Dimensões em mm

(Continua)

Tabela 3.1 Símbolos e convenções para projetos de instalações elétricas (*Continuação*)

A. Dutos e Distribuição

Símbolo	Significado	Observações
Caixa pass. (200 x 200 x 100)	Caixa de passagem na parede	Indicar altura e se necessário fazer detalhe (dimensões em mm)
	Circuito que sobe	
	Circuito que desce	
	Circuito que passa descendo	
	Circuito que passa subindo	
Tomadas Caixa pass.	Sistema de calha de piso	No desenho aparecem quatro sistemas que são habitualmente: I — Luz e força II — Telefone III — Informática, dados IV — Especiais (TV a cabo, antena coletiva)
	Condutor bitola 1,0 mm², fase ou neutro para campainha	Se for bitola maior, indicá-la
	Condutor bitola 1,0 mm², retorno para campainha	

B. Quadros de Distribuição

Símbolo	Significado	Observações
	Quadro terminal de luz e força, aparente	
	Quadro terminal de luz e força, embutido	
	Quadro geral de luz e força, aparente (QGBT)	Indicar as cargas de luz em watts e de força em HP ou cv
	Quadro geral de luz e força, embutido (QGBT)	
	Caixa de telefones	

(*Continua*)

Tabela 3.1 Símbolos e convenções para projetos de instalações elétricas (*Continuação*)

C. Interruptores

Símbolo oficial	Aceitável	Significado	Observações
$\bigcirc^a$	S	Interruptor de uma seção	A letra minúscula indica o ponto comandado
$^a\!\oplus\!^b$	S_2	Interruptor de duas seções	As letras minúsculas indicam os pontos comandados
$^a\!\otimes\!^b_c$	S_3	Interruptor de três seções	As letras minúsculas indicam os pontos comandados
●^{a}	S_{3W}	Interruptor paralelo ou *three-way*	A letra minúscula indica o ponto comandado
◐^{a}	S_{4W}	Interruptor intermediário ou *four-way*	A letra minúscula indica o ponto comandado
Ⓜ		Botão de minuteria	
⊢⊙	⊙	Botão de campainha na parede (ou comando a distância)	
◉	◎	Botão de campainha no piso (ou comando a distância)	
─▭─		Fusível	Indicar tensão e corrente nominais
		Chave seccionadora com fusíveis. Abertura sem carga	Indicar tensão e corrente nominais
		Chave seccionadora com fusíveis e abertura, em carga	Indicar tensão e corrente nominais
─╱─		Chave seccionadora. Abertura sem carga	Indicar tensão e corrente nominais
─╱⟩─		Chave seccionadora. Abertura em carga	Indicar tensão, corrente e potências nominais
─▭─		Disjuntor a óleo	Indicar tensão, corrente e potências nominais
─⌒─		Disjuntor a seco	Indicar tensão, corrente e potências nominais

(Continua)

Tabela 3.1 Símbolos e convenções para projetos de instalações elétricas (*Continuação*)

D. Luminárias, refletores e lâmpadas

Símbolo	Significado	Observações
-4- a 2 x 100 W	Ponto de luz incandescente no teto. Indicar o nº de lâmpadas e a potência em watts	A letra minúscula indica o ponto de comando, e nº entre dois traços, o circuito correspondente
-4- a 2 x 60 W	Ponto de luz incandescente na parede (arandela)	Deve-se indicar a altura da arandela
-4- a 2 x 100 W	Ponto de luz incandescente no teto (embutido)	
-4- a 4 x 20 W	Ponto de luz fluorescente no teto (indicar o nº de lâmpadas e na legenda o tipo de partida e o reator)	A letra minúscula indica o ponto de comando, e o número entre dois traços, o circuito correspondente
-4- a 4 x 20 W	Ponto de luz fluorescente na parede	Deve-se indicar a altura da luminária
-4- a 4 x 20 W	Ponto de luz fluorescente no teto (embutido)	
-4-	Ponto de luz incandescente no teto em circuito vigia (emergência)	
-4-	Ponto de luz fluorescente no teto em circuito vigia (emergência)	
	Sinalização de tráfego (rampas, entradas etc.)	
	Lâmpada de sinalização	
	Refletor	Indicar potência, tensão e tipo de lâmpadas
	Poste com duas luminárias para iluminação externa	Indicar as potências, tipo de lâmpadas
	Lâmpada obstáculo	
M	Minuteria	

(Continua)

Tabela 3.1 Símbolos e convenções para projetos de instalações elétricas (*Continuação*)

E. Tomadas

Símbolo	Significado	Observações
300 VA -3-	Tomada de luz na parede, baixa (300 mm do piso acabado)	A potência deverá ser indicada ao lado em VA (exceto se for de 100 VA), como também o número do circuito correspondente à altura da tomada; se for diferente da normatizada; se a tomada for de força, indicar o número de HP, cv ou BTU
300 VA -3-	Tomada de luz à meia altura (1 300 mm do piso acabado)	
300 VA -5-	Tomada de luz alta (2 000 mm do piso acabado)	
	Tomada de luz no piso	
	Antena para rádio e televisão	
	Relógio elétrico no teto	
	Relógio elétrico na parede	
	Saída de som no teto	
	Saída de som na parede	Indicar a altura *h*
ou	Cigarra	
ou	Campainha	
IV ou	Quadro anunciador	Dentro do círculo, indicar o número de chamada em algarismos romanos
G	Gerador	Indicar as características nominais
M	Motor	Indicar as características nominais

(Continua)

Tabela 3.1 Símbolos e convenções para projetos de instalações elétricas (*Continuação*)

E. Tomadas

Símbolo	Significado	Observações
—◯◯—	Transformador de potência	Indicar a relação de espiras e valores nominais
—◯—	Transformador de corrente (um núcleo)	Indicar a relação de espiras, classe de exatidão e nível de isolamento. A barra de primário deve ter um traço mais grosso
♀	Transformador de potencial	
—◯◯—	Transformador de corrente (dois núcleos)	

3.2.2 Definições mais usuais

Devem ser respeitadas as definições abaixo.

Carga de iluminação

Na determinação das cargas de iluminação, como alternativas à aplicação da NBR 5413, conforme citado anteriormente, pode ser adotado o seguinte critério:

a) em cômodos ou dependências com área igual ou inferior a 6 m², deve ser prevista uma carga mínima de 100 VA;

b) em cômodo ou dependência com área superior a 6 m², deve ser prevista uma carga mínima de 100 VA para os primeiros 6 m², acrescidos de 60 VA, para cada aumento de 4 m² inteiros.

Nota:

Os valores apurados correspondem à potência destinada à iluminação para efeito de dimensionamento dos circuitos, e não necessariamente à potência nominal das lâmpadas.

Ponto

É o termo empregado para designar **aparelhos fixos** de consumo para luz, tomadas de corrente, arandelas, interruptores, botões de campainha. Por exemplo, luz com seu respectivo interruptor constituem **dois pontos**.

Ponto ativo ou ponto útil

É o dispositivo onde a corrente elétrica é realmente utilizada ou produz efeito ativo (p. ex.: receptáculo onde é colocada uma lâmpada ou uma tomada na qual se liga um aparelho doméstico).

Os principais pontos ativos são os seguintes:

a) Ponto simples. Corresponde a um aparelho fixo (p. ex.: um chuveiro elétrico). Constituído também por uma só lâmpada ou um grupo de lâmpadas funcionando em conjunto, em um lustre, por exemplo.

b) Ponto de duas seções. Quando constituído por duas lâmpadas ou dois grupos de lâmpadas que funcionam por etapas, ligadas independentemente uma da outra.

c) Tomada simples (2P + T). Quando nela se pode ligar somente um aparelho. Em geral, são de 10 A e 20 A-250 V.

Existem tomadas para uso industrial de 30 A-440 V.

d) Tomada dupla. Quando nela podem ser ligados simultaneamente dois aparelhos.

Ponto de comando

É o dispositivo por meio do qual se governa um ponto ativo. É constituído por um interruptor de alavanca, botões, disjuntor ou chave.

Os pontos de comando podem ser compostos por:

a) Interruptor simples ou unipolar. Acende ou apaga uma só lâmpada ou um grupo de lâmpadas funcionando em conjunto. Em geral, são de 10 A e 250 V.

b) Variador de luminosidade (*dimmer*). É um regulador de tensão intercalado entre um circuito alimentador de tensão constante e um receptor, para variar gradualmente a tensão aplicada a este. Permite, por exemplo, variar a luminosidade de uma ou várias lâmpadas incandescentes, utilizando a variação de tensão. Existem três tipos, variador rotativo, variador deslizante e variador digital.

c) Interruptor de duas seções. Acende ou apaga separadamente duas lâmpadas ou dois conjuntos de lâmpadas funcionando ao mesmo tempo.

d) Interruptor de três seções. Acende ou apaga separadamente três lâmpadas ou três conjuntos de lâmpadas funcionando ao mesmo tempo.

e) Interruptor paralelo (*three-way*). Aquele que, operando com outro da mesma espécie, acende ou apaga, de pontos diferentes, o mesmo ponto útil (10 A–250 V). Emprega-se em corredores, escadas ou salas grandes.

f) Interruptor intermediário (*four-way*). É um interruptor colocado entre interruptores paralelos, que acende e apaga, de qualquer ponto, o mesmo ponto ativo formado por uma lâmpada ou grupo de lâmpadas. É usado na iluminação de *halls*, corredores e escadas de um prédio.

g) Sensor de presença. Para o controle da iluminação e outros equipamentos, utiliza-se o sensor de presença. O sensor detecta movimento por infravermelho, pela detecção do calor liberado pela pessoa, e aciona o controle da iluminação. São muito utilizados em substituição às minuterias e podem controlar uma ou mais lâmpadas.

A Pial Legrand possui um sensor de presença que acende automaticamente a iluminação logo que detectado um movimento (pessoas, animais etc.) e apaga automaticamente a iluminação quando, após uma duração de tempo regulável de 15 segundos a 10 minutos, não há movimento dentro de seu campo de detecção, como mostrado na Fig. 3.2. Possui sensibilidade de detecção regulável e fotocélula que limita o funcionamento do sensor nos momentos em que o ambiente está com baixo nível de iluminação (p. ex.: iluminação natural).

Tem chave seletora com três posições: A - auto (automático); I - ligado (lâmpada constantemente ligada): O - desligado (lâmpada constantemente desligada). Instalação embutida (em caixa de embutir na mesma altura dos interruptores e tomadas). Indicado para utilização com lâmpadas incandescentes.

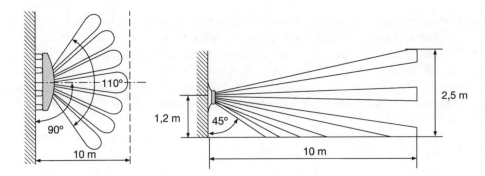

Figura 3.2 Campo de detecção do sensor de presença e características técnicas.

Ponto de utilização

Ponto de uma linha elétrica destinada à conexão de equipamento de utilização. Um ponto de utilização pode ser classificado de acordo com a natureza da carga prevista (ponto de luz, ponto para aquecedor, ponto para aparelho de ar condicionado etc.) e o tipo de conexão previsto (ponto de tomada, ponto de ligação direta).

Ponto de iluminação

Em cada cômodo ou dependência deve ser previsto, pelo menos, um ponto de luz fixo no teto, comandado por interruptor.

Notas:
1. Nas acomodações de hotéis, motéis ou similares, pode-se substituir o ponto de luz fixo no teto por tomada de corrente, com potência mínima de 100 VA, comandada por interruptor de parede.
2. Admite-se que o ponto de luz fixo no teto seja substituído por ponto na parede em espaços sob escada, depósitos, despensas, lavabos e varandas, desde que de pequenas dimensões e onde a colocação do ponto de luz seja de difícil execução ou não conveniente.

3.2.3 Pontos de tomadas

Pontos de utilização em que a conexão do equipamento ou equipamentos a serem alimentados é feita através de tomada de corrente.

Um ponto de tomada pode ser classificado de acordo com o circuito que o alimenta, o número de tomadas de corrente nele previsto, o tipo de equipamento a ser alimentado e a corrente nominal da(s) tomada(s) de corrente nele utilizada(s).

3.2.3.1 Número de pontos de tomadas

O número de pontos de tomadas deve ser determinado em função da destinação do local e dos equipamentos elétricos que podem aí ser utilizados, observando-se *no mínimo* os seguintes critérios:

a) Em banheiros, deve ser previsto pelo menos um ponto de tomada, próximo ao lavatório.
b) Em cozinhas, copas, copas-cozinhas, áreas de serviço, lavanderias e locais análogos, deve ser previsto um ponto de tomada para cada 3,5 m ou *fração de perímetro*, e acima da bancada da pia devem ser previstas duas tomadas de corrente, no mesmo ponto ou em pontos distintos.
c) Em varandas, deve ser previsto um ponto de tomada.
d) Em salas e dormitórios, deve ser previsto um ponto de tomada para cada 5 m ou fração de perímetro, devendo esses pontos serem espaçados tão uniformemente quanto possível.
e) Em cada um dos demais cômodos e dependências de habitação devem ser previstos pelo menos:
   – um ponto de tomada, se a área do cômodo ou dependência for igual ou inferior a 2,25 m²;
   – um ponto de tomada, se a área do cômodo ou dependência for superior a 2,25 m² e igual ou inferior a 6 m²;
   – um ponto de tomada para cada 5 m ou fração de perímetro, se a área do cômodo ou dependência for superior a 6 m², devendo esses pontos serem espaçados tão uniformemente quanto possível.

3.2.3.2 Ainda sobre número de pontos de tomadas

a) Em locais de habitação, os pontos de tomadas devem ser determinados e dimensionados de acordo com os critérios definidos no item 3.2.3, e acrescidos dos critérios que se seguem:
   – em *halls* de serviço, salas de manutenção e salas de equipamento, tais como casas de máquinas, salas de bombas, barriletes e locais análogos, deve ser previsto no mínimo um ponto de *tomada de uso geral*. Aos circuitos terminais respectivos deve ser atribuída uma potência de no mínimo 1 000 VA;
   – quando um ponto de tomada for previsto para **uso específico**, deve ser a ele atribuída uma potência igual à potência nominal do equipamento ou à soma das potências nominais dos equipamentos a serem alimentados. Quando valores precisos não forem conhecidos, a potência atribuída ao ponto de tomada deve seguir um dos seguintes critérios:
      I – potência ou soma das potências dos equipamentos mais potentes que o ponto pode vir a alimentar, ou
      II – potência calculada com base na corrente de projeto e na tensão do circuito respectivo.
      III – Nos casos em que for dada a potência nominal fornecida pelo equipamento (potência de saída) e não a absorvida, devem ser considerados: – o fator de potência (item 1.5.2) – o rendimento (item 1.5.3).

Tomadas de corrente

Os aparelhos eletrodomésticos e as máquinas de escritório são normalmente alimentados por tomadas de corrente.

As tomadas podem ser divididas em duas categorias:

Tomadas de uso geral (TUGs)

Nelas são ligados aparelhos portáteis como abajures, enceradeiras, aspiradores de pó, liquidifica-dores, batedeiras.

Tomadas de uso específico (TUEs)

Alimentam aparelhos fixos ou estacionários, que, embora possam ser removidos, trabalham sempre em um determinado local. É o caso dos chuveiros e torneiras elétricas, máquina de lavar roupa e aparelho de ar condicionado.

O projetista escolherá criteriosamente os locais onde devem ser previstas as tomadas de uso especial e preverá o número de tomadas de uso geral que assegure conforto ao usuário, em obedi-ência a este capítulo.

Número mínimo de tomadas de uso geral (TUGs)

A NBR 5410:2004 estabelece recomendações expostas no início deste capítulo.

Instalações Comerciais

a) Escritórios com áreas iguais ou inferiores a 40 m² - 1 tomada para cada 3 m ou fração de perí-metro, ou 1 tomada para cada 4 m² ou fração de área (adota-se o critério que conduzir ao maior número de tomadas).
b) Escritórios com áreas superiores a 40 m² - 10 tomadas para os primeiros 40 m²; 1 tomada para cada 10 m² ou fração de área restante.
c) Lojas: 1 tomada para cada 30 m² ou fração, não computadas as tomadas destinadas a lâmpadas, vitrines e demonstração de aparelhos.

Potência a prever nas tomadas

a) **Tomadas de uso específico (TUEs).** Adota-se a *potência nominal* (de entrada) do aparelho a ser usado (Tabela 3.3).

As tomadas de uso específico devem ser instaladas no máximo a 1,5 m do local previsto para o equipamento a ser alimentado.
b) **Tomadas de uso geral (TUGs)** (valores mínimos).
 i) *Instalações residenciais*, hotéis, motéis e similares
  • Em banheiros, cozinhas, copas-cozinhas, áreas de serviço: 600 VA por tomada, até 3 tomadas, e 100 VA para as demais, considerando cada um desses ambientes separadamente.
  • Outros cômodos ou dependências: 100 VA por tomada.
  • Aos circuitos terminais respectivos deve ser atribuída uma potência de 1 000 VA, no mínimo.
 ii) *Instalações comerciais*
  • 200 VA por tomada.

Tabela 3.2 Potências nominais típicas de aparelhos eletrodomésticos

	Aparelhos	Potência (watt)
01	Aquecedor de água (*boiler*) até 80 litros	1 500
02	Aquecedor de água de 100 a 150 litros	2 500
03	Aquecedor de água em passagem (torneira elétrica)	2 500
04	Aquecedor de ambiente	1 000
05	Ar condicionado 7 500 BTU/h	720
06	Ar condicionado 10 000 BTU/h	960
07	Ar condicionado 12 000 BTU/h	1 200
08	Aspirador de pó	200
09	Batedeira de bolo	100
10	Cafeteira elétrica	600
11	Chuveiro elétrico	4 400
12	Circulador de ar	150
13	Congelador (*freezer*)	600
14	Enceradeira	300
15	Exaustor doméstico	300
16	Ferro elétrico automático	1 000
17	Forno a resistência	1 500
18	Forno de microondas	1 300
19	Geladeira doméstica	300
20	Lavadora de louça	1 500
21	Lavadora de roupa	1 000
22	Liquidificador	200
23	Secador de cabelo	500
24	Secadora de roupa	3 500
25	Torradeira	500-800
26	TV em cores – 20 polegadas	90
27	TV em cores – 14 polegadas	60
28	TV preto e branco	40
29	Ventilador	100

3.3 ESTIMATIVA DE CARGA

3.3.1 Densidade de carga e consumo por aparelho

Antes mesmo da elaboração do projeto, há necessidade de se proceder a uma estimativa preliminar da carga, isto é, da potência que será instalada, como base para cálculo da demanda máxima e para a consulta prévia à concessionária de energia elétrica local.

Tabela 3.3 Densidade de carga de pontos de luz e tomadas de uso geral

Local	Densidade de carga (VA/m²)
Residências	30
Escritórios	50
Lojas	20
Hotéis	20
Bibliotecas	30
Bancos	50
Igrejas	15
Restaurantes	20
Depósitos	5
Auditórios	15
Garagens comerciais	5

À medida que o projeto vai sendo elaborado e se procede ao estudo luminotécnico com base na NBR 5413 (em revisão), como veremos no Cap. 8 – Luminotécnica, vão sendo definidos, com maior exatidão, os pontos ativos, com suas respectivas cargas, de modo que se possa, ao final, dispor de elementos para o preparo de uma lista geral de carga, perfeitamente confiável. A estimativa preliminar costuma ser feita partindo-se da densidade de carga (W/m² ou VA/m²) e das áreas que serão servidas pela instalação.

Usam-se, em geral, tabelas de normas aprovadas ou de uso consagrado. Como vimos anteriormente, no início deste capítulo, enunciamos critérios básicos para pontos de utilização:

- Pontos de tomada
- Números de pontos de tomadas
- Iluminação
- Carga de iluminação

No caso de escritórios, estabelecimentos comerciais e industriais, não se dispensa o projeto de iluminação, principalmente se a iluminação for fluorescente ou a vapor de mercúrio (fábricas, armazéns, pátios de armazenamento).

A NBR 5413 (em revisão) – Iluminação de Interiores apresenta as prescrições quanto a cargas para iluminação, indicando o nível de iluminação para vários locais.

A Tabela 3.2 indica potências nominais típicas de aparelhos eletrodomésticos e que devem ser conhecidos para a elaboração da lista de carga.

3.3.2 Fiação

No traçado do projeto de instalações, é necessária a marcação dos fios contidos na tubulação, para determinar-se o diâmetro desta e para orientar o trabalho da futura enfiação.

Para tanto, é necessário conhecerem-se os esquemas de ligação e a denominação dos fios, segundo a função que desempenham.

Definamos primeiramente os condutores que transportam a energia dos pontos de comando aos de utilização.

3.3.2.1 Os condutores de alimentação podem ser divididos em:

- Condutores de circuitos terminais, que saem do **quadro terminal de chaves** de um apartamento ou andar, por exemplo, e alimentam os pontos de luz, as tomadas e os aparelhos fixos.

- Condutores de circuitos de distribuição, que ligam o barramento ou chaves do quadro de distribuição geral ao quadro terminal localizado no apartamento, no andar de escritórios ou no quadro de serviço.
- Condutores de circuitos de distribuição principal, que ligam a chave geral do prédio ao quadro geral de distribuição ou ao medidor.

Os condutores de alimentação que constituem os circuitos terminais classificam-se em:

a) Fios diretos. São os dois condutores que, desde a chave de circuito no quadro terminal de distribuição, não são interrompidos, embora forneçam derivações ao longo de sua extensão.
   O *fio neutro* vai diretamente a todos os pontos ativos dos circuitos fase neutro.
   O *fio fase* vai diretamente apenas às tomadas e pontos de luz que não dependem de comando, aos interruptores simples e a somente um dos interruptores paralelos (*three-way*) ou intermediários (*four-way*), quando há comando composto, cuja fiação será ilustrada mais adiante nas Figs. 3.13 a 3.17.
b) Fio de retorno. É o condutor-fase que, depois de passar por um interruptor ou jogo de interruptores, "retorna", ou melhor, "vai" ao ponto de luz ou pontos de luz.
c) Fios alternativos. São os condutores que existem apenas nos comandos compostos e permitem, alternativamente, a passagem da corrente ou a ligação de um interruptor paralelo (*three-way*) com outro interruptor intermediário (*four-way*).

Esquemas fundamentais de ligação

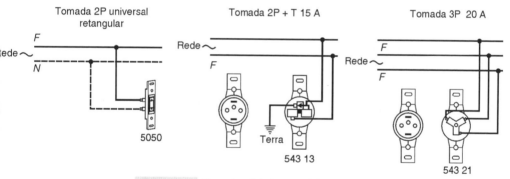

Figura 3.3a Tomadas, fabricação Pial Legrand.

Figura 3.3b Variadores de luminosidade, fabricação Pial Legrand.

Figura 3.3c Tomada com pino terra. O uso desse modelo de tomada tornou-se obrigatório pela Portaria do Inmetro.

Tomada 3 pinos da FAME

3.4 Esquemas Fundamentais de Ligações

Os esquemas apresentados nas Figs. 3.4 e 3.5 representam trechos constitutivos de um circuito de iluminação e tomadas, e poderiam ser designados como "subcircuitos" ou circuitos parciais. O condutor neutro é sempre ligado ao receptáculo de uma lâmpada e à tomada. O condutor fase alimenta o interruptor e a tomada. O ***condutor de retorno*** liga o interruptor ao receptáculo da lâmpada. Quando necessário, o condutor de proteção (terra) deverá ser utilizado nos circuitos de iluminação.

3.4.1 Ponto de luz e interruptor simples, isto é, de uma seção

Ao interruptor, vai o fio fase F e volta à caixa do ponto de luz um fio que passa a chamar-se retorno, designado por R.

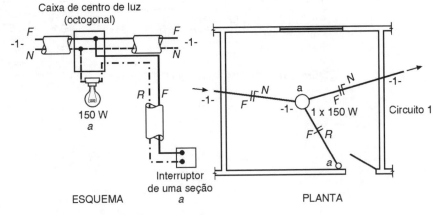

Figura 3.4 Ponto de luz e interruptor de uma seção.

3.4.2 Ponto de luz, interruptor de uma seção e tomada

À tomada vão os fios F, N e DE, mas ao interruptor, apenas o fio F.

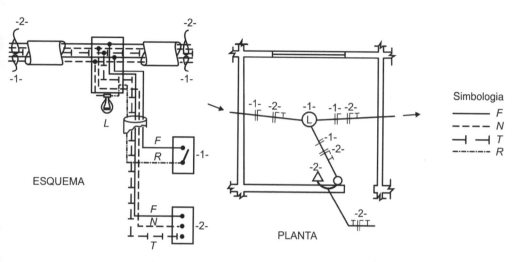

Figura 3.5 Ponto de luz, interruptor de uma seção e tomada de 300 VA a 30 cm do piso. Circuito 1. Ver item 3.7. Observar a existência de circuitos separados para iluminação e tomada.

3.4.3 Ponto de luz, arandelas e interruptor de duas seções

Às vezes é usado em banheiros, ficando a arandela sobre o espelho, acima do lavatório.

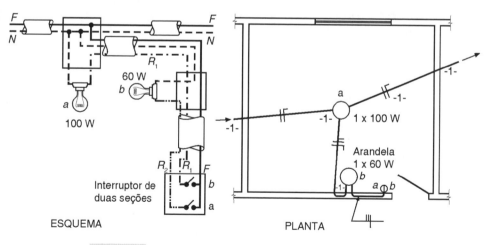

Figura 3.6 Ponto de luz, arandela e interruptor de duas seções.

3.4.4 Dois pontos de luz comandados por um interruptor simples

Usa-se quando, por exemplo, a sala tem comprimento grande.

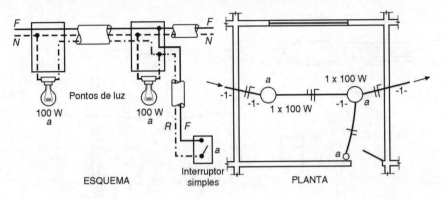

Figura 3.7 Dois pontos de luz comandados por um interruptor simples.

3.4.5 Dois pontos de luz comandados por um interruptor de duas seções

É solução preferível à do item 3.4.4.

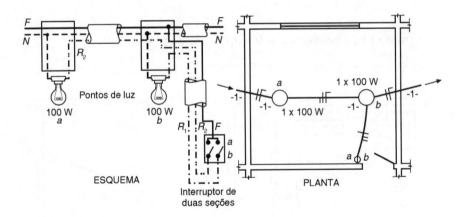

Figura 3.8 Dois pontos de luz comandados por um interruptor de duas seções.

3.4.6 Dois pontos de luz comandados por um interruptor de duas seções, além de uma tomada

É caso comum, pois aproveita-se a descida do condutor até o interruptor para prolongá-lo à tomada.

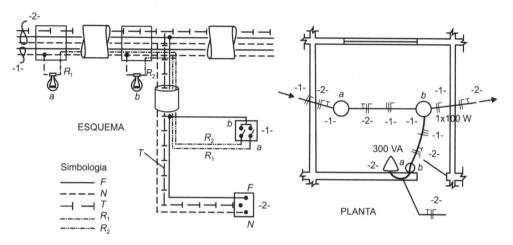

Figura 3.9 Dois pontos de luz comandados por interruptor de duas seções e uma tomada de 300 VA. A NBR 5410:2004 indica a separação do circuito de iluminação do circuito de tomada (ponto de força).

3.4.7 Ligação de uma lâmpada com interruptor de uma seção com alimentação pelo interruptor

Essa alimentação pode vir por eletroduto na parede ou passando pelo piso.

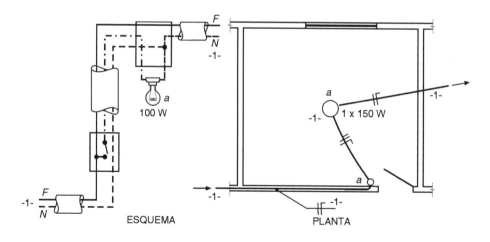

Figura 3.10 Lâmpada acesa por interruptor de uma seção, pelo qual chega a alimentação.

3.4.8 Ligação de duas lâmpadas e interruptor de duas seções

Alimentação pelo interruptor.

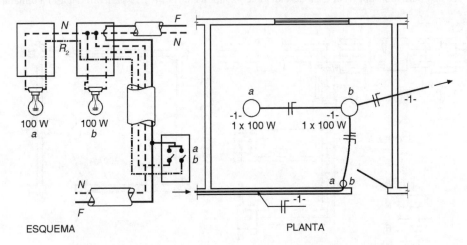

Figura 3.11 Duas lâmpadas acesas por um interruptor de duas seções, pelo qual chega a alimentação.

3.4.9 Ligação de duas lâmpadas por dois interruptores de uma seção

Em pontos distintos, com alimentação por um interruptor.

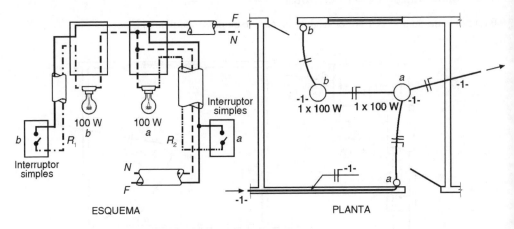

Figura 3.12 Duas lâmpadas comandadas por interruptores independentes, cada uma de uma seção.

3.4.10 Ligação de uma lâmpada com interruptores paralelos (*three-way*)

Dois interruptores paralelos (*three-way*) permitem que tanto um quanto outro possam acender ou apagar um ou mais pontos de luz. São usados em lances de escadas, em corredores e salas com acesso por duas portas.

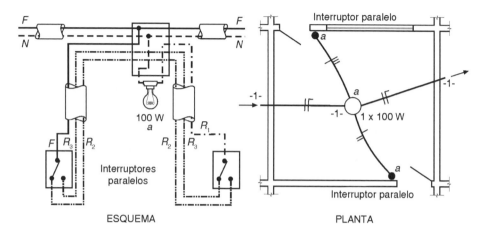

Figura 3.13 Ligação de uma lâmpada com interruptores paralelos (*three-way*). No esquema a lâmpada se acha apagada, pois o circuito não se fecha.

3.4.11 Ligação de uma lâmpada com interruptores paralelos (*three-way*)

Nesse tipo de ligação, as caixas estão interligadas.

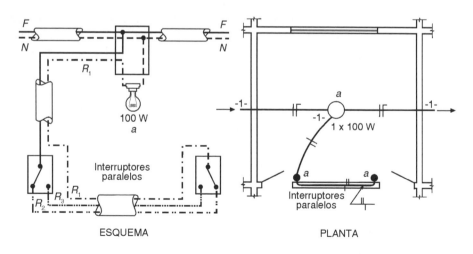

Figura 3.14 Ligação de uma lâmpada com interruptores paralelos (*three-way*). Pelo esquema a lâmpada está acesa, pois o circuito se completa.

3.4.12 Ligação de uma lâmpada com interruptores paralelos (*three-way*)

Alimentação pela caixa de interruptor.

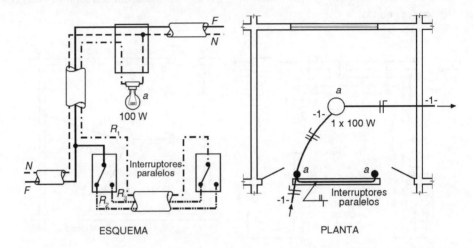

Figura 3.15 Ligação de uma lâmpada com interruptores paralelos (*three-way*). A diferença está na alimentação pelo interruptor. (Não está representado o fio-terra.)

3.4.13 Ligação de uma lâmpada com dois interruptores paralelos (*three-way*) e um intermediário (*four-way*)

Os interruptores paralelos permitem que se possa comandar uma lâmpada por pontos diferentes. É preciso, porém, que no circuito haja dois paralelos, como se vê na Fig. 3.16. O interruptor tem dois fios de entrada e dois de saída. Ao se acionar o intermediário, podemos colocá-lo na posição A ou na posição B, de modo que, qualquer que seja a posição do outro (ou dos outros intermediário), passe sempre corrente quando se desejar, para acender a lâmpada, ou deixe de passar corrente quando se pretender apagar a lâmpada. Ver variante abaixo.

3.4.14 Ligação de uma lâmpada com dois interruptores paralelos (*three-way*) e um intermediário (*four-way*)

Nessa ligação as caixas dos interruptores paralelos (*three-way*) estão interligadas por eletroduto.
   Na Fig. 3.17 é apresentado um esquema de ligação de interruptor intermediário (*four-way*) que, ao ser acionado, muda o estado da lâmpada em qualquer configuração em que ela esteja.

3.4.15 Minuteria e sensor de presença

Por questões de economia, não é conveniente que as lâmpadas dos *halls* de serviço e sociais dos prédios fiquem acesas durante toda a noite, e às vezes durante todo o dia, no caso dos *halls* sem iluminação natural. Além disso, alguém poderia acender uma luz num *hall* e esquecer-se de apagá-la. (Ver Fig. 3.18.)

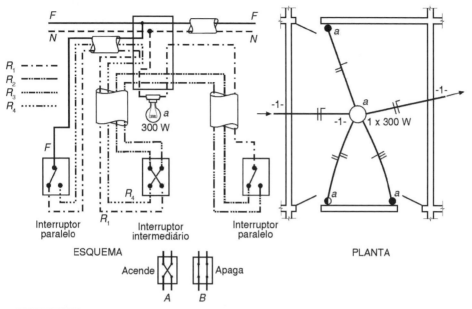

Figura 3.16 Ligação de uma lâmpada usando dois interruptores paralelos (*three-way*) e um interruptor intermediário (*four-way*).

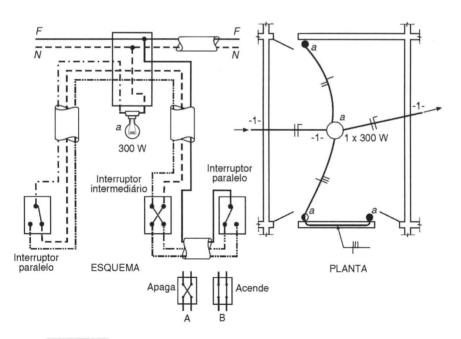

Figura 3.17 Lâmpada acionada por dois interruptores paralelos (*three-way*) e um interruptor intermediário (*four-way*).

Emprega-se, por isso, um sistema que permite, com o acionamento de qualquer um dos interruptores do circuito, ligar simultaneamente, por exemplo, as lâmpadas dos *halls* de todos os andares, mesmo que seja de um único ponto de comando. Um aparelho denominado **minuteria**, após um certo tempo, admitamos um minuto (ou um intervalo de tempo predeterminado), desliga as lâmpadas sob o seu comando. Se uma pessoa sair do elevador e demorar a abrir a porta do apartamento, pode acionar o botão de minuteria, se a luz apagar.

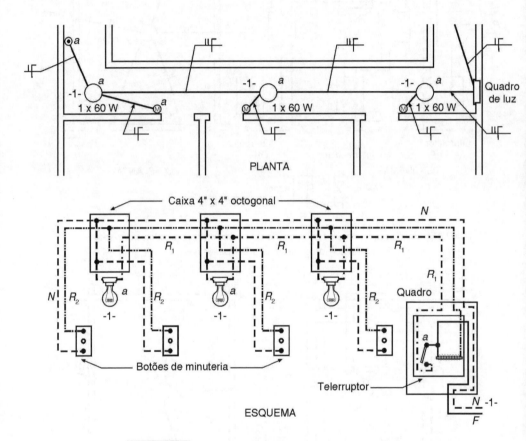

Figura 3.18 Instalação de minuteria eletrônica em corredor.

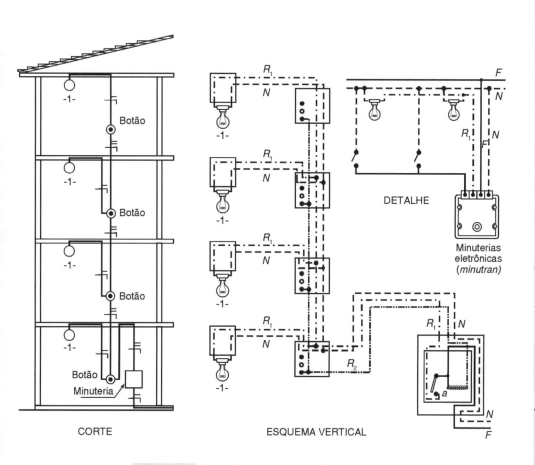

Figura 3.19 Instalação de telerruptor (ou minuteria).

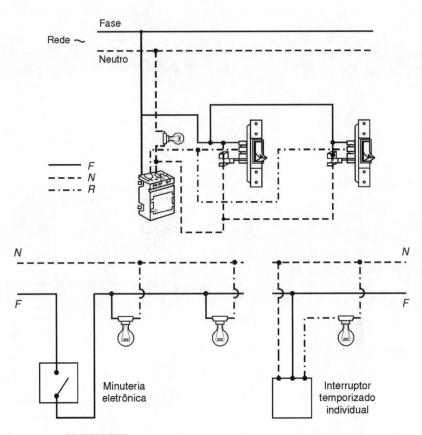

Figura 3.20 Instalações de minuterias individuais eletrônicas.

3.5 Potência Instalada e Potência de Demanda

A *potência instalada* (P_{inst}) ou potência nominal (P_n) de um setor de uma instalação ou de um circuito é a *soma das potências nominais* dos equipamentos de utilização (inclusive tomadas de corrente) pertencentes ao mesmo.

Na realidade, não se verifica o funcionamento de todos os pontos ativos simultaneamente, de modo que não seria econômico dimensionar os alimentadores do quadro geral ao quadro terminal, situado no apartamento, no andar de escritório, ou na loja, considerando a carga como a soma de todas as potências nominais instaladas. Considera-se que a potência realmente *demandada* pela instalação, P_d, seja inferior à *instalada* (P_{inst}), e a relação entre ambas é designada como *fator de demanda*, que se representa pela letra *f*. Em outras palavras, multiplicando-se o fator de demanda pela carga instalada, obtém-se a *potência demandada* (P_d), ambos chamados de potência de alimentação (P_{alim}) ou de *demanda máxima*. Assim,

$$P_d = P_{alim} = \text{demanda máxima,}$$

e

$$P_d = f \times P_{inst}$$

A experiência do projetista e o conhecimento das circunstâncias que influem no *fator de demanda* permitirão que seja encontrado um valor aplicável a cada contexto específico de instalação.

Para calcularmos a ***potência de alimentação***, ou seja, a demanda máxima (P_{alim}), deveremos fazer:

$$P_{alim} = f(P_1 + P_2)$$

Sendo P_2 *a soma das potências dos aparelhos fixos da unidade residencial e P_1 a soma das potências de iluminação, de tomadas de uso geral e tomadas de uso específico que não se destinem à ligação de aparelhos fixos.*

3.6 Intensidade da Corrente

No projeto de instalações, para se poder dimensionar os condutores e dispositivos de proteção, deve-se calcular previamente a intensidade da corrente que por eles passa. Podemos distinguir duas conceituações para a corrente elétrica, aplicáveis ao caso.

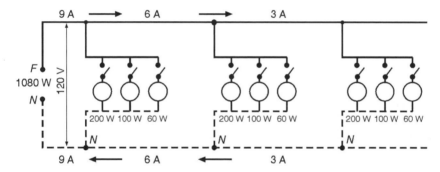

Figura 3.21 Distribuição com *F* e *N* contendo apenas lâmpadas.

Corrente nominal I_n. É a corrente consumida pelo aparelho ou equipamento de utilização, de modo a operar segundo as condições prescritas em seu projeto de fabricação. Em muitos casos, vem indicada na plaqueta, fixada no equipamento.

Corrente de projeto I_p. É a corrente que um ***circuito de distribuição*** ou ***terminal*** deve transportar, operando em condições normais, quando não se espera que todos os equipamentos a ele ligados estejam sendo utilizados, isto é, que funcionem simultaneamente. Consideremos os dois casos.

Corrente nominal I_n (ampères)

Pode ser calculada pelas expressões seguintes:

a) circuitos monofásicos (fase e neutro)

$$I_n = \frac{P_n}{u \times \eta \times \cos\varphi}$$

sendo:

P_n – a potência nominal das lâmpadas ou do equipamento, expressa em watts. Corresponde à **potência de saída do equipamento**;

u (volts) – diferença de potencial ou tensão entre *fase* e *neutro* (120 V ou 127 V, por exemplo);

η – rendimento, isto é, a relação entre a potência de saída P_s de um equipamento e a de entrada P_e, no mesmo.

$$\eta = \frac{P_s}{P_e}$$

define o rendimento.

No caso de iluminação fluorescente, η se refere aos reatores que consomem elevada corrente reativa da rede de alimentação. Em algumas tabelas é apresentada a perda em watts, e não o rendimento η. O uso contemporâneo de reatores eletrônicos reduz as perdas em watts.

cos φ – ângulo de defasagem entre a tensão e a corrente (**fator de potência**), conforme descrito anteriormente.

Para lâmpadas incandescentes e equipamento puramente resistivo,

$$\eta = 1 \text{ e } \cos \varphi = 1$$

De modo que a corrente será dada por:

$$I_n = \frac{P_n \text{ (watts)}}{u \text{ (volts)}}$$

> **Exemplo 3.1**
>
> Ferro elétrico de 1 000 W – 127V. $I = \dfrac{1\,000}{127} = 7{,}9 \text{ A}$
>
> Chuveiro elétrico: 4 400 W – 127V. $I = \dfrac{4\,400}{127} = 34{,}6 \text{ A}$

A Fig. 3.19 é o esquema de um circuito monofásico com nove lâmpadas ligadas em paralelo, entre fase e neutro. Utilizando conceitos anteriores, determinamos os valores das correntes elétricas: 9 A, 6 A e 3 A.

b) circuitos trifásicos (3 F e N) equilibrados

$$I_n = \frac{P_n}{3 \times u \times \eta \times \cos \varphi}$$

c) para circuitos trifásicos

$$I_n = \frac{P_n}{\sqrt{3} \times U \times \eta \times \cos \varphi}$$

u (Volts) – tensão entre fase e neutro
U (Volts) – tensão entre fases

Exemplo 3.2

Determinar a corrente elétrica de um motor (trifásico) de 5 cv, em sistema de 220 V, entre fases.
  Dados: $\cos \varphi = 0{,}92$
  $\eta = 0{,}80$

Solução

Potência nominal:

$$P_n = 5 \text{ cv} \times 736 \text{ W} = 3\,680 \text{ W, adotando 1 cv} = 736 \text{ W}$$

Corrente nominal:

$$I_n = \frac{3\,680}{\sqrt{3} \times 220 \times 0{,}80 \times 0{,}92} = \frac{3\,680}{280{,}12} = 13{,}2 \text{ A}$$

Corrente de projeto I_p nos alimentadores

Já vimos que normalmente não estarão funcionando todos os equipamentos, principalmente os que atuam ligados a tomadas, de modo que se pode considerar no dimensionamento dos **alimentadores** uma corrente inferior (I_p), que corresponderia ao uso simultâneo de todos os equipamentos, uma vez que a potência demandada é inferior à potência instalada. A **corrente de projeto I_p** é calculada multiplicando-se a corrente nominal, correspondente à potência nominal, pelos seguintes fatores:

  $\mathbf{f_1}$ = **Fator de demanda,** aplicável a circuitos de distribuição (entre o quadro geral e o quadro terminal). Não se usa em circuitos terminais, a partir do último quadro de distribuição.

  $\mathbf{f_2}$ = **Fator de utilização.** Decorre do fato de que nem sempre um equipamento é solicitado a trabalhar com sua potência nominal. Isto acontece normalmente com motores e *não deve ser considerado como aplicável* a lâmpadas e tomadas, aparelhos de aquecimento e de ar condicionado. Para estes casos, $f_2 = 1$, isto é, a potência utilizada é igual à potência nominal. Na falha de indicações mais rigorosas quanto ao comportamento dos motores, pode-se adotar, para o caso em questão, $f_2 = 0{,}75$.

  $\mathbf{f_3}$ = Fator que leva em consideração um aumento futuro de carga do circuito alimentador. Quando não se for prever nenhum aumento, $f_3 = 1$. No entanto, é recomendada uma capacidade de reserva para futuras ampliações. Assim, tomaremos $f_3 = 1{,}20$, critério dos Autores.

  $\mathbf{f_4}$ = Fator aplicável a circuitos de motores. Na determinação de f_4 costuma-se acrescentar 25 % à carga do motor de maior potência.

  A corrente do projeto será dada por:

$$I_p = I_n \times f_1 \times f_2 \times f_3 \times f_4$$

3.7 Fornecimento às Unidades Consumidoras

A alimentação até o medidor no quadro geral e deste até o quadro terminal no apartamento, andar de escritório etc. deve obedecer às seguintes exigências descritas no Capítulo 2.

Deve-se procurar dividir os pontos ativos (luz e tomadas) de modo que a carga, isto é, a potência, se distribua, tanto quanto possível, uniformemente entre as fases do circuito, e de modo que os circuitos terminais tenham aproximadamente a mesma potência. Além disso, deve-se atender às seguintes recomendações:

- Equipamentos com potência igual ou superior a 1 200 W devem ser alimentados por circuitos individuais.
- Aparelhos de ar condicionado devem ter circuitos individuais.
- Cada circuito deve ter um exclusivo condutor neutro.
- O condutor de proteção - PE (terra) pode ser instalado por circuito ou conjunto de circuitos.
- As tomadas da copa-cozinha e área de serviço devem fazer parte de circuitos separados para cada dependência.
- Circuitos de iluminação e circuitos de tomadas deverão estar separados.
- Cada circuito partindo do quadro terminal de distribuição (quadro de luz do apartamento, p. ex.) deve sempre que possível ser projetado para corrente de 15 A, podendo chegar a 20 A e, no caso de chuveiros e torneiras elétricos em circuito fase neutro, para correntes nominais ainda maiores.

EXEMPLO 3.3

Um escritório de projetos tem:

- 24 aparelhos de luz fluorescente, com reatores de alto fator de potência, partida rápida, de 4×40 W cada;
- 20 tomadas de uso geral de 200 VA cada (potência recomendada);
- 5 aparelhos de ar condicionado de 2 100 W de potência.

Determinemos as correntes de projeto, sob tensão de 220 V, trifásicas.

Solução

a) *Iluminação fluorescente*

$$P'_n = 24 \text{ ap.} \times 4 \text{ lâmp.} \times 40 \text{ W} = 3\ 840 \text{ W}$$

Fator de potência ($\cos \varphi$) = 0,92; rendimento η = 0,65 (perdas nos reatores)

$$\text{Corrente de projeto} = I_{p1} = \frac{P'_n}{\sqrt{3} \times U \times \eta \times \cos \omega} = \frac{3\ 840}{1{,}73 \times 220 \times 0{,}65 \times 0{,}92} = 16{,}87 \text{ A}$$

b) *Tomadas de uso geral*

$$P''_n = 20 \text{ tom.} \times 200 \text{ VA} = 4\ 000 \text{ VA}$$

Fator de demanda para tomadas de escritório (Tabela 3.4)

$$f = 0{,}80$$

Potência de projeto: $P_p = 4\ 000 \times f = 4\ 000 \times 0{,}80 = 3\ 200$ W

sendo $\eta = 1$ e $\cos \varphi = 1$ (para tomadas de uso geral), temos:

$$I_{p2} = \frac{3\ 200}{\sqrt{3} \times 220 \times 1 \times 1}$$

$$\text{Corrente de projeto} = I_{p2} = \frac{3\,200}{\sqrt{3} \times 220 \times 1 \times 1} = 8,41 \text{ A}$$

c) *Ar-condicionado*
   $\cos \varphi = 0,92;\ \eta = 0,75;\ fd = 1$
   $P_n = 5 \text{ ap.} \times 2\,100 \text{ W} = 10\,500 \text{ W}$

$$I_{p3} = \frac{10\,500}{\sqrt{3} \times 220 \times 0,92 \times 0,75} = \frac{10\,500}{262,61} = 39,98 \text{ A}$$

Logo: $I_{p1} + I_{p2} + I_{p3} = 16,87 + 8,41 + 39,98 = 65,26$ A.

3.8   Cálculo da Carga Instalada e da Demanda

3.8.1 Determinação da carga instalada

Vem a ser o somatório das potências nominais de placa dos aparelhos elétricos e das potências das lâmpadas de uma unidade consumidora. Podemos usar a Tabela 3.2 para calcular a potência instalada.

EXEMPLO 3.4

Determinar a carga instalada de uma unidade consumidora.
Dados:

Unidade consumidora (220/127 V)

Tipo de carga	Potência nominal	Quantidade	Total parcial
Lâmpada incandescente	100 W	4	400 W
Lâmpada incandescente	60 W	4	240 W
Lâmpada fluorescente	20 W	2	40 W
Tomadas	100 W	8	800 W
Chuveiro elétrico	4 400 W	1	4 400 W
Geladeira	300 W	1	300 W
TV em cores (20″)	90 W	1	90 W
Ventilador	100 W	3	300 W
Ar-condicionado	1 cv	2	3 000 W
Bomba d'água (motor)	1 cv	2 (1 de reserva)	1 500 W

CARGA INSTALADA TOTAL = 11,07 kW

Avaliação de demanda – Seção A

Quando determinado conjunto de cargas é analisado, verifica-se que, em função da utilização diversificada das mesmas, um valor máximo de potência é absorvida por esse conjunto num mesmo intervalo de tempo, geralmente inferior ao somatório das potências nominais dessas cargas. Isso permite ao projetista a adoção de fatores de demanda ou diversidade a serem aplicadas à carga instalada, ajustando valores da entrada de serviço para melhor compatibilizá-la técnica e economicamente. É oferecida uma metodologia, composta de duas seções aplicativas, Seção A e Seção B, que a seguir serão detalhadas.

3.8.2 Expressão geral para cálculo de demanda – Seção A

Calcula-se a demanda, utilizando a seguinte expressão geral:

$$D(\text{kVA}) = d_1 + d_2 + d_3 + d_4 + d_5 + d_6,$$

em que:

$d_1(\text{kVA})$ = demanda de iluminação e tomadas, calculada com base nos fatores de demanda da Tabela 3.4, considerando o fator de potência igual a 1,0 (um);

$d_2(\text{kVA})$ = demanda dos aparelhos para aquecimento de água (chuveiros, aquecedores, torneiras, etc.) calculada conforme a Tabela 3.7, considerando o fator de potência igual a 1,0 (um);

$d_3(\text{kVA})$ = demanda dos aparelhos de ar condicionado tipo janela, calculada conforme as Tabelas 3.8 e 3.9;

$d_4(\text{kVA})$ = demanda das unidades centrais de condicionamento de ar, calculada a partir das respectivas correntes máximas totais – valores a serem fornecidos pelos fabricantes, aplicando os fatores de demanda da Tabela 3.10;

$d_5(\text{kVA})$ = demanda dos motores elétricos e máquinas de solda tipo motor gerador, calculada conforme as Tabelas 3.5 e 3.6;

$d_6(\text{kVA})$ = demanda das máquinas de solda a transformador e aparelhos de raios X.

A avaliação da demanda deve ser obrigatoriamente efetuada a partir da carga total instalada ou prevista para a instalação, qualquer que seja o seu valor. Será utilizada na definição da categoria de atendimento e no dimensionamento dos equipamentos e materiais das instalações de entrada de energia elétrica.

Tabela 3.4 Carga mínima e fatores de demanda para instalações de iluminação e tomadas de uso geral

Descrição	Carga mínima (W/m²)	Fator de demanda %
Auditórios, salões para exposições, salas de vídeo e semelhantes	15	80
Bancos, postos de serviços públicos e semelhantes	50	80
Barbearias, salões de beleza e semelhantes	20	80
Clubes e semelhantes	20	80
Escolas e semelhantes	30	80 para os primeiros 12 kW 50 para o que exceder de 20 kW
Escritórios	50	80 para os primeiros 20 kW 60 para o que exceder de 20 kW

(Continua)

Tabela 3.4 Carga mínima e fatores de demanda para instalações de iluminação e tomadas de uso geral (*continuação*)

Descrição	Carga mínima (W/m²)	Fator de demanda %	
Garagens, áreas de serviço e semelhantes	5	Residencial	80 para os primeiros 10 kVA 25 para o que exceder de 10 kVA
		Não residencial	80 para os primeiros 30 kVA 60 para o que exceder de 30 até 100 kVA 40 para o que exceder de 100 kVA
Hospitais, centros de saúde e semelhantes	20	40 para os primeiros 50 kW 20 para o que exceder de 50 kW	
Hotéis, motéis e semelhantes	20	50 para os primeiros 20 kW 40 para os seguintes 80 kW 30 para o que exceder de 100 kW	
Igrejas, salões religiosos e semelhantes	15	80	
Lojas e semelhantes	20	80	
Unidades consumidoras residenciais (casas, apartamentos etc.)	30	$0 < P(kW) \le 1$ (80) $1 < P(kW) \le 2$ (75) $2 < P(kW) \le 3$ (65) $3 < P(kW) \le 4$ (60) $4 < P(kW) \le 5$ (50) $5 < P(kW) \le 6$ (45)	$6 < P(kW) \le 7$ (40) $7 < P(kW) \le 8$ (35) $8 < P(kW) \le 9$ (30) $9 < P(kW) \le 10$ (27) $10 < P(kW)$ (24)
Restaurantes, bares, lanchonetes e semelhantes	20	80	

Nota: Instalações em que, por sua natureza, a carga seja utilizada simultaneamente deverão ser consideradas com fator de demanda de 100 %.

Tabela 3.5 Conversão de "cv" em "kVA" (cv × kVA)

Potência (cv)		1/4	1/3	1/2	3/4	1	1 1/22	2	3	4
Carga (kVA)	1Ø	0,66	0,77	–	–	–	–	–	–	–
	3Ø	–	–	0,87	1,26	1,52	2,17	2,70	4,04	5
Potência (cv)		5	7 1/2	10	15	20	25	30	40	50
Carga (kVA)	1Ø	–	–	–	–	–	–	–	–	–
	3Ø	6,02	8,65	11,54	16,65	22,10	25,83	30,52	39,74	48,73

Tabela 3.6 Fatores de demanda × nº de motores

Número total de motores	1	2	3	4	5	6	7	8	9	Mais de 10
Fator de demanda (%)	100	75	63	57	54	50	47	45	43	42

Tabela 3.7 Fatores de demanda de aparelhos para aquecimento de água (*boilers*, torneiras e chuveiros elétricos)

Número de aparelhos	Fator de demanda	Número de aparelhos	Fator de demanda	Número de aparelhos	Fator de demanda
1	100	10	49	19	36
2	75	11	47	20	35
3	70	12	45	21	34
4	66	13	43	22	33
5	62	14	41	23	32
6	59	15	40	24	31
7	56	16	39	25 ou mais	30
8	53	17	38		
9	51	18	37		

Nota: Para o dimensionamento de ramais de entrada ou trechos da rede interna destinados ao suprimento de mais de uma unidade consumidora, fatores de demanda devem ser aplicados para cada tipo de aparelho, separadamente, sendo a demanda total de aquecimento o somatório das demandas obtidas:

$$d_2 = \Sigma d_{chuveiros} + \Sigma d_{aquecedores} + \Sigma d_{torneiras} + \dots$$

Tabela 3.8 Fatores de demanda para aparelhos de ar condicionado tipo janela, split e fan-coil

Número de aparelhos	Fator de demanda (%)
1 a 4	100
5 a 10	70
11 a 20	60
21 a 30	55
31 a 40	53
41 a 50	52
Acima de 50	50

Tabela 3.9 Fatores de demanda para aparelhos de ar condicionado tipo janela, split e fan-coil (utilização não residencial)

Número de aparelhos	Fator de demanda (%)
1 a 10	100
11 a 20	75
21 a 30	70
31 a 40	65
41 a 50	60
51 a 80	55
Acima de 80	50

Tabela 3.10 Fatores de demanda individuais para equipamentos de ar condicionado central, self-container e similares

Nº de unidades	Fator de demanda (%)
1 a 3	100
4 a 7	80
8 a 15	75
16 a 20	70
Acima de 20	60

A carga instalada servirá para a definição da categoria de atendimento e para o dimensionamento de alimentadores de instalações. Usa-se o exposto no Capítulo 2 para o dimensionamento de entradas individuais e coletivas de unidades consumidoras.

A seguir é apresentada uma metodologia para avaliação de demandas *composta por duas seções* aplicativas, que podem ser empregadas isolada ou conjuntamente, dependendo da característica da instalação. Chamaremos de Seção A e Seção B e surgem como novas e significativas ferramentas de trabalho do projetista.

3.8.2.1 Método de avaliação – Seção A

Campo de aplicação

– *Entradas de serviço individuais*
Avaliação e dimensionamento de entrada de serviço individual, isolada (residencial, comercial e industrial), com atendimento através de ramal de ligação independente.
Avaliação e dimensionamento do circuito dedicado a cada unidade de consumo individual (apartamento, loja, sala etc.) derivada de ramal de entrada coletivo.

– *Entradas de serviço coletivas*
Avaliação e dimensionamento dos circuitos de uso comum em entrada coletiva *residencial*, com até 4 (quatro) unidades de consumo.
Avaliação e dimensionamento dos circuitos de uso comum em entrada coletiva *não residencial*.
Avaliação e dimensionamento dos circuitos trifásicos de uso comum dedicado às cargas *não residenciais*, em entrada coletiva mista.
Avaliação e dimensionamento dos circuitos de uso comum em vilas e condomínios horizontais com até 4 (quatro) unidades consumidoras.

– *Circuitos de serviço dedicados ao uso de condomínios*
Avaliação e dimensionamento da carga de circuito de uso do condomínio, em entrada coletiva residencial.
Avaliação e dimensionamento da carga de circuito de serviço de uso do condomínio, em entrada coletiva não residencial.

3.8.3 Cálculo da demanda – Seção A

No cálculo da demanda devem ser considerados os valores de carga mínima para iluminação e tomadas de uso geral constantes das Tabelas 3.2 e 3.4.

Atenção especial deve ser dada pelo projetista e responsável técnico pela instalação no sentido de prever adequadamente as cargas que venham a ser utilizadas na instalação, como aparelhos de ar condicionado, chuveiros, motores e outras cargas, em função do tipo de construção, da atividade do imóvel, da localização, das condições socioeconômicas e de outros fatores que possam influenciar na carga total a ser prevista no projeto da instalação de entrada de energia elétrica.

3.8.4 Avaliação da demanda de entradas de serviço individuais e de circuitos de serviço dedicado ao uso de condomínios

A demanda deverá ser calculada com base na carga instalada e de acordo com a Tabela 3.4 e no tópico "Previsão Mínima de Carga" aplicada à expressão geral.

3.8.5 Avaliação da demanda de entradas coletivas

Além das demandas individuais de cada unidade de consumo (UC) e do serviço de uso comum do condomínio (DS) com carga instalada superior a 8,0 kW (220/127 V), deverão ser determinadas as demandas de cada trecho do circuito de uso comum do ramal coletivo, indicados na Fig. 3.22.

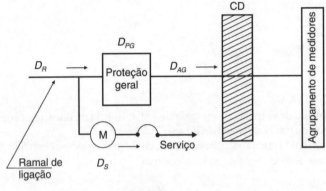

em que:

D_R - Demanda do ramal de entrada
D_{PG} - Demanda da proteção geral de entrada
D_{AG} - Demanda de cada agrupamento de medidores
D_S - Demanda do circuito de serviço de uso do condomínio

Figura 3.22 Entrada coletiva com um único agrupamento de medidores.

3.8.5.1 Avaliação da demanda de entradas coletivas com um único agrupamento de medidores

O valor de cada uma dessas demandas será determinado pela aplicação da expressão geral e dos critérios estabelecidos em 3.8 ao conjunto de carga instalada compatibilizada com as previsões mínimas, inerente ao trecho do circuito analisado. Com os exercícios que faremos nos Exemplos de Avaliação de Demandas, as recomendações ficarão mais claras e objetivas.

O valor de cada uma dessas demandas será determinado pela aplicação da expressão geral e dos critérios estabelecidos em 3.8.1 ao conjunto da carga compatibilizada com as previsões mínimas, inerente ao trecho do circuito analisado.

A demanda referente a cada *Agrupamento de medidores* (D_{AG}) será determinada pela aplicação da expressão geral e dos critérios estabelecidos em 3.8.1 à carga total instalada das unidades de consumo (UCs) pertencentes ao agrupamento analisado, compatibilizada com as previsões mínimas.

Essa demanda será também utilizada para o dimensionamento do equipamento de proteção do circuito dedicado ao agrupamento (prumada ou bus), quando existente.

A demanda da *Proteção geral* (D_{PG}) será determinada pela aplicação da expressão geral e dos critérios estabelecidos em 3.8 à carga total instalada das unidades de consumo (UCs) que compõem os agrupamentos de medidores, compatibilizada com as previsões mínimas.

$$D_{PG} = D_{AG}$$

A *demanda do ramal de entrada* (D_R) será a demanda determinada pela aplicação da expressão geral e dos critérios estabelecidos em 3.8 à carga total instalada das unidades de consumo (UCs) e do circuito de serviço e uso do condomínio, compatibilizadas com as previsões mínimas, sendo o seu resultado multiplicado por 0,90.

$$D_R = (D_{AG} + D_S) \times 0,80.$$

3.8.6 Avaliação de demanda de entradas coletivas com mais de um agrupamento de medidores

Observando a Fig. 3.23, definiremos alguns elementos, tais como:

D_R = demanda do ramal de ligação;
D_{PG} = demanda da proteção geral da entrada;
D_{AG} = demanda de cada agrupamento de medidores residenciais;
D_S = demanda do circuito de serviço de uso do condomínio residencial.

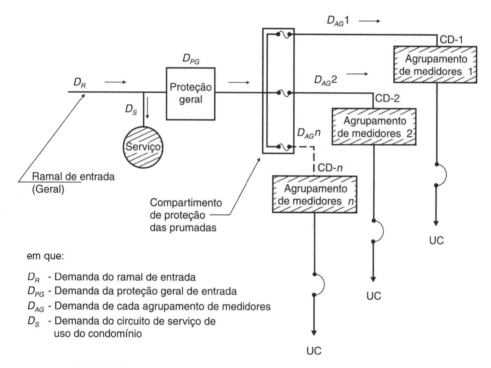

Figura 3.23 Entrada coletiva com mais de um agrupamento de medidores.

O valor de cada uma dessas demandas será determinado pela aplicação da expressão geral e dos critérios estabelecidos em 3.8.2 ao conjunto da carga compatibilizada com as previsões mínimas, inerente ao trecho do circuito analisado.

A demanda referente a cada *Agrupamento de medidores* (D_{AG}) será determinada pela aplicação da expressão geral e dos critérios estabelecidos em 3.8.2 à carga total instalada das unidades de consumo (UCs) pertencentes ao agrupamento analisado, compatibilizada com as previsões mínimas.

Essa demanda será também utilizada para o dimensionamento do equipamento de proteção do circuito dedicado ao agrupamento (prumada ou bus), quando existente.

No caso de entrada exclusivamente residencial, a demanda da proteção geral (D_{PG}) será determinada pelo método de avaliação – Seção "B".

$$D_{PG} = \text{kVA (Aeq)} \times \text{Fd (N}^{\underline{o}} \text{ total de apt.}^{\text{os}}) \text{ (Ver Seção B)}$$
$$A_{eq} = \text{área equivalente Tabelas 3.11 e 3.12}$$
$$\text{Fd} = \text{fator de diversificação Tabela 3.13}$$

A demanda do ramal de ligação (D_R) deve ser determinada através do somatório entre a demanda da proteção geral (D_{PG}) e do serviço residencial (D_S), sendo o resultado multiplicado por 0,80.

$$D_R = (D_{PG} + D_S) \times 0,80$$

3.8.7 Método de avaliação e aplicação – Seção B

O método aqui apresentado é aplicável, somente, na avaliação das demandas de circuitos de uso comum de entradas de serviço coletivos, com *finalidade exclusivamente residencial*, compostas de 5 a 300 unidades de consumo (apartamentos), e na avaliação da demanda de circuitos de uso comum *dedicados às cargas residenciais* (mais de 5 unidades de consumo) em entradas coletivas mistas.

São abrangidos os circuitos de uso comum em edifícios e conjuntos residenciais, bem como apart-hotéis com finalidade residencial. Também é aplicável na determinação da demanda das cargas de circuitos de serviço de uso comum do condomínio, com dedicação exclusivamente residencial (mais de 5 unidades de consumo).

Tabela 3.11 Demandas (kVA) de apartamentos em função das áreas (m²) (unidades de consumo que utilizem equipamentos elétricos individuais para aquecimento de água)

Área (m²)	kVA	Área (m²)	kVA	Área (m²)	kVA	Área (m²)	kVA	Área (m²)	kVA	Área (m²)	kVA	Área (m²)	kVA	Área (m²)	kVA
20	1,35	70	2,12	120	3,44	170	4,70	220	5,91	270	7,10	320	8,27	370	9,42
21	1,35	71	2,15	121	3,47	171	4,71	221	5,93	271	7,13	321	8,29	371	9,45
22	1,35	72	2,18	122	3,48	172	4,75	222	5,97	272	7,15	322	8,32	372	9,46
23	1,35	73	2,20	123	3,50	173	4,77	223	5,99	273	7,16	323	8,35	373	9,49
24	1,35	74	2,24	124	3,54	174	4,79	224	6,01	274	7,20	324	8,36	374	9,51
25	1,35	75	2,26	125	3,56	175	4,83	225	6,03	275	7,22	325	8,38	375	9,53
26	1,35	76	2,28	126	3,59	176	4,84	226	6,06	276	7,25	326	8,42	376	9,56
27	1,35	77	2,32	127	3,62	177	4,86	227	6,08	277	7,27	327	8,43	377	9,58
28	1,35	78	2,34	128	3,64	178	4,89	228	6,11	278	7,29	328	8,45	378	9,61
29	1,35	79	2,37	129	3,67	179	4,92	229	6,12	279	7,32	329	8,49	379	9,63
30	1,35	80	2,38	130	3,70	180	4,95	230	6,15	280	7,35	330	8,50	380	9,65

(Continua)

Tabela 3.11 Demandas (kVA) de apartamentos em função das áreas (m²) (unidades de consumo que utilizem equipamentos elétricos individuais para aquecimento de água) (*Continuação*)

Área (m²)	kVA	Área (m²)	kVA	Área (m²)	kVA	Área (m²)	kVA	Área (m²)	kVA	Área (m²)	kVA	Área (m²)	kVA	Área (m²)	kVA
31	1,35	81	2,41	131	3,71	181	4,97	231	6,18	281	7,36	331	8,52	381	9,67
32	1,35	82	2,44	132	3,74	182	4,98	231	6,20	282	7,39	332	8,55	382	9,70
33	1,35	83	2,46	133	3,76	183	5,02	233	6,22	283	7,41	333	8,58	383	9,72
34	1,35	84	2,49	134	3,80	184	5,04	234	6,25	284	7,44	334	8,59	384	9,74
35	1,35	88	2,52	135	3,82	185	5,06	235	6,27	285	7,46	335	8,62	385	9,76
36	1,35	86	2,54	136	3,84	186	5,10	236	6,31	286	7,48	336	8,64	386	9,79
37	1,35	87	2,58	137	3,88	187	5,11	237	6,33	287	7,50	337	8,66	387	9,81
38	1,35	88	2,60	138	3,90	188	5,13	238	6,34	288	7,53	338	8,69	388	9,83
39	1,35	89	2,62	139	3,91	189	5,16	239	6,37	289	7,55	339	8,71	389	9,85
40	1,35	90	2,66	140	3,94	190	5,19	240	6,40	290	7,57	340	8,72	390	9,88
41	1,35	91	2,68	141	3,97	191	5,22	241	6,42	291	7,60	341	8,76	391	9,90
42	1,35	92	2,71	142	4,00	192	5,23	241	6,44	292	7,62	342	8,78	392	9,92
43	1,36	93	2,73	143	4,02	193	5,25	243	6,46	293	7,64	343	8,81	393	9,94
44	1,39	94	2,76	144	4,05	194	5,29	244	6,49	294	7,67	344	8,83	394	9,97
45	1,42	95	2,79	145	4,08	195	5,31	245	6,52	295	7,70	345	8,85	395	9,99
46	1,46	96	2,81	146	4,09	196	5,33	246	6,54	296	7,71	346	8,88	396	10,01
47	1,49	97	2,85	147	4,11	197	5,36	247	6,55	297	7,74	347	8,89	397	10,03
48	1,51	98	2,87	148	4,15	198	5,38	248	6,59	298	7,76	348	8,92	398	10,06
49	1,54	99	2,89	149	4,17	199	5,40	249	6,61	299	7,77	349	8,95	399	10,08
50	1,57	100	2,93	150	4,20	200	5,44	250	6,62	309	7,81	350	8,96	400	10,10
51	1,59	101	2,94	151	4,23	201	5,46	251	6,66	301	7,83	351	8,98	—	
52	1,63	102	2,96	152	4,24	202	5,47	252	6,68	302	7,86	352	9,02	—	
53	1,65	103	2,99	153	4,27	203	5,50	253	6,71	303	7,88	353	9,03	—	
54	1,67	104	3,02	154	4,29	204	5,53	254	6,72	304	7,90	354	9,05	—	
55	1,71	105	3,05	155	4,32	205	5,56	255	6,75	305	7,93	355	9,09	—	
56	1,73	106	3,07	156	4,35	206	5,58	256	6,78	306	7,94	356	9,11	—	
57	1,76	107	3,10	157	4,37	207	5,59	257	6,80	207	7,97	357	9,12	—	
58	1,79	108	3,13	158	4,41	208	5,63	258	6,81	308	8,00	358	9,15	—	
59	1,81	109	3,15	159	4,42	209	5,65	259	6,85	309	8,02	359	9,18	—	
60	1,84	110	3,19	160	4,44	210	5,67	260	6,87	310	8,03	360	9,19	—	
61	1,86	111	3,21	161	4,47	211	5,70	261	6,89	311	8,07	361	9,22	—	
62	1,90	112	3,23	162	4,50	212	5,72	262	6,92	312	8,09	362	9,24	—	
63	1,93	113	3,25	163	4,52	213	5,74	263	6,94	313	8,10	363	9,25	—	
64	1,97	114	3,28	164	4,55	214	5,77	264	6,96	314	8,14	364	9,29	—	
65	1,99	115	3,30	165	4,57	215	5,80	265	6,99	315	8,16	365	9,31	—	
66	2,01	116	3,33	166	4,59	216	5,81	266	7,01	316	8,18	366	9,35	—	
67	2,05	117	3,36	167	4,62	217	5,84	267	7,03	317	8,20	367	9,36	—	
68	2,07	118	3,39	168	4,64	218	5,86	268	7,06	318	8,23	368	9,38	—	
69	2,10	119	3,41	169	4,68	219	5,90	269	7,09	319	8,25	369	9,39	—	

Tabela 3.12 Demandas (kVA) de apartamentos em função das áreas (m²) (unidades de consumo que não utilizem equipamentos elétricos individuais para aquecimento de água)

Área (m²)	kVA	Área (m²)	kVA	Área (m²)	kVA	Área (m²)	kVA	Área (m²)	kVA	Área (m²)	kVA	Área (m²)	kVA	Área (m²)	kVA
20	1,20	70	1,88	120	3,04	170	4,16	220	5,23	270	6,28	320	7,32	370	8,34
21	1,20	71	1,90	121	3,07	171	4,17	221	5,25	271	6,31	321	7,34	371	8,36
22	1,20	72	1,93	122	3,08	172	4,20	222	5,28	272	6,33	322	7,36	372	8,37
23	1,20	73	1,95	123	3,10	173	4,22	223	5,30	273	6,34	323	7,39	373	8,40
24	1,20	74	1,98	124	3,13	174	4,24	224	5,32	274	6,37	324	7,40	374	8,42
25	1,20	75	2,00	125	3,15	175	4,27	225	5,34	275	6,39	325	7,42	375	8,43
26	1,20	76	2,02	126	3,18	176	4,28	226	5,36	276	6,42	326	7,45	376	8,46
27	1,20	77	2,05	127	3,20	177	4,30	227	5,38	277	6,43	327	7,46	377	8,48
28	1,20	78	2,07	128	3,22	178	4,33	228	5,41	278	6,45	328	7,48	378	8,50
29	1,20	79	2,10	129	3,25	179	4,35	229	5,42	279	6,48	329	7,51	379	8,52
30	1,20	80	2,11	130	3,27	180	4,38	230	5,44	280	6,50	330	7,52	380	8,54
31	1,20	81	2,13	131	3,28	181	4,40	231	5,47	281	6,51	331	7,54	381	8,56
32	1,20	82	2,16	132	3,31	182	4,41	231	5,49	282	6,54	332	7,57	382	8,58
33	1,20	83	2,18	133	3,33	183	4,44	233	5,50	283	6,56	333	7,59	383	8,60
34	1,20	84	2,20	134	3,36	184	4,46	234	5,53	284	6,58	334	7,60	384	8,62
35	1,20	88	2,23	135	3,38	185	4,48	235	5,55	285	6,60	335	7,63	385	8,64
36	1,20	86	2,25	136	3,40	186	4,51	236	5,58	286	6,62	336	7,65	386	8,66
37	1,20	87	2,28	137	3,43	187	4,52	237	5,60	287	6,64	337	7,66	387	8,68
38	1,20	88	2,30	138	3,45	188	4,54	238	5,61	288	6,66	338	7,69	388	8,70
39	1,20	89	2,32	139	3,46	189	4,57	239	5,64	289	6,68	339	7,71	389	8,72
40	1,20	90	2,35	140	3,49	190	4,59	240	5,66	290	6,70	340	7,72	390	8,74
41	1,20	91	2,37	141	3,51	191	4,62	241	5,68	291	6,73	341	7,75	391	8,76
42	1,20	92	2,40	142	3,54	192	4,63	241	5,70	292	6,74	342	7,77	392	8,78
43	1,21	93	2,42	143	3,56	193	4,65	243	5,72	293	6,76	343	7,80	393	8,80
44	1,23	94	2,44	144	3,58	194	4,68	244	5,74	294	6,79	344	7,81	394	8,82
45	1,26	95	2,47	145	3,61	195	4,70	245	5,77	295	6,81	345	7,83	395	8,84
46	1,29	96	2,49	146	3,62	196	4,72	246	5,78	296	6,82	346	7,86	396	8,86
47	1,32	97	2,52	147	3,64	197	4,74	247	5,80	297	6,85	347	7,87	397	8,88
48	1,34	98	2,54	148	3,67	198	4,76	248	5,83	298	6,87	348	7,89	398	8,90
49	1,36	99	2,56	149	3,69	199	4,78	249	5,85	299	6,88	349	7,92	399	8,92
50	1,39	100	2,59	150	3,72	200	4,81	250	5,86	309	6,91	350	7,93	400	8,94
51	1,41	101	2,60	151	3,74	201	4,83	251	5,89	301	6,93	351	7,95	—	
52	1,44	102	2,62	152	3,75	202	4,84	252	5,91	302	6,96	352	7,98	—	
53	1,46	103	2,65	153	3,78	203	4,87	253	5,94	303	6,97	353	7,99	—	
54	1,48	104	2,67	154	3,80	204	4,89	254	5,95	304	6,99	354	8,01	—	
55	1,51	105	2,70	155	3,82	205	4,92	255	5,97	305	7,02	355	8,04	—	
56	1,53	106	2,72	156	3,85	206	4,94	256	6,00	306	7,03	356	8,06	—	
57	1,56	107	2,74	157	3,87	207	4,95	257	6,02	207	7,05	357	8,07	—	
58	1,58	108	2,77	158	3,90	208	4,98	258	6,03	308	7,08	358	8,10	—	
59	1,60	109	2,79	159	3,91	209	5,00	259	6,06	309	7,10	359	8,12	—	

(Continua)

Tabela 3.12 Demandas (kVA) de apartamentos em função das áreas (m²) (unidades de consumo que não utilizem equipamentos elétricos individuais para aquecimento de água) (*Continuação*)

Área (m²)	kVA	Área (m²)	kVA	Área (m²)	kVA	Área (m²)	kVA	Área (m²)	kVA	Área (m²)	kVA	Área (m²)	kVA	Área (m²)	kVA
60	1,63	110	2,82	160	3,93	210	5,02	260	6,08	310	7,11	360	8,13	—	
61	1,65	111	2,84	161	3,96	211	5,04	261	6,10	311	7,14	361	8,16	—	
62	1,68	112	2,86	162	3,98	212	5,06	262	6,12	312	7,16	362	8,18	—	
63	1,71	113	2,88	163	4,00	213	5,08	263	6,14	313	7,17	363	8,19	—	
64	1,74	114	2,90	164	4,03	214	5,11	264	6,16	314	7,20	364	8,22	—	
65	1,76	115	2,92	165	4,04	215	5,13	265	6,19	315	7,22	365	8,24	—	
66	1,78	116	2,95	166	4,06	216	5,14	266	6,20	316	7,24	366	8,19	—	
67	1,81	117	2,97	167	4,09	217	5,17	267	6,22	317	7,26	367	8,28	—	
68	1,83	118	3,00	168	4,11	218	5,19	268	6,25	318	7,28	368	8,30	—	
69	1,86	119	3,02	169	4,14	219	5,22	269	6,27	319	7,30	369	8,31	—	

Tabela 3.13 Fatores para diversificação de cargas em função do número de apartamentos

Nº apt.º	Fator div.	Nº apt.º	Fator div.	Nº apt.º	Fator div.	Nº apt.º	Fator div.	Nº apt.º	Fator div.	Nº apt.º	Fator div.
1	1,00	51	35,90	101	63,59	151	74,74	201	80,89	251	82,73
2	1,96	52	36,46	102	63,84	152	74,89	202	80,94	252	82,74
3	2,92	53	37,02	103	64,09	153	75,04	203	80,99	253	82,75
4	3,88	54	37,58	104	64,34	154	75,19	204	81,04	254	82,76
5	4,84	55	38,14	105	64,59	155	75,34	205	81,09	255	82,77
6	5,00	56	38,70	106	64,84	156	75,49	206	81,14	256	82,78
7	6,76	57	39,26	107	65,09	157	75,64	207	81,19	257	82,79
8	7,72	58	39,82	108	65,34	158	75,79	208	81,24	258	82,80
9	8,68	59	40,38	109	65,59	159	75,94	209	81,29	259	82,81
10	9,64	60	40,94	110	65,84	160	76,09	210	81,34	260	82,82
11	10,42	61	41,50	111	66,09	161	76,24	21	81,39	261	82,83
12	11,20	62	42,06	112	66,34	162	76,39	212	81,44	262	82,84
13	11,98	63	42,62	113	66,59	163	76,54	213	81,49	263	82,85
14	12,76	64	43,18	114	66,84	164	76,69	214	81,54	264	82,86
15	13,54	65	43,74	115	67,09	165	76,84	215	81,59	265	82,87
16	14,32	66	44,30	116	68,34	166	76,99	216	81,64	266	82,88
17	15,10	67	44,86	117	67,59	167	77,14	217	81,69	267	82,89
18	15,89	68	45,42	118	67,84	168	77,29	218	81,74	268	82,90
19	16,66	69	45,98	119	68,09	169	77,44	219	81,79	269	82,91
20	17,44	70	46,54	120	68,34	170	77,59	220	81,84	270	82,92
21	18,04	71	47,10	121	68,59	171	77,74	221	81,89	271	82,93
22	18,65	72	47,66	122	68,84	172	77,89	222	81,94	272	82,94
23	19,25	73	48,22	123	69,09	173	78,04	223	81,99	273	82,95
24	19,86	74	48,78	124	69,34	174	78,19	224	82,04	274	82,96

(Continua)

Tabela 3.13 Fatores para diversificação de cargas em função do número de apartamentos (*Continuação*)

Nº apt.º	Fator div.	Nº apt.º	Fator div.	Nº apt.º	Fator div.	Nº apt.º	Fator div.	Nº apt.º	Fator div.	Nº apt.º	Fator div.
25	20,46	75	49,34	125	69,59	175	78,34	225	82,09	275	82,97
26	21,06	76	49,90	126	69,79	176	78,44	226	82,12	276	82,98
27	21,67	77	50,46	127	69,99	177	78,54	227	82,14	277	82,99
28	22,27	78	51,02	128	70,19	178	78,64	228	82,17	278	83,00
29	22,88	79	51,58	129	70,39	179	78,74	229	82,19	279	83,00
30	23,48	80	52,14	130	70,59	180	78,84	230	82,22	280	83,00
31	24,08	81	52,70	131	70,79	181	78,94	231	82,24	281	83,00
32	24,69	82	53,26	132	70,99	182	79,04	232	82,27	282	83,00
33	25,29	83	53,82	133	71,19	183	79,14	233	82,29	283	83,00
34	25,90	84	54,38	134	71,39	184	79,24	234	82,32	284	83,00
35	26,50	88	54,94	135	71,59	185	79,34	235	82,34	285	83,00
36	27,10	86	55,50	136	71,79	186	79,44	236	82,37	286	83,00
37	27,71	87	56,06	137	71,99	187	79,54	237	82,39	287	83,00
38	28,31	88	56,62	138	72,19	188	79,64	238	82,42	288	83,00
39	28,92	89	57,18	139	72,39	189	79,74	239	82,44	289	83,00
40	29,52	90	57,74	140	72,59	190	79,84	240	82,47	290	83,00
41	30,12	91	58,30	141	72,79	191	79,94	241	82,49	291	83,00
42	30,73	92	58,86	142	72,99	192	80,04	242	82,52	292	83,00
43	31,33	93	59,42	143	73,19	193	80,14	243	82,54	293	83,00
44	31,94	94	59,98	144	73,39	194	80,24	244	82,57	294	83,00
45	32,54	95	60,54	145	73,59	195	80,34	245	82,59	295	83,00
46	33,10	96	61,10	146	73,79	196	80,44	246	82,62	296	83,00
47	33,66	97	61,66	147	73,99	197	80,54	247	82,64	297	83,00
48	34,22	98	62,22	148	74,19	198	80,64	248	82,67	298	83,00
49	34,70	99	62,78	149	74,39	199	80,74	249	82,69	299	83,00
50	35,34	100	63,34	150	74,59	200	80,84	250	82,72	300	83,00

3.8.8 Campo de aplicação

- Entradas coletivas exclusivamente residenciais que "utilizem equipamentos elétricos individuais para aquecimento de água".
- Avaliação da demanda e dimensionamento dos circuitos de uso comum em entradas coletivas exclusivamente residenciais, compostas de 5 a 300 unidades de consumo (casas ou apartamentos) que utilizem equipamentos para o aquecimento de água (chuveiros com potência nominal individual de até 4,4 kW).
- Entradas coletivas exclusivamente residenciais que "não utilizem equipamentos elétricos individuais para aquecimento de água".
  Avaliação da demanda e dimensionamento dos circuitos de uso comum em entradas coletivas exclusivamente residenciais (prédios ou condomínios horizontais), compostas de 5 a 300 unidades de consumo residenciais, que não utilizem equipamentos para aquecimento de água.

- Circuitos de serviço de uso do condomínio, exclusivamente residencial.
  Avaliação da demanda e dimensionamento de circuitos de serviço, de uso do condomínio, dedicado exclusivamente às unidades de consumo residenciais, em entradas coletivas mistas, com circuitos de serviços independentes.

3.8.8.1 Método para aplicação

A determinação da demanda relativa a um conjunto de unidades de consumo residencial (apartamentos) deverá ser feita através da utilização da Tabela 3.11, onde são obtidas as demandas em kVA por unidade de consumo (casa ou apartamento), em função de sua área útil.

A Tabela 3.11 é aplicável às unidades de consumo que utilizem equipamentos elétricos individuais para aquecimento de água (chuveiro com potência nominal individual até 4,4 kW).

Importante: Quando utilizamos equipamentos elétricos individuais de aquecimento de água, com potência nominal superior a 4,4 kW, é recomendável que o projetista aplique um fator de segurança no valor da demanda em kVA por apartamento não inferior a 10 %.

Tabela 3.12. Aplicável às unidades de consumo residenciais que não utilizem equipamentos elétricos individuais para aquecimento de água.

A seguir, aplica-se a Tabela 3.13, onde é obtido o *Fator de diversidade correspondente ao número de unidades de consumo* que compõem o conjunto analisado.

As Tabelas 3.11 e 3.12 são aplicáveis exclusivamente na determinação da demanda de unidades de consumo residenciais com área útil de até 400 m². Nos casos de entradas coletivas cujas unidades de consumo residenciais possuam áreas úteis diferentes, para determinação da área útil equivalente a ser aplicada nas Tabelas 3.11 ou 3.12 deverá ser utilizada a média ponderada das áreas envolvidas.

EXEMPLO 3.5

Em um edifício com 20 apartamentos com área útil de 100 m² e 20 com área útil de 70 m², considerando o atendimento com dois agrupamentos de medidores, todos os apartamentos com chuveiros de 4,4 kVA, a demanda total do agrupamento será:

Cálculo da demanda de cada agrupamento (D_{AG})

D_{AG} (Apt.º 100 m²) = 2,93 kVA (Tabela 3.11) × Fd (20 Apt.ºs) = 17,44 (Tabela 3.13)
D_{AG} (Apt.º 100 m²) = 2,93 × 17,44 = 51,1 kVA

D_{AG} (Apt.º 70 m²) = 2,12 kVA (Tabela 3.11) × Fd (20 Apt.ºs) = 17,44 (Tabela 3.13)
D_{AG} (Apt.º 70 m²) = 2,12 × 17,44 = 36,97 kVA

O D_{AG} **total** deverá ser calculado em função da área útil equivalente ponderada entre os dois grupos individuais de 20 apartamentos de 100 m² e 20 apartamentos de 70 m².

$$A_{eq} = \frac{[20 \times 100] + [20 \times 70]}{20 + 20} = 85 \text{ m}^2$$

(Apt.º 85 m²) = 2,52 kVA (Tabela 3.11) × Fd (40 Apt.ºs) = 29,52 (Tabela 3.13)

D_{AG} **total** $= D_{PG} = $ **2,52 × 29,52 = 74,39 kVA**

3.8.8.2 *Avaliação da demanda de entradas coletivas, exclusivamente residenciais, compostas de 4 a 300 unidades de consumo*

Demanda individual das unidades de consumo residenciais

A demanda individual das unidades de consumo será determinada pela aplicação da expressão geral e dos critérios estabelecidos em "Avaliação de demanda – Seção A" (item 3.8.1) à carga instalada de cada unidade de consumo, compatibilizada com as previsões mínimas.

Demanda do circuito de serviço de uso do condomínio (D_S)

Será determinada pelo critério estabelecido em "Método de avaliação e aplicação – Seção B" (item 3.8.8) às cargas do condomínio.

Demanda do agrupamento de medidores (D_{AG})

A demanda de um agrupamento de medidores (D_{AG}), composto por um conjunto de unidades consumidoras residenciais, deverá ser determinada pela metodologia estabelecida em "Método de avaliação e aplicação – Seção B" (item 3.8.8).

Demanda da proteção geral (D_{PG})

Será determinada pela aplicação da metodologia estabelecida em "Método de avaliação e aplicação – Seção B" (item 3.8.8) ao consumo composto por todas as unidades de consumo existentes.

Demanda do ramal de entrada (D_R)

Será determinada através do somatório das demandas da proteção geral (D_{PG}) e do serviço de uso do condomínio (D_s), sendo o seu resultado multiplicado por 0,80.

$$D_R = (D_{PG} + D_S) \times 0,80$$

3.8.8.3 *Avaliação da demanda de entradas coletivas mistas*

Nas entradas coletivas mistas, em que unidades de consumo *residenciais e não residenciais* tenham o fornecimento de energia efetivado por um mesmo ramal de entrada coletivo, a avaliação das demandas deverá ser feita conforme os seguintes procedimentos:

Demanda individual das unidades de consumo, residenciais e não residenciais

A demanda individual de cada unidade de consumo (UC), residencial ou não residencial, será determinada pela aplicação dos critérios estabelecidos em "Avaliação da demanda – Seção A" (item 3.8.1) à carga instalada de cada unidade de consumo, compatibilizada com previsões mínimas.

Demanda do circuito de serviço de uso do condomínio (D_S)

- *Circuito de serviço único*
  Quando um único sistema de serviço for dedicado a todas as unidades de consumo (residenciais e não residenciais) existentes na edificação, a demanda de serviço deverá ser determinada pela aplicação da expressão geral e dos critérios estabelecidos em "Avaliação da demanda – Seção A" (item 3.8.1) à carga instalada do serviço, compatibilizada com as previsões mínimas.

- *Circuitos de serviço independentes*

Nos casos em que as unidades de consumo residenciais e não residenciais forem atendidas por circuitos de serviço independentes, a demanda do circuito de serviço dedicado às unidades de consumo não residenciais deverá ser calculada pela aplicação da expressão geral e dos critérios estabelecidos em "Método de avaliação – Seção A" (item 3.8.1) à carga total instalada desse circuito.

Demanda de agrupamento de medidores (D_{AG})

Quando de um mesmo agrupamento de medidores forem derivadas unidades de consumo com características de utilização diferentes (residencial e não residencial), a demanda total do agrupamento será obtida pelo somatório das demandas parciais, determinadas pela aplicação do critério estabelecido em "Avaliação da demanda – Seção A" (item 3.8.1) ao conjunto de cargas não residenciais e da aplicação da metodologia estabelecida em "Método de avaliação e aplicação – Seção B" (item 3.8.8) ao conjunto de cargas residenciais.

Demanda da proteção geral (D_{PG})

Será determinada pela aplicação de "Avaliação da demanda – Seção A" contido em 3.8.1 no conjunto total de cargas não residenciais e do "Método de avaliação e aplicação – Seção B", contido em 3.8.8, no conjunto total de cargas residenciais, sendo o somatório dessas parcelas multiplicado por 0,80, a demanda da proteção geral da entrada coletiva (D_{PG}).

$$D_{PG} = (D_{AG \, \text{residencial}} + D_{AG \, \text{não residencial}}) \times 0,80$$

Demanda do ramal de ligação (D_R)

Em função das características do sistema de serviço de uso do condomínio, deverá ser adotada uma das alternativas a seguir:

- *Com circuito de serviço único*

$$D_R = (D_{PG} + D_{AG}) \times 0,80$$

- *Com circuitos de serviços independentes*

$$D_R = (D_{PG} + D_{S \, \text{residencial}} + D_{S \, \text{não residencial}}) \times 0,80$$

3.9 Sistema Elétrico de Emergência

A Norma Técnica BM/7 – NT 014/79 *"Sistema Elétrico de Emergência em Prédios Alimentados em Baixa Tensão"*, do Corpo de Bombeiros Militar do Estado do Rio de Janeiro, estabelece que:

- O suprimento de energia elétrica a elevadores, bombas "que recalcam redes", circuitos de iluminação e equipamentos destinados a detecção, prevenção e evacuação de prédios sob sinistro e combate ao fogo deve ser realizado pela ligação denominada "medidor de serviço", *conectado antes* do dispositivo de proteção e desligamento geral da edificação. Ver Fig. 3.22.

Quando não houver exigência por parte do Corpo de Bombeiros, a demanda de serviço poderá ser derivada após a proteção geral da entrada. É o que se acha representado na Fig. 3.23.

3.10 Exemplos de Avaliação de Demandas

1. Residência Isolada, Área Útil de 300 m², com Fornecimento de Energia Através de Ramal de Ligação Independente, Tensão 220/127 V

Características da carga instalada

Iluminação e tomadas	6 000 W
Chuveiros elétricos	3 × 4 400 W
Torneiras elétricas	2 × 2 500 W
Aparelhos de ar condicionado	3 × 1 cv
	2 × 3/4 cv
Motores	2 × 1 cv (1 reserva) MØ
	1 × 1/2 cv (1 reserva) MØ
	2 × 1/6 cv (1 reserva) MØ
Sauna	9 000 W

MØ = monofásico

A) *Determinação da Carga Instalada e da Categoria de Atendimento*
- Carga instalada

$(CI) = 6\ 000 + (3 \times 4\ 400) + (2 \times 2\ 500) + 1\ 500 \times [(3 \times 1) + (2 \times {}^3/_4)] + 1\ 500$

$[(1 + {}^1/_2) + (2 + {}^1/_6)] + 9\ 000\ W$

$(CI) = 6\ 000 + 13\ 200 + 5\ 000 + 6\ 750 + 2\ 750 + 9\ 000 = 42{,}70\ kW$

Em seguida, devemos avaliar a demanda da instalação.

B) *Compatibilização da Carga Instalada com as Previsões Mínimas*
- Iluminação e tomadas
  Pela Tabela 3.4, a previsão mínima é 30 W/m², logo: 30 W/m² × 300 m² = 9 000 W.
  Como 9 000 W (previsão mínima) > 6 000 W (carga instalada), a carga a ser considerada na avaliação da demanda será 9 000 W.

- Aparelhos de aquecimento
  Como no tópico "Previsão mínima de carga" não é feita nenhuma exigência:
  Carga a ser considerada = 3 chuveiros × 4 400 W
  2 torneiras × 2 500 W
  1 sauna × 9 000 W.

- Aparelhos de ar condicionado tipo janela
  Conforme tópico "Previsão mínima de carga", previsão mínima = 1 × 1 cv (residência isolada).
  Como 1 cv (previsão mínima) < 4,5 cv (carga instalada), a carga a ser considerada na avaliação da demanda será 4,5 cv.

- Motores
  Como no tópico "Previsão mínima de carga", não é feita nenhuma exigência:
  Carga a ser considerada = 1 × 1 cv
  1 × 1/2 cv
  2 × 1/6 cv

C) *Avaliação das Demandas Parciais (kVA).*
Conforme estabelecido no "Método de avaliação – Seção A", temos:

- Iluminação e tomadas (Tabela 3.4) – FP = 1,0
  $c_1 = 9,0$ kW
  $d_1 = (0,80 \times 1) + (0,70 \times 1) + (0,65 \times 1) + (0,60 \times 1) + (0,50 \times 1) + (0,45\ 3 \times 1) + (0,40 \times 1) + (0,35 \times 1) + (0,30 \times 1) = 4,75$ kVA.

- Aparelhos de aquecimento (Tabela 3.7) – FP = 1,0
  $c_2 = (3 \times 4\ 400$ W$) + (2 \times 2\ 500$ W$) + (1 \times 9\ 000$ W$)$
  $d_2 = (3 \times 4\ 400$ W$) \times 0,70 + (2 \times 2\ 500$ W$) \times 0,75 + (1 \times 9\ 000$ W$) \times 1,0$
  $= 21,99$ kVA

- Aparelhos de ar condicionado tipo janela (Tabelas 3.8 e 3.9)
  $c_3 = (3 \times 1$ cv$) + (2 \times {}^3\!/_4$ cv$)$
  $d_3 = (3 \times 1$ cv$) + (2 \times {}^3\!/_4$ cv$) \times 0,70 = 3,15$ cv

- Motores (Tabelas 3.7, 3.8 e 3.16)
  $c_5 = (1 \times 1$ cv$) + (1 \times {}^1\!/_2$ cv$) + (2 \times {}^1\!/_6$ cv$)$

- Pelas Tabelas 3.5 e 3.6:
  $N^{\underline{o}}$ de motores = 4
  Fator de demanda = 0,70
  1 cv (MØ) = 1,52 kVA
  ${}^1\!/_2$ cv (MØ) = 0,87 kVA
  ${}^1\!/_6$ cv (MØ) = 0,45 kVA
  $d_5 = [1,52 + 0,87 + (2 \times 0,45)] \times 0,70 = 2,3$ kVA

D) *Determinação da Demanda Total da Instalação*
$D_{\text{total}} = d_1 + d_2 + (1,5d_3) + d_5$

$D_{\text{total}} = 4,80 + 21,99 + (1,5 \times 3,15) + 2,3$

$D_{\text{total}} = 33,8$ kVA

A entrada individual isolada será trifásica, atendida através de ramal de ligação independente, e a demanda total avaliada (D_{total}) será utilizada para o dimensionamento do ramal de entrada, da proteção geral e demais materiais componentes da entrada de serviço.

2. Edificação de uso coletivo, composta por 3 unidades de consumo residenciais (apartamentos), cada apartamento com área útil de 96 m^2 e o serviço (condomínio) com área de 290 m^2, em tensão 220/127 V, um único agrupamento de medidores (3 apartamentos).

- **Características da carga instalada**
  – Por unidade de consumo (apartamento)
  Iluminação e tomadas -- 2 100 W
  Aparelhos de aquecimento (chuveiro) -- 1 × 4 400 W
  Aparelhos de ar condicionado tipo janela ---------------------------------- 2 × ${}^3\!/_4$ cv

  – Circuito de serviço de uso do condomínio
  Iluminação e tomadas -- 3 000 W
  Aparelhos de aquecimento (chuveiro) -- 1 × 4 400 W

Motores --- 2 bombas-d'água de 2 cv (1 reserva) − 3
1 bomba recalque de esgoto de 3 cv − 3

Conforme estabelecido em 3.10.2, como se trata de entrada coletiva residencial com até 3 unidades de consumo, a determinação das demandas parciais e total será feita pela aplicação do "Método de avaliação – Seção A".

A) *Determinação da Carga Instalada e da Categoria de Atendimento*

- **Por unidade de consumo residencial (apartamento)**
  - Carga instalada total (CI) = 2 100 + 4 400 + 1 500 (2 × 3/4) = 8,75 kW
    É necessário calcular a demanda a partir da carga instalada compatibilizada com as previsões mínimas para determinar a categoria de atendimento e dimensionar os materiais e equipamentos atinentes ao circuito individual dedicado a cada unidade de consumo (apartamento).

- **Circuito de serviço de uso do condomínio**
  - Carga instalada total (CI) = 3 000 + 4 400 + 1 500 [(1 × 2) + (1 × 3)] = 14,9 kW
    É necessário calcular a demanda a partir da carga compatibilizada com as previsões mínimas para determinar a categoria de atendimento e dimensionar os materiais e equipamentos inerentes, sendo o serviço do condomínio visto como uma unidade de consumo.

B) *Compatibilização da Carga Instalada com as Previsões Mínimas*

- **Por unidade de consumo residencial (apartamento)**
  - Iluminação e tomadas
    Previsão mínima (Tabela 3.4) = 30 W/m^2 × 96 m^2 = 2 880 W
    Como 2 880 W > 2 200 W (mínimo) > 2 100 W (carga instalada), a carga por apartamento a ser considerada na avaliação da demanda será 2 880 W.

  - Aparelhos de aquecimento
    Como no tópico "Previsão mínima de carga" não é feita nenhuma exigência:
    Carga a ser considerada = 1 × 4 400 W.

  - Motores
    Como no tópico "Previsão mínima de carga" não é feita nenhuma exigência:
    Carga a ser considerada = (1 × 2 cv) + (1 × 3 cv)

C) *Avaliação das Demandas (kVA)*

- **Demanda das unidades de consumo residenciais (apartamentos)**
  - Iluminação e tomadas (Tabela 3.4)
    FP = 1,0
    c_1 = 2,88 kW
    d_1 = (1 × 0,80) + (1 × 0,75) + (0,88 × 0,65) = 2,12 kVA

  - Aparelhos de aquecimento (Tabela 3.7)
    FP = 1,0
    c_2 = 1 × 4 400 W
    d_2 = 1,0 × 4 400 W = 4,4 kVA

– Aparelhos de ar condicionado (Tabelas 3.8 e 3.9)

$c_3 = 2 \times 1$ cv

$d_3 = 2 \times 1,0 = 2$ cv

d_{total} (UC) $= d_1 + d_2 = (1,5 \times d_3) = 2,12 + 4,4 + (1,5 \times 2)$

- **Demanda por unidade de consumo (apartamento) = 9,52 kVA**

  A categoria de atendimento será trifásica, em tensão 220/127 V. A demanda servirá para dimensionar os materiais e equipamentos dos circuitos individuais, dedicados às unidades de consumo residenciais (apartamentos), trifásicas.

- **Demanda do circuito de serviço de uso do condomínio (D_S)**
  - Iluminação e tomadas (Tabela 3.4)

    FP $= 1,0$

    $c_1 = 3\ 000$ W

    $d_1 = 3\ 000 \times 0,80 = 2\ 400 = 2,4$ kW

  - Aparelhos de aquecimento (Tabela 3.7)

    FP $= 1,0$

    $c_2 = 1 \times 4\ 400$ W

    $d_2 = 4\ 400 \times 1,0 = 4,4$ kVA

  - Motores (Tabelas 3.5, 3.6 e 3.14)

    $c_5 = (1 \times 2$ cv$) + (1 \times 3$ cv$)$

    Pelas Tabelas 3.5 e 3.6:

    Nº de motores $= 2$

    Fator de demanda $= 0,80$

    2 cv (3Ø) $= 2,70$ kVA

    3 cv (3Ø) $= 4,04$ kVA

    $d_5 = (2,70 + 4,04) \times 0,80 = 5,39$ kVA

    $d_5 = d_1 + d_2 + d_5 = 2,4 + 4,4 + 5,39 = 12,19$ kVA

- **Demanda do circuito de serviço do condomínio (D_S) = 12,19 kVA**

  Essa demanda servirá para dimensionar os materiais e equipamentos do circuito de serviço do condomínio, visto como uma entrada individual trifásica, 220/127 V.

- **Demanda do agrupamento (D_{AG})**

  O agrupamento de medidores é formado pelas 3 unidades de consumo (apartamentos).

  - Iluminação e tomadas (Tabela 3.4)

    FP $= 1,0$

  Carga compatibilizada (c_1) $= 3 \times 2\ 880$ W $= 8\ 640 = 8,64$ kW

  $d_1 = (0,80 \times 1) + (0,75 \times 1) + (0,65 \times 1) + (0,60 \times 1) + (0,50 \times 1) +$
  $(0,45 \times 1) + (0,40 \times 1) + (0,40 \times 1) + (0,35 \times 1) + (0,30 \times 0,64) = 4,69$ kVA.

  - Aparelhos de aquecimento (Tabela 3.7)

    3 aparelhos

Fator de demanda $= 0{,}70$

FP $=$ 1,0

$c_2 =$ 3 $\times$ 4 400 W $=$ 13 200 $=$ 13,2 kW

$d_2 =$ 13,2 $\times$ 0,70 $=$ 9,24 kVA

– Aparelhos de ar condicionado tipo janela (Tabelas 3.8 e 3.9)

$c_3 =$ 3 $\times$ 2 $\times$ 1 cv $=$ 6 $\times$ 1 cv

$d_3 =$ (6 $\times$ 1 cv) $\times$ 0,70 $=$ 4,2 cv

$d_{AG} =$ $d_1 + d_2 + (1{,}5 \times d_3) = 4{,}69 + 9{,}24 + (4{,}2 \times 1{,}5) = 20{,}23$ kVA

- **Demanda da proteção geral de entrada $(D_{PG}) = $ 20,23 kVA**

    Essa demanda servirá para dimensionar o equipamento de proteção geral da entrada coletiva.

- **Demanda do ramal de entrada (D_R)**

    É importante notar que, na avaliação da demanda desse trecho coletivo da instalação, todas as cargas estarão envolvidas. Porém, quando da avaliação da demanda de cargas similares que, devido à característica de utilização lhes seja atribuído fatores de demanda diferentes, a demanda do conjunto de cargas analisado será o somatório das demandas parciais, calculadas separadamente.

    – Iluminação e tomadas (Tabela 3.4)

    FP $=$ 1,0

    Como às cargas dos apartamentos e do serviço do condomínio são atribuídos fatores de demanda diferentes para o mesmo tipo de carga, temos que:

    $d_{1total} = d_1$ (apartamentos) $+ d_1$ (serviço)

    $d_{1total} = 4{,}69 + 2{,}40 = 7{,}09$ kVA

    – Aparelhos de aquecimento (Tabela 3.7)

    FP $=$ 1,0

    c_2 (apartamentos) $=$ 3 $\times$ 4 400 W $=$ 13,2 kW

    c_2 (serviço) $=$ 1 $\times$ 4 400 W $=$ 4,4 kVA

    Pela Tabela 3.7:

    Nº de aparelhos $=$ 4

    Fator de demanda $=$ 0,66

    $d_2 =$ (13,2 $+$ 4,4) $\times$ 0,66 $=$ 11,62 kVA

    – Aparelhos de ar condicionado tipo janela (Tabelas 3.8 e 3.9)

    $c_3 =$ 3 $\times$ 2 $\times$ 1 cv

    $d_3 =$ d_3 (apartamentos) $=$ (3 $\times$ 2 $\times$ 1 cv) $\times$ 0,70 $=$ 4,2 cv

    – Motores (Tabelas 3.5, 3.6 e 3.14)

    $c_5 =$ c_5 (serviço) $=$ (1 $\times$ 2 cv) $+$ (1 $\times$ 3 cv)

    $d_5 =$ d_5 (serviço) $=$ 5,39 kVA

    $d_r =$ $[d_1 + d_2 = (1{,}5 \times d_3) + d_5] \times 0{,}90 = [7{,}09 + 11{,}62 + (1{,}5 \times 4{,}2) + 5{,}39] \times 0{,}90$
    $= 27{,}36$ kVA

- **Demanda do ramal de entrada $(D_R) = $ 27,36 kVA**

    Essa demanda será utilizada para o dimensionamento dos condutores, materiais e equipamentos do ramal de entrada coletivo.

Tabela 3.14 Determinação da potência em função da quantidade de motores (valores em kVA)

Potência do motor (CV)	Motores Trifásicos										
	Quantidade de motores para o mesmo tipo de instalação										
	1	2	3	4	5	6	7	8	9	10	Quant. motores
	1	1,5	1,9	2,3	2,7	3	3,3	3,6	3,9	4,2	F. diversidade
1/3	0,65	0,98	1,24	1,50	1,76	1,95	2,15	2,34	2,53	2,73	
1/2	0,87	1,31	1,65	2,00	2,35	2,61	2,87	3,13	3,39	3,65	
3/4	1,26	1,89	2,39	2,90	3,40	3,78	4,16	4,54	4,91	5,29	
1	1,52	2,28	2,89	3,50	4,10	4,56	5,02	5,47	5,93	6,38	
1 1/2	2,17	3,26	4,12	4,99	5,86	6,51	7,16	7,81	8,46	9,11	
2	2,70	4,05	5,13	6,21	7,29	8,10	8,91	9,72	10,53	11,34	
3	4,04	6,06	7,68	9,29	10,91	12,12	13,33	14,54	15,76	16,97	
4	5,03	7,55	9,56	11,57	13,58	15,09	16,60	18,11	19,62	21,13	
5	6,02	9,03	11,44	13,85	16,25	18,06	19,87	21,67	23,48	25,28	
7 1/2	8,65	12,98	16,44	19,90	23,36	25,95	28,55	31,14	33,74	36,33	
10	11,54	17,31	21,93	26,54	31,16	34,62	38,08	41,54	45,01	48,47	
12 1/2	14,09	21,14	26,77	32,41	38,04	42,27	46,50	50,72	54,95	59,18	
15	16,65	24,98	31,63	38,29	44,96	49,95	54,95	59,94	64,93	69,93	
20	22,10	33,15	41,99	50,83	59,67	66,30	72,93	79,56	86,19	92,82	
25	25,83	38,75	49,08	59,41	69,74	77,49	85,24	92,99	100,74	108,49	
30	30,52	45,78	57,99	70,20	82,40	91,56	100,72	109,87	119,03	128,18	
40	39,74	59,61	75,51	91,40	107,30	119,22	131,14	143,06	154,99	166,91	
50	48,73	73,10	92,59	112,08	131,57	146,19	160,81	175,43	190,05	204,67	
60	58,15	87,23	110,49	133,74	157,01	174,45	191,90	209,34	226,79	244,23	
75	72,28	108,42	137,33	166,24	195,16	216,84	238,52	260,21	281,89	303,58	
100	95,56	143,34	181,56	219,79	258,01	286,68	315,35	344,02	372,68	401,35	
125	117,05	175,58	222,40	269,22	316,04	351,15	386,27	421,38	456,50	491,61	
150	141,29	211,94	263,45	324,97	381,48	423,87	466,26	508,64	593,42	593,42	
200	190,18	285,27	361,34	437,41	513,49	570,54	627,59	684,65	798,76	789,76	

Potência do motor (CV)	Motores Monofásicos									
	Quantidade de motores para o mesmo tipo de instalação									
	1	2	3	4	5	6	7	8	9	10
	1	1,5	1,9	2,3	2,7	3	3,3	3,6	3,9	4,2
1/4	0,66	0,99	1,254	1,518	1,782	1,98	2,178	2,376	2,574	2,772
1/3	0,77	1,155	1,463	1,771	2,079	2,31	2,541	2,772	3,003	3,234
1/2	1,18	1,77	2,242	2,714	3,186	3,54	3,894	4,248	4,602	4,956
3/4	1,34	2,01	2,546	3,092	3,618	4,02	4,422	4,824	5,226	5,628
1	1,56	2,34	2,964	3,598	4,212	4,68	5,148	5,616	6,084	6,552
1 1/2	2,35	3,525	4,465	5,405	6,345	7,05	7,755	8,46	9,165	9,87
2	2,97	4,455	5,643	6,831	8,019	8,91	9,801	10,692	11,583	12,474
3	4,07	6,105	7,733	9,361	10,989	12,21	13,431	14,652	15,873	17,094
5	6,16	9,24	11,704	14,168	16,632	18,48	20,328	22,176	24,024	25,872
7 1/2	8,84	13,26	16,796	20,332	23,868	26,52	29,172	31,824	34,476	37,128
10	11,91	17,46	22,166	26,772	31,428	34,92	38,412	41,904	45,396	48,888
12 1/2	14,94	22,41	28,386	34,362	40,338	44,82	49,302	53,784	58,266	62,748
15	16,94	25,41	32,186	38,962	45,738	50,82	55,902	60,984	66,066	71,148

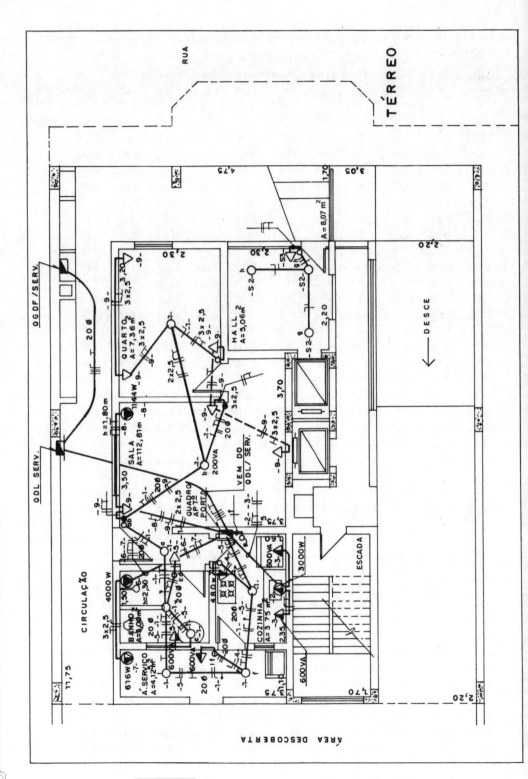

Figura 3.24 Instalação elétrica de uma unidade residencial.

Exemplo 3.6

Instalação elétrica de uma unidade residencial.

a) Determinação da carga instalada
   – Dados iniciais:
     • Alimentação com $3F + N$, 220/127 V
     • Planta de arquitetura em escala 1:50
     • Iluminação incandescente (potência estimada)
     • Tomadas de uso geral (potência estimada)
     • Tomadas de uso específico previstas para:
       – chuveiro elétrico (banheiro) – 4 400 W
       – torneira elétrica (cozinha) – 2 500 W
       – lavadora de roupa (área de serviço) – 1 000 W
       – ar-condicionado tipo janela (sala) – 1 500 W
     • Instalação no esquema TN (ver Aterramento)
   – Memória de cálculo:

Tabela 3.15a

Potência instalada	(1) Iluminação
Entrada Banheiro Cozinha Área de serviço	$A < 6\ m^2 \rightarrow$ 100 VA em cada dependência
Sala	$12{,}81\ m^2 = 6\ m^2 + 4\ m^2 + 2{,}81\ m^2$ $\qquad\qquad\quad\downarrow\qquad\quad\downarrow$ $\qquad\qquad\ 100\ VA\quad 1 + 60\ VA\ = 160\ VA$
Quarto	$7{,}36\ m^2 = 6\ m^2 + 1{,}36\ m^2$ $\qquad\qquad\quad\downarrow$ $\qquad\qquad\ 100\ VA \qquad\qquad\ = 100\ VA$

Tabela 3.15b

Potência instalada	(2) Tomadas de uso geral (TUGs)
Entrada Banheiro Área de serviço	$S < 6\ m^2 \rightarrow$ 1 TUG de 100 VA na entrada e 1 de 600 VA no banheiro e área de serviço
Sala	$\dfrac{14{,}5\ m}{5\ m} = 2{,}9 \rightarrow$ 3 TUGs $3 \times 100\ VA = 300\ VA$
Quarto	$\dfrac{11\ m}{5\ m} = 2{,}2 \rightarrow$ 3 TUGs $3 \times 100\ VA = 300\ VA$
Cozinha	$\dfrac{7{,}90\ m}{3{,}5\ m} = 2{,}2 \rightarrow$ 3 TUGs $3 \times 600\ VA = 1\ 800\ VA$

Após estes cálculos preliminares, chegamos à:

b) Determinação da carga instalada e da categoria de atendimento
   – Carga instalada
     $(CI) = 4\,500 + (1 \times 4\,400) + (1 \times 2\,500) + (1 \times 1\,500) + (1 \times 1\,000) =$
     $(CI) = 4\,500 + 4\,400 + 2\,500 + 1\,500 + 1\,000 = 13,9\;kW$

c) Compatibilização da carga instalada com as previsões mínimas
   – Iluminação e tomadas
     Pela Tabela 3.4, a previsão mínima é de 30 W/m^2, logo:
     $30\;W/m^2 \times 32,25\;m^2 = 967,50\;W$
     Como 967,50 W (previsão mínima) < 4 500 W (carga instalada), a carga a ser considerada
     na avaliação da demanda será 4 500 W.

   – Aparelhos de aquecimento
     Como no item "Previsão mínima de carga" não é feita nenhuma exigência:
     Carga a ser considerada = 1 chuveiro × 4 400 W
                               1 torneira × 2 500 W

   – Aparelhos de ar condicionado tipo janela
     Como no item "Previsão mínima de carga", previsão mínima = 1 × 1 cv (residência iso-
     lada), como 1 cv (previsão mínima) = 1 cv (carga instalada), a carga a ser considerada na
     avaliação da demanda será 1 cv.

   – Motores
     Como no item "Previsão mínima de carga" não é feita nenhuma exigência:
     Carga a ser considerada = 1 × 1 000 W (lavadora de roupa)

Tabela 3.16   Unidade consumidora

Dependência	Dimensões		Potência de iluminação (W)	Tomadas de uso geral (TUGs)		Tomadas de uso específico (TUEs)		
	Área (m²)	Perímetro (m)		Quant.	Potência nominal (W)	Quant.	Discriminação	Potência nominal (W)
Entrada	1,20	—	100	1	100	—	—	—
Sala	12,81	14,50	200	3	300	1	Ar-condicionado tipo janela	1 500
Quarto	7,36	11,00	100	32	300	—	—	—
Banheiro	3,00	—	200	1	600	1	Chuveiro	4 400
Cozinha	3,76	7,90	100	3	1 800	1	Torneira elétrica	2 500
Área de serviço	4,12	9,70	100	1	600	1	Lavadora de roupa	1 000
Total	32,25	—	800	12	3700	4	—	9 400

CARGA INSTALADA TOTAL = 13,90 kW

d) Avaliação das demandas parciais (kVA)
   – Iluminação e tomadas (Tabela 3.4)
     $FP = 1,0$
     $c_1 = 4,5\;kW$
     $d_1 = (0,8 \times 1) + (0,75 \times 1) + (0,65 \times 1) + (0,60 \times 1) + (0,5 \times 0,5)$
     $d_1 = 3,05\;kVA$

- Aparelhos de aquecimento (Tabela 3.7)
  FP = 1,0
  $c_2 = (1 \times 4\,400\text{ W}) + (1 \times 2\,500\text{ W}) \rightarrow 2$ aparelhos, $Fd = 0,75$
  $d_2 = [(1 \times 4\,400\text{ W}) + (1 \times 2\,500\text{ W})] \times 0,75 = 5,1$ kVA

- Aparelho de ar condicionado tipo janela (Tabela 3.8)
  $c_3 = 1 \times 1$ cv
  $d_3 = 1 \times 1$ cv $\times 1 = 1$ cv

- Motores (Tabela 3.6) – lavadora de roupas
  $c_5 = 1 \times 1\,000$ W
  $d_5 = 1 \times 1\,000$ W $= 1,0$ kVA

e) Determinação da demanda total da instalação
  $d_{total} = d_1 + d_2 + (1,5 \times d_3) + d_5$
  $d_{total} = 3,05 + 5,1 + (1,5 \times 1) + 1,0$
  $d_{total} = 10,65$ kVA

Tabela 3.17 Característica da carga instalada

Iluminação e tomadas	4 500 W
Chuveiro elétrico	1 × 4 400 W
Torneira elétrica	1 × 2 500 W
Aparelho de ar condicionado	1 × 1 cv
Lavadora de roupa	1 × 1 000 W

Tabela 3.18 Divisão em circuitos

Circuitos Terminais (Cts)	U (volt)	P (watt)	$IB = P/U$ (ampère)	f (fator de agrupamento)	$I'B = IB/f$ (ampère)	$S_{condutor}$ (mm²)		Disjuntor (ampère)	Discriminação
						Vivos	Proteção (PE)		
1	127	800	6,3	0,8	7,8	1,5	1,5	10 – 1P	Entrada, sala, quarto, banheiro, área de serviço (iluminação)
2	220	2 500	11,3	0,8	14,2	2,5	2,5	15 – 2P	TUE (torneira cozinha)
3	127	1 200	9,4	0,8	11,7	2,5	2,5	15 – 1P	TUG (cozinha)
4	127	1 200	9,4	0,8	11,7	2,5	2,5	15 – 1P	TUG (cozinha, área de serviço)
5	127	700	5,5	0,8	6,8	2,5	2,5	15 – 1P	TUG (banheiro, entrada)
6	220	4 400	20,0	0,8	25,0	4,0	4,0	25 – 2P	TUE (chuveiro elétrico)
7	127	1 000	7,8	0,8	9,8	2,5	2,5	15 – 1P	TUE (lavadora de roupa)
8	127	1 500	11,81	0,8	14,7	2,5	2,5	15 – 1P	TUE (ar-cond. janela)
9	127	600	4,7	0,8	5,8	2,5	2,5	15 – 1P	TUG (sala e quarto)
10	–	–	–	–	–	–	–	–	Reserva

Notas:
1. TUE = tomada de uso específico TUG = tomada de uso geral
2. As cargas de reserva não são computadas.

A entrada individual isolada será trifásica, atendida através de ramal de ligação independente, e a demanda total avaliada (d_{total}) será utilizada para o dimensionamento do ramal de entrada, da proteção geral e demais materiais componentes.

Importante:

Para as instalações internas da UC (unidade consumidora) levamos em consideração todos os pontos ativos, tendo utilizado a tensão de 220 V para a torneira de cozinha e o chuveiro elétrico.

Tabela 3.19 Carga dos circuitos e equilíbrio das fases

Circuito	Fase A (W)	Fase B (W)	Fase C (W)
1	800	–	–
2	–	1 250	1 250*
3	–	1 200	–
4	1 200	–	–
5	–	–	700
6	–	2 200	2 200*
7	1 000	–	–
8	1 500	–	–
9	–	–	600
10	–	–	–
Total	4 500	4 650	4 750

*220 V

Como vimos anteriormente, a carga total projetada é de 13,9 kW, portanto, trifásica. A corrente em cada fase será (admitindo cos $\varphi = 1$):

$$I = \frac{P}{\sqrt{3} \times 220} = \frac{13\,900}{\sqrt{3} \times 220} = \frac{13\,900}{380} = 36,58 \text{ A}$$

Biografia

Fonte: AIP Emilio Segre Visual Archives, E. Scott Barr Collection.

COULOMB, CHARLES AUGUSTIN de (1736-1806), descobriu a lei do inverso do quadrado da atração elétrica e magnética.

Coulomb serviu como engenheiro militar na Martinica durante nove anos. Voltou à França como engenheiro militar e retirou-se do Exército em 1791, passando a fazer pesquisa na Física. Durante a Revolução Francesa foi obrigado a deixar Paris, mas retornou e foi nomeado inspetor-geral da Instrução Pública.

Seus primeiros trabalhos versaram sobre problemas de estatística e mecânica. Demonstrou que o atrito é proporcional à pressão normal (Lei de Coulomb do Atrito). Ele é lembrado principalmente por seu trabalho em eletricidade, magnetismo e repulsão. Descobriu que a força entre dois polos carregados é inversamente proporcional ao quadrado da distância entre eles e diretamente proporcional a suas magnitudes (Lei de Força de Coulomb).

A unidade de carga elétrica no SI, o coulomb (C) , leva esse nome em sua homenagem. É a carga que atravessa a seção de um condutor percorrido por uma corrente de 1 ampère durante 1 segundo.

Economia dos Condutores Elétricos. Dimensionamento e Instalação. Aterramento. O Choque Elétrico

4.1 Considerações Básicas

Condutor elétrico é um corpo constituído de material bom condutor, destinado à transmissão da eletricidade. Em geral é de cobre eletrolítico e, em certos casos, de alumínio.

Fio é um condutor sólido, maciço, de seção circular, com ou sem isolamento.

Cabo é um conjunto de fios encordoados, não isolados entre si. Pode ser isolado ou não, conforme o uso a que se destina. É mais flexível que um fio de mesma capacidade de carga.

Com frequência, os eletrodutos conduzem os condutores de fase, neutro e terra, simultaneamente. Esses condutores são eletricamente isolados com o revestimento de material mau condutor de eletricidade, e que constitui a *isolação* do condutor. Um *cabo isolado* é um cabo que possui isolação. Além da isolação, recobre-se com uma camada denominada *cobertura* quando os cabos devem ficar em instalação exposta, colocados em bandejas ou diretamente no solo.

Os cabos podem ser:

- unipolares, quando constituídos por um condutor de fios trançados, com cobertura isolante protetora (Fig. 4.1).
- multipolares, quando constituídos por dois ou mais condutores isolados, protegidos por uma camada protetora de cobertura comum (Fig. 4.2).

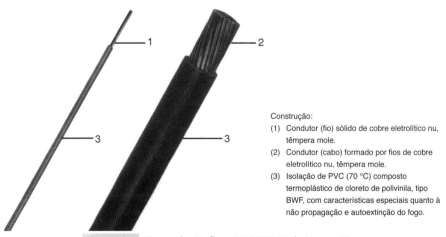

Construção:
(1) Condutor (fio) sólido de cobre eletrolítico nu, têmpera mole.
(2) Condutor (cabo) formado por fios de cobre eletrolítico nu, têmpera mole.
(3) Isolação de PVC (70 °C) composto termoplástico de cloreto de polivinila, tipo BWF, com características especiais quanto à não propagação e autoextinção do fogo.

Figura 4.1 Fio e cabo Noflam BWF 750 V, da Nexans/Ficap.

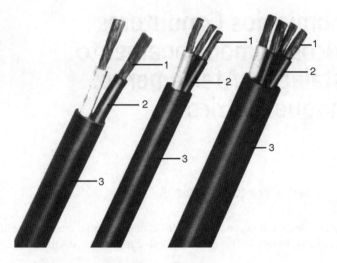

Construção:
(1) Condutor flexível formado por fios de cobre eletrolítico nus, têmpera mole.
(2) Isolação de HEPR (90 °C) – composto termofixo de borracha etileno-propileno flexível, em cores diferentes para identificação.
(3) Cobertura de PVC – composto termoplástico de cloreto de polivinila flexível na cor preta.

Figura 4.2 Cabo Fiter Flex 0,6/1 kV, da Nexans/Ficap.

A Prysmian (novo nome da Pirelli Cabos) fabrica cabos uni e multipolares *Sintenax Econax*. A Nexans/Ficap produz os cabos unipolares *Noflam* BWF 750 V e multipolares *Superflex* 750 V.

A *seção nominal* de um fio ou cabo é a área da seção transversal do fio ou da soma das seções dos fios componentes de um cabo. A seção de um condutor a que nos referimos não inclui a isolação e a cobertura (se for o caso de possuir cobertura).

De acordo com a NBR 5410:2004 (versão corrigida em 2008), os condutores elétricos são especificados por sua seção em milímetros quadrados (mm^2), segundo a escala padronizada, série métrica da IEC (International Electrotechnical Commission). A seção nominal de um cabo multipolar é igual ao produto da seção do condutor de cada veia pelo número de veias que constituem o cabo.

Material

- Em *instalações residenciais* só podem ser empregados condutores de cobre, exceto condutores de aterramento e proteção.
- Em *instalações comerciais* é permitido o emprego de condutores de alumínio com seções iguais ou superiores a 50 mm^2.
- Em *instalações industriais* podem ser utilizados condutores de alumínio, desde que sejam obedecidas simultaneamente as seguintes condições:
  – Seção nominal dos condutores $\geq$ 16 mm^2.
  – Potência instalada $\geq$ 50 kW.
  – Instalações e manutenção qualificadas.

4.2 Seções Mínimas dos Condutores

Seção mínima do condutor neutro

O condutor neutro deve possuir a mesma seção que o(s) condutor(es) fase nos seguintes casos:

a) Em circuitos monofásicos e circuitos com duas fases e neutro, qualquer que seja a seção.
b) Em circuitos trifásicos, quando a seção do condutor fase for inferior ou igual a 25 mm², em cobre ou em alumínio.
c) Em circuitos trifásicos, quando for prevista a presença de harmônicos[*], qualquer que seja a seção.

Tabela 4.1a Seções mínimas dos condutores

Tipo de instalação		Utilização do circuito	Seção mínima do condutor (mm²)-material
Instalações fixas em geral	Cabos isolados	Circuitos de iluminação	1,5 Cu 16 Al
		Circuitos de força	2,5 Cu 16 Al
		Circuitos de sinalização e circuitos de controle	0,5 Cu
	Condutores nus	Circuitos de força	10 Cu 16 Al
		Circuitos de sinalização e circuitos de controle	4 Cu
Linhas flexíveis feitas com cabos isolados		Para um equipamento específico	Como especificado na norma do equipamento
		Para qualquer outra aplicação	0,75 Cu
		Circuitos a extrabaixa tensão	0,75 Cu

Notas:
a. Em circuitos de sinalização e controle destinados a equipamentos eletrônicos são admitidas seções mínimas de até 0,1 mm².
b. Em cabos multipolares flexíveis contendo sete ou mais veias, são admitidas seções de até 0,1 mm².
c. Os circuitos de tomadas de corrente são considerados circuitos de força.

Tabela 4.1b Seção do condutor neutro em relação ao condutor fase

Seções de condutores fase (mm²)	Seção mínima do condutor neutro (mm²)
$S \leq 25$	S (mesma seção do condutor fase)
35	25
50	25
70	35
95	50
120	70
150	70
185	95
240	120
300	150
400	185

Nota:
A máxima corrente susceptível de percorrer o condutor neutro em serviço normal deve ser inferior à capacidade de condução de corrente correspondente à seção reduzida do condutor neutro.

---

[*]Favor ver definição no Capítulo 9 deste livro.

4.3 Tipos de Condutores

Trataremos neste capítulo dos condutores para baixa tensão (0,6 kV - 0,75 kV - 1 kV).

Em geral, os fios e cabos são designados em termos de seu comportamento quando submetidos à ação do fogo, isto é, em função do material de sua isolação e cobertura. Assim, os cabos elétricos podem ser:

Propagadores de chama. São aqueles que entram em combustão sob a ação direta da chama e a mantêm mesmo após a retirada da chama. Pertencem a esta categoria o *etilenopropileno* (EPR) e o *polietileno reticulado* (XLPE).

Não propagadores de chama. Removida a chama ativadora, a combustão do material cessa. Consideram-se o *cloreto de polivinila* (PVC) e o *neoprene* não propagadores de chama.

Resistentes à chama. Mesmo em caso de exposição prolongada, a chama não se propaga ao longo do material isolante do cabo. É o caso dos cabos Sintenax Antiflam, da Prysmian, e Noflam BWF 750 V, da Nexans/Ficap.

Resistentes ao fogo. São materiais especiais incombustíveis, que permitem o funcionamento do circuito elétrico mesmo em presença de um incêndio. São usados em circuitos de segurança e sinalizações de emergência.

No Brasil, fabrica-se uma linha de cabos que têm as características de não propagação de fumaça e fogo. A Prysmian chamou-os de cabos Afumex, e a Nexans/Ficap, Afitox. No caso dos cabos de potência, a temperatura de exercício no condutor é de 90 °C, a temperatura de sobrecarga é de 130 °C, e de curto-circuito, de 250 °C.

Vejamos as características principais dos fios e cabos mais comumente usados e que são apresentados de forma resumida em tabelas.

Da Prysmian

As Figs. 4.3 e 4.4 e a Tabela 4.2 apresentam as características principais dos fios e cabos para baixa tensão e as recomendações do fabricante quanto às modalidades de instalação aconselháveis para os vários tipos de cabos.

Da Nexans/Ficap

As Figs. 4.5 e 4.6 mostram também, de modo resumido, as características dos fios e cabos para usos comuns em baixa tensão.

4.4 Dimensionamento dos Condutores

Após o cálculo da intensidade da corrente de projeto I_p de um circuito (item 3.6), procede-se ao dimensionamento do condutor capaz de permitir, *sem excessivo aquecimento* e com uma *queda de tensão* predeterminada, a passagem da corrente elétrica. Além disso, os condutores devem ser compatíveis com a *capacidade dos dispositivos de proteção contra sobrecarga* e *curto-circuito*.

Uma vez determinadas as seções possíveis para o condutor, calculadas de acordo com os critérios referidos, escolhe-se em tabela de capacidade de condutores, padronizados e comercializados, o fio ou cabo cuja seção, por excesso, mais se aproxime da seção calculada.

Em circuitos de iluminação de grandes áreas industriais, comerciais, de escritórios e nos alimentadores nos quadros terminais, calcula-se a seção dos condutores segundo os critérios do aquecimento e da queda de tensão. Nos alimentadores principais e secundários de elevada carga ou de alta-tensão, deve-se proceder à verificação da seção mínima para atender à sobrecarga e à corrente de curto-circuito.

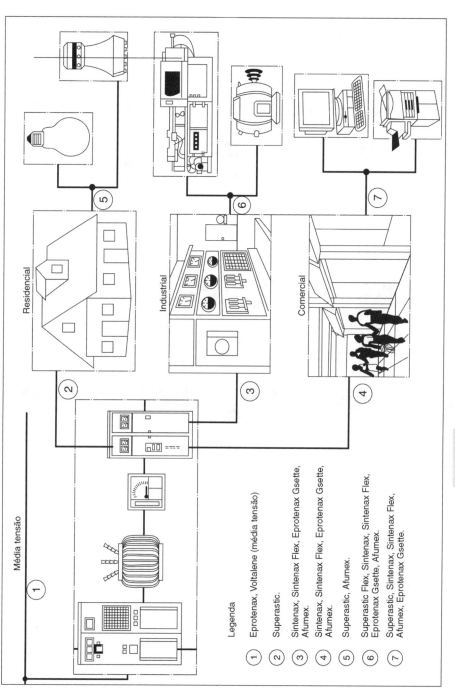

Figura 4.3 Sugestões de uso de fios e cabos elétricos.

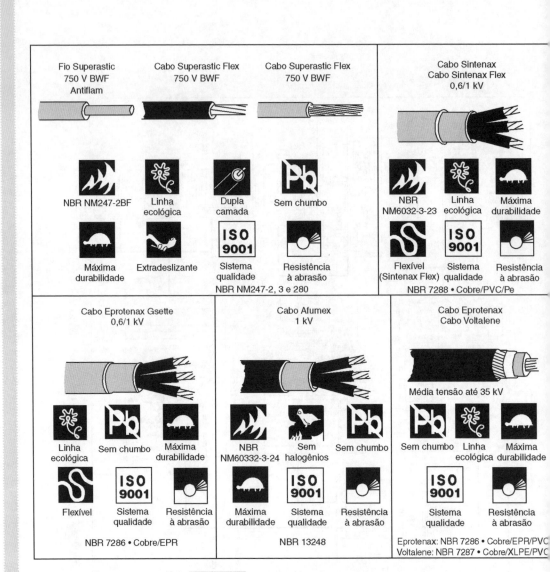

Figura 4.4 Fios e cabos elétricos. Prysmian.

4.4.1 Escolha do condutor segundo o critério do aquecimento

O condutor não pode ser submetido a um aquecimento exagerado provocado pela passagem da corrente elétrica, pois a isolação e a cobertura do condutor poderiam ser danificadas. Entre os fatores que devem ser considerados na escolha da seção de um fio ou cabo, supostamente operando em condições de aquecimento normais, destacam-se:

- o tipo de isolação e de cobertura do condutor;
- o número de condutores carregados, isto é, de condutores vivos, efetivamente percorridos pela corrente;
- a maneira de instalar os cabos;
- a proximidade de outros condutores e cabos;
- a temperatura ambiente ou a do solo (se o cabo for enterrado diretamente no mesmo).

Tabela 4.2 Fios e cabos Prysmian

			Nome	Bitola	Tipo	Isolação	Cobertura	Tensão nominal	Temp. Uso contínuo	Temp. sobrecarga	Temp. de curto-circuito
Fios e cabos			Superastic BWF Antiflam	Fios até 10 mm^2 Cabos até 500 mm^2	Condutor isolado	PVC	–	750 V	70 °C	100 °C	160 °C
Cabo flexível			Superastic BWF Antiflam	Até 240 mm^2	Condutor isolado	PVC	–	750 V	70 °C	100 °C	160 °C
Cabos			Sintenax Antiflam	Até 1 × 1 000 mm^2 ou 4 × 300 mm^2	Unipolar Multipolar	PVC	PVC	0,6/1 kV	70 °C	100 °C	160 °C
Cabos			Voltalene	Até 1 × 1 000 mm^2 ou 3 × 300 mm^2	Unipolar Tripolar	XLPE Polietileno Reticulado	–	0,6/1 kV	90 °C	130 °C	250 °C
Cabos			Eprotenax Gsette	Até 1 × 500 mm^2 ou 3 × 300 mm^2 4 × 50 mm^2	Unipolar Multipolar	Termofixo HEPR	PVC	0,6/1 kV	90 °C	130 °C	250 °C
Cabos			Eprotenax Gsette	Até 1 × 240 mm^2 ou 3 × 240 mm^2 4 × 240 mm^2	Unipolar Multipolar	HEPR	PVC	0,6/1 kV	90 °C	130 °C	250 °C
Cabos			Afumex	Até 1 × 300 mm^2 ou 4 × 35 mm^2	Unipolar Multipolar	HEPR	Poliolifina não halogenada	0,6/1 kV	90 °C	130 °C	250 °C
Cabos			PP–Cordplast	Até 4 × 10 mm^2	Multipolar	PVC	PVC	450/750 V	70 °C	100 °C	160 °C

131

Economia dos Condutores Elétricos. Dimensionamento e Instalação. Aterramento. O Choque Elétrico

Cabo	Nome	Aplicação	Condutor	Isolação	Tensão	Norma NBR
	Fios e cabos Noflam Antichama	Instalações industriais, residenciais e comerciais	Cobre	PVC (70 °C)	750 V	6148
	Cabos Conduflex	Alimentação de máquinas e equipamentos móveis portáteis, de pequeno porte.	Cobre	PVC (70 °C)	750 V	8762
	Cordão torcido e cordão paralelo	Alimentação de aparelhos, máquinas portáteis, lustres e luminárias pendentes	Cobre	PVC (70 °C)	300 V	13240
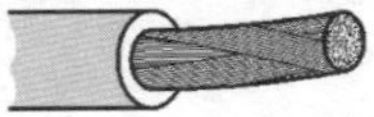	Cabo TPK 105 °C	Para lides internos de motores e outros tipos de equipamentos	Cobre	PVC (70 °C)	750 V	9117
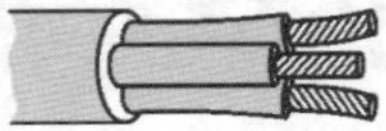	Cabos chumbo BWF	Instalações internas aparentes, ao longo de paredes ou forros	Cobre	PVC (70 °C)	750 V	8661
	Fio e cabo WPP	Sistemas de distribuição em linhas de distribuição.	Cobre ou Alumínio			6524
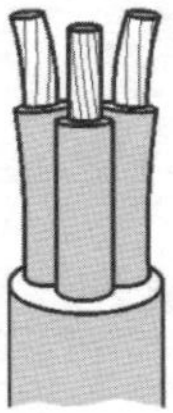	Cabo vinil	Sistema de distribuição subterrânea, instalação em sistemas residenciais urbanos, comerciais, industriais, estações geradoras e de distribuição secundária.	Cobre	PVC (70 °C)	0,6/1 kV	7288

Figura 4.5 Nexans/Ficap – linha básica para baixa tensão.

Cabo	Nome	Aplicação	Condutor	Isolação	Tensão	Norma NBR
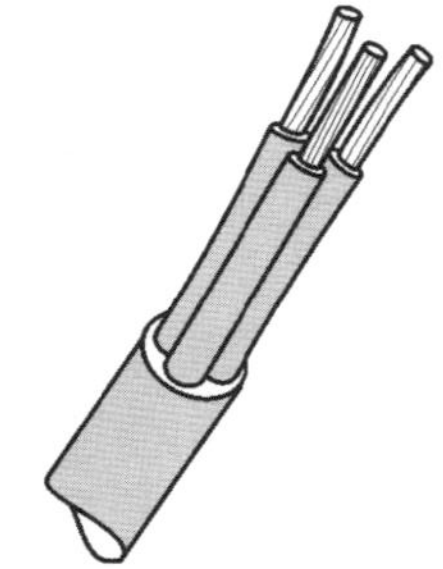	Cabo FIBEP	Sistemas de distribuição subterrânea. Instalação em sistemas residenciais urbanos, comerciais, industriais para o transporte de grandes blocos de potência, com grande confiabilidade proporcionada pela elevada estabilidade térmica de isolações termofixas.	Cobre	EPR (90 °C)	0,6/1 kV	7286
	Cabo FIPEX			XLPE (90 °C)		7287
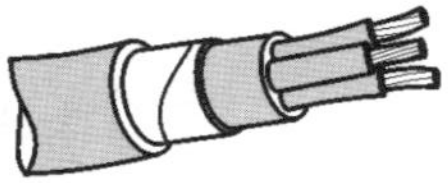	FICOM-F	Circuitos de comando, controle, proteção e sinalização até 1 kV.	Cobre	PVC (70 °C)	Até 1 kV	7289
	FICOM B-F			PVC (70 °C) com blindagem		
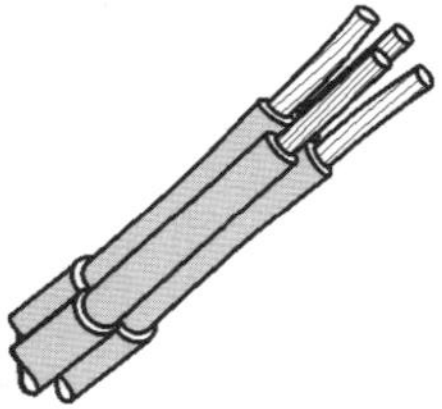	Cabo FIBEP AFITOX	Cabos não halogenados para locais onde haja riscos de incêndio, com alta densidade de ocupação populacional e/ou condições de fuga difíceis, conforme NBR 5410:2004 (versão corrigida em 2008).	Cobre	EPR-AFITOX (90 °C)	0,6/1 kV	13248
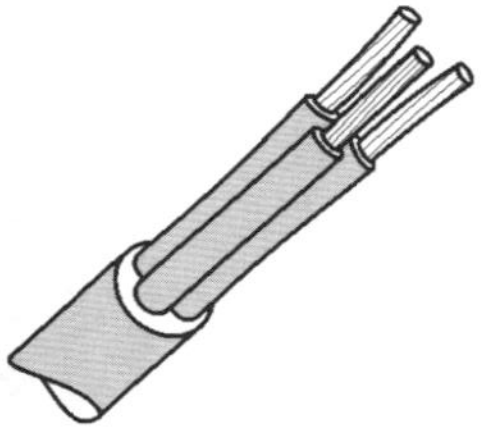	Cabo AFITOX SM	Cabos não halogenados para circuitos de segurança máxima, de potência ou controle que devem operar em condições de incêndio, conforme NBR 5410:2004 (versão corrigida em 2008).	Cobre	EPR-AFITOX (90 °C)	Até 1 kV	13418

Figura 4.6 Nexans/Ficap – linha básica para baixa tensão.

133

Economia dos Condutores Elétricos. Dimensionamento e Instalação. Aterramento. O Choque Elétrico

4.4.1.1 Tipo de isolação

Em primeiro lugar, temos que escolher o ***tipo de isolação***, de acordo com as temperaturas de regime constante de operações e de sobrecarga. Podemos usar a Tabela 4.3. Em instalações prediais convencionais, usa-se, em geral, os fios e cabos com isolação de PVC.

Tabela 4.3 Temperaturas admissíveis no condutor, supondo a temperatura ambiente de 30 °C

	Temperatura de operação em regime contínuo	Temperatura de sobrecarga	Temperatura de curto-circuito
PVC Cloreto de polivinila	70 °C	100 °C	160 °C
PET Polietileno	70 °C	90 °C	150 °C
XLPE Polietileno reticulado	90 °C	130 °C	250 °C
EPR Borracha etileno-propileno	90 °C	130 °C	250 °C

4.4.1.2 Número de condutores a considerar

Podemos ter:

- 2 condutores carregados: F-N (fase-neutro) ou F-F (fase-fase).
- 3 condutores carregados. Apresentam-se como:
  a) $2F$-N;
  b) $3F$;
  c) $3F$-N (supondo o sistema de circuito equilibrado).
- 4 condutores carregados. Será:
  $3F$-N.

É o caso, por exemplo, de circuito alimentando quadro terminal cuja potência exige alimentação trifásica com neutro.

4.4.1.3 Maneira segundo a qual o cabo será instalado

Pela Tabela 4.4 identificamos a "letra" e o "número" correspondentes à maneira de instalação do cabo. Por exemplo: se tivermos condutores isolados ou cabos unipolares em eletroduto de seção circular embutido em alvenaria, o código será B1-7.

4.4.1.4 Bitola do condutor supondo uma temperatura ambiente de 30 °C

Entramos com o valor da corrente (ampères) na Tabela 4.5a, se a isolação for de PVC – 70 °C, e na Tabela 4.5b se for de etilenopropileno (EPR) ou polietileno termofixo (XLPE) – 90 °C. Obtemos, assim, a bitola do condutor. Ao entrarmos com o valor da corrente de projeto I_p na tabela, devemos considerar se os condutores são de cobre ou de alumínio; se são dois ou três condutores; e se a maneira de instalar corresponde às letras da Tabela 4.4 com seus respectivos números, quando houver.

Tabela 4.4 Tipos de linhas elétricas (NBR 5410:2004, versão corrigida em 2008)

Método de instalação número	Esquema ilustrativo	Descrição	Método de referência a utilizar para a capacidade de condução de corrente[1]
1	Face interna	Condutores isolados ou cabos unipolares em eletroduto de seção circular embutido em parede termicamente isolante[2]	A1
2	Face interna	Cabo multipolar em eletroduto de seção circular embutido em parede termicamente isolante[2]	A2
3		Condutores isolados ou cabos unipolares em eletroduto aparente de seção circular sobre parede ou espaçado desta menos de 0,3 vezes o diâmetro do eletroduto	B1
4		Cabo multipolar em eletroduto aparente de seção circular sobre parede ou espaçado desta menos de 0,3 vezes o diâmetro do eletroduto	B2
5		Condutores isolados ou cabos unipolares em eletroduto aparente de seção não circular sobre parede	B1
6		Cabo multipolar em eletroduto aparente de seção não circular sobre parede	B2
7		Condutores isolados ou cabos unipolares em eletroduto de seção circular embutido em alvenaria	B1
8		Cabo multipolar em eletroduto de seção circular embutido em alvenaria	B2
11		Cabos unipolares ou cabo multipolar sobre parede ou espaçado desta menos de 0,3 vezes o diâmetro do cabo	C
11A		Cabos unipolares ou cabo multipolar fixado diretamente no teto	C

(Continua)

Tabela 4.4 Tipos de linhas elétricas (NBR 5410:2004, versão corrigida em 2008) (*Continuação*)

Método de instalação número	Esquema ilustrativo	Descrição	Método de referência a utilizar para a capacidade de condução de corrente[1]
11B		Cabos unipolares ou cabo multipolar afastado do teto mais de 0,3 vezes o diâmetro do cabo	C
12		Cabos unipolares ou cabo multipolar em bandeja não perfurada, perfilado ou prateleira[3]	C
13		Cabos unipolares ou cabo multipolar em bandeja perfurada, horizontal ou vertical[4]	E (multipolar) F (unipolares)
14		Cabos unipolares ou cabo multipolar sobre suportes horizontais, eletrocalha aramada ou tela	E (multipolar) F (unipolares)
15		Cabos unipolares ou cabo multipolar afastado(s) da parede mais de 0,3 vezes o diâmetro do cabo	E (multipolar) F (unipolares)
16		Cabos unipolares ou cabo multipolar em leito	E (multipolar) F (unipolares)
17		Cabos unipolares ou cabo multipolar suspenso(s) por cabo de suporte, incorporado ou não	E (multipolar) F (unipolares)
18		Condutores nus ou isolados sobre isoladores	G

(Continua)

Tabela 4.4 Tipos de linhas elétricas (NBR 5410:2004, versão corrigida em 2008) (*Continuação*)

Método de instalação número	Esquema ilustrativo	Descrição	Método de referência a utilizar para a capacidade de condução de corrente[1]
21		Cabos unipolares ou cabos multipolares em espaço de construção[4], sejam eles lançados diretamente sobre a superfície do espaço de construção, sejam instalados em suportes ou condutos abertos (bandeja, prateleira, tela ou leito) dispostos no espaço de construção[4][5]	$1,5\,D_e \leq V < 5\,D_e$ B2 $5\,D_e \leq V < 50\,D_e$ B1
22		Condutores isolados em eletroduto de seção circular em espaço de construção[4][6]	$1,5\,D_e \leq V < 20\,D_e$ B2 $V \geq 20\,D_e$ B1
23		Cabos unipolares ou cabo multipolar em eletroduto de seção circular em espaço de construção[4][6]	B2
24		Condutores isolados em eletroduto de seção não circular ou eletrocalha em espaço de construção[4]	$1,5\,D_e \leq V < 20\,D_e$ B2 $V \geq 20\,D_e$ B1
25		Cabos unipolares ou cabo multipolar em eletroduto de seção não circular ou eletrocalha em espaço de construção[4]	B2
26		Condutores isolados em eletroduto de seção não circular embutido em alvenaria[5]	$1,5 \leq V < 5\,D_e$ B2 $5\,D_e \leq V < 50\,D_e$ B1
27		Cabos unipolares ou cabo multipolar em eletroduto de seção não circular embutido em alvenaria	B2
31 32	31 32	Condutores isolados ou cabos unipolares em eletrocalha sobre parede em percurso horizontal ou vertical	B1
31A 32A	31 A 32 A	Cabo multipolar em eletrocalha sobre parede em percurso horizontal ou vertical	B2

(Continua)

Tabela 4.4 Tipos de linhas elétricas (NBR 5410:2004, versão corrigida em 2008) (*Continuação*)

Método de instalação número	Esquema ilustrativo	Descrição	Método de referência a utilizar para a capacidade de condução de corrente[1]
33		Condutores isolados ou cabos unipolares em canaleta fechada embutida no piso	B1
34		Cabo multipolar em canaleta fechada embutida no piso	B2
35		Condutores isolados ou cabos unipolares em eletrocalha ou perfilado suspensa(o)	B1
36		Cabo multipolar em eletrocalha ou perfilado suspensa(o)	B2
41		Condutores isolados ou cabos unipolares em eletroduto de seção circular contido em canaleta fechada com percurso horizontal ou vertical[6]	$1,5\,D_e \le V <$ $20\,D_e$ B2 $V \ge 20\,D_e$ B1
42		Condutores isolados em eletroduto de seção circular contido em canaleta ventilada embutida no piso	B1
43		Cabos unipolares ou cabo multipolar em canaleta ventilada embutida no piso	B1
51		Cabo multipolar embutido diretamente em parede termicamente isolante[1]	A1
52		Cabos unipolares ou cabo multipolar embutido(s) diretamente em alvenaria sem proteção mecânica adicional	C

(*Continua*)

Tabela 4.4 Tipos de linhas elétricas (NBR 5410:2004, versão corrigida em 2008) (*Continuação*)

Método de instalação número	Esquema ilustrativo	Descrição	Método de referência a utilizar para a capacidade de condução de corrente[1]
53		Cabos unipolares ou cabo multipolar embutido(s) diretamente em alvenaria com proteção mecânica adicional	C
61		Cabo multipolar em eletroduto (de seção circular ou não) ou em canaleta não ventilada enterrado(a)	D
61A		Cabos unipolares em eletroduto (de seção circular ou não) ou em canaleta não ventilada enterrado(a)[7]	D
63		Cabos unipolares ou cabo multipolar diretamente enterrado(s), com proteção mecânica adicional[8]	D
71		Condutores isolados ou cabos unipolares em moldura	A1
72		72 – Condutores isolados ou cabos unipolares em canaleta provida de separações sobre parede	B1
72A			B2
		72A – Cabo multipolar em canaleta provida de separações sobre parede	
73		Condutores isolados em eletroduto, cabos unipolares ou cabo multipolar embutido(s) em caixilho de porta	A1
74		Condutores isolados em eletroduto, cabos unipolares ou cabo multipolar embutido(s) em caixilho de janela	A1

(Continua)

Tabela 4.4 Tipos de linhas elétricas (NBR 5410:2004, versão corrigida em 2008) (*Continuação*)

Método de instalação número	Esquema ilustrativo	Descrição	Método de referência a utilizar para a capacidade de condução de corrente[1]
75		75 – Condutores isolados ou cabos unipolares em canaleta embutida em parede	B1
75A		75A – Cabo multipolar em canaleta embutida em parede	B2

Notas:
1. Assume-se que a face interna da parede apresenta uma condutância térmica não inferior a 10 W/m² · K.
2. Admitem-se também condutores isolados em perfilado, desde que nas condições definidas na NBR 5410:2004, versão corrigida em 2008.
3. A capacidade de condução de corrente para bandeja perfurada foi determinada considerando-se que os furos ocupassem no mínimo 30 % da área da bandeja. Se os furos ocuparem menos de 30 % da área da bandeja, ela deve ser considerada como "não perfurada".
4. Conforme a ABNT NBR IEC 60050 (826), os poços, as galerias, os pisos técnicos, os condutos formados por blocos alveolados, os forros falsos, os pisos elevados e os espaços internos existentes em certos tipos de divisórias (como, por exemplo, as paredes de gesso acartonado) são considerados espaços de construção.
5. D_e é o diâmetro externo do cabo, no caso de cabo multipolar. No caso de cabos unipolares ou condutores isolados, distinguem-se duas situações:
   – três cabos unipolares (ou condutores isolados) dispostos em trifólio: D_e deve ser tomado igual a 2,2 vezes o diâmetro ou cabo unipolar ou condutor isolado;
   – três cabos unipolares (ou condutores isolados) agrupados num mesmo plano: D_e deve ser tomado igual a 3 vezes o diâmetro do cabo unipolar ou condutor isolado.
6. D_e é o diâmetro externo do eletroduto, quando de seção circular, ou altura/profundidade do eletroduto de seção não circular ou da eletrocalha.
7. Admite-se também o uso de condutores isolados, desde que nas condições definidas na NBR 5410:2004, versão corrigida em 2008.
8. Admitem-se cabos diretamente enterrados sem proteção mecânica adicional, desde que esses cabos sejam providos de armação. Deve-se notar, porém, que na NBR 5410:2004, versão corrigida em 2008 não são fornecidos valores de capacidade de condução de corrente para cabos armados. Tais capacidades devem ser determinadas como indicado na ABNT NBR 11301.
Obs.: Em linhas ou trechos verticais, quando a ventilação for restrita, deve-se atentar para risco de aumento considerável da temperatura ambiente no topo do trecho vertical.

Tabela 4.5a Capacidades de condução de corrente (NBR 5410:2004, versão corrigida em 2008), em ampères, para os métodos de referência A1, A2, B1, B2, C e D
– condutores isolados, cabos unipolares e multipolares – cobre e alumínio, isolação de PVC; temperatura de 70 °C no condutor;
– temperaturas – 30 °C (ambiente); 20 °C (solo)

	Métodos de instalação definidos na Tabela 4.4											
	A1		A2		B1		B2		C		D	
Seções nominais (mm²)	2 Condutores carregados	3 Condutores carregados	2 Condutores carregados	3 Condutores carregados	2 Condutores carregados	3 Condutores carregados	2 Condutores carregados	3 Condutores carregados	2 Condutores carregados	3 Condutores carregados	2 Condutores carregados	3 Condutores carregados
(1)	(2)	(3)	(4)	(5)	(6)	(7)	(8)	(9)	(10)	(11)	(12)	(13)
COBRE – CORRENTES NOMINAIS (A)												
0,5	7	7	7	7	9	8	9	8	10	9	12	10
0,75	9	9	9	9	11	10	11	10	13	11	15	12
1	11	10	11	10	14	12	13	12	15	14	18	15
1,5	14,5	13,5	14	13	17,5	15,5	16,5	15	19,5	17,5	22	18
2,5	19,5	18	18,5	17,5	24	21	23	20	27	24	29	24
4	26	24	25	23	32	28	30	27	36	32	38	31

(*Continua*)

Tabela 4.5a Capacidades de condução de corrente (NBR 5410:2004, versão corrigida em 2008), em ampères, para os métodos de referência A1, A2, B1, B2, C e D
– condutores isolados, cabos unipolares e multipolares – cobre e alumínio, isolação de PVC; temperatura de 70 °C no condutor;
– temperaturas – 30 °C (ambiente); 20 °C (solo)

	Métodos de instalação definidos na Tabela 4.4											
	A1		A2		B1		B2		C		D	
Seções nominais (mm²)	2 Condutores carregados	3 Condutores carregados	2 Condutores carregados	3 Condutores carregados	2 Condutores carregados	3 Condutores carregados	2 Condutores carregados	3 Condutores carregados	2 Condutores carregados	3 Condutores carregados	2 Condutores carregados	3 Condutores carregados
(1)	(2)	(3)	(4)	(5)	(6)	(7)	(8)	(9)	(10)	(11)	(12)	(13)
COBRE – CORRENTES NOMINAIS (A)												
6	34	31	32	29	41	36	38	34	46	41	47	39
10	46	42	43	39	57	50	52	46	63	57	63	52
16	61	56	57	52	76	68	69	62	85	76	81	67
25	80	73	75	68	101	89	90	80	112	96	104	86
35	99	89	92	83	125	110	111	99	138	119	125	103
50	119	108	110	99	151	134	133	118	168	144	148	122
70	151	136	139	125	192	171	168	149	213	184	183	151
95	182	164	167	150	232	207	201	179	258	223	216	179
120	210	188	192	172	269	239	232	206	299	259	246	203
150	240	216	219	196	309	275	265	236	344	299	278	230
185	273	245	248	223	353	314	300	268	392	341	312	258
240	321	286	291	261	415	370	351	313	461	403	361	297
300	367	328	334	298	477	426	401	368	530	464	408	336
400	438	390	398	355	571	510	477	425	634	557	478	394
500	502	447	456	406	666	587	545	486	729	642	540	445
630	578	514	526	467	758	678	626	559	843	743	614	506
800	669	593	609	540	881	788	723	645	978	865	700	577
1 000	767	679	698	618	1012	906	827	738	1125	996	792	662
ALUMÍNIO – CORRENTES NOMINAIS (A)												
16	48	43	44	41	60	53	54	48	66	59	62	52
25	63	57	58	53	79	70	71	62	83	73	80	66
35	77	70	71	65	97	86	86	77	103	90	96	80
50	93	84	86	78	118	104	104	92	125	110	113	94
70	118	107	108	98	150	133	131	116	160	140	140	117
95	142	129	130	118	181	161	157	139	195	170	166	138
120	164	149	150	135	210	186	181	160	226	197	189	157
150	189	170	172	155	241	214	206	183	261	227	213	178
185	215	194	195	176	275	245	234	208	298	259	240	200
240	252	227	229	207	324	288	274	243	352	305	277	230
300	289	261	263	237	372	331	313	278	406	351	313	260
400	345	311	314	283	446	397	372	331	488	422	366	305
500	396	356	360	324	512	456	425	378	563	486	414	345
630	456	410	416	373	592	527	488	435	653	562	471	391
800	529	475	482	432	687	612	563	502	761	654	537	446
1 000	607	544	552	495	790	704	643	574	878	753	607	505

Tabela 4.5b Capacidades de condução de corrente (NBR 5410:2004, versão corrigida em 2008), em ampères, para os métodos de referência A1, A2, B1, B2, C e D – condutores isolados, cabos unipolares e multipolares – cobre e alumínio, isolação de EPR ou XLPE, temperatura de 90 °C no condutor; – temperaturas – 30 °C (ambiente); 20 °C (solo)

Seções nominais (mm²)	Métodos de instalação definidos na Tabela 4.4											
	A1		A2		B1		B2		C		D	
	2 Condutores carregados	3 Condutores carregados	2 Condutores carregados	3 Condutores carregados	2 Condutores carregados	3 Condutores carregados	2 Condutores carregados	3 Condutores carregados	2 Condutores carregados	3 Condutores carregados	2 Condutores carregados	3 Condutores carregados
(1)	(2)	(3)	(4)	(5)	(6)	(7)	(8)	(9)	(10)	(11)	(12)	(13)
COBRE – CORRENTES NOMINAIS (A)												
0,5	10	9	10	9	12	10	11	10	12	11	14	12
0,75	12	11	12	11	15	13	15	13	16	14	18	15
1	15	13	14	13	18	16	17	15	19	17	21	17
1,5	19	17	18,5	16,5	23	20	22	19,5	24	22	26	22
2,5	26	23	25	22	31	28	30	26	33	30	34	29
4	35	31	33	30	42	37	40	35	45	40	44	37
6	45	40	42	38	54	48	51	44	58	52	56	46
10	61	54	57	51	75	66	69	60	80	71	73	61
16	81	73	76	68	100	88	91	80	107	96	95	79
25	106	95	99	89	133	117	119	105	138	119	121	101
35	131	117	121	109	164	144	146	128	171	147	146	122
50	158	141	145	130	198	175	175	154	209	179	173	144
70	200	179	183	164	253	222	221	194	269	229	213	178
95	241	216	220	197	306	269	265	233	328	278	252	211
120	278	249	253	227	354	312	305	268	382	322	287	240
150	318	285	290	259	407	358	349	307	441	371	324	271
185	362	324	329	295	464	408	395	348	506	424	363	304
240	424	380	386	346	546	481	462	407	599	500	419	351
300	486	435	442	396	628	553	529	465	693	576	474	396
400	579	519	527	472	751	661	628	552	835	692	555	464
500	664	595	604	541	864	760	718	631	966	797	627	525
630	765	685	696	623	998	879	825	725	1122	923	711	596
800	885	792	805	721	1158	1020	952	837	1311	1074	811	679
1 000	1 014	908	923	826	1 332	1 173	1 088	957	1 515	1 237	916	767
ALUMÍNIO – CORRENTES NOMINAIS (A)												
16	64	58	60	55	79	71	72	64	84	76	73	61
25	84	76	78	71	105	93	94	84	101	90	93	78
35	103	94	96	87	130	116	115	103	126	112	112	94
50	125	113	115	104	157	140	138	124	154	136	132	112
70	158	142	145	131	200	179	175	156	198	174	163	138
95	191	171	175	157	242	217	210	188	241	211	193	164

(Continua)

Tabela 4.5b Capacidades de condução de corrente (NBR 5410:2004, versão corrigida em 2008), em ampères, para os métodos de referência A1, A2, B1, B2, C e D
– condutores isolados, cabos unipolares e multipolares – cobre e alumínio, isolação de EPR ou XLPE, temperatura de 90 °C no condutor;
– temperaturas – 30 °C (ambiente); 20 °C (solo) (*Continuação*)

Seções nominais (mm²)	Métodos de instalação definidos na Tabela 4.4											
	A1		A2		B1		B2		C		D	
	2 Condutores carregados	3 Condutores carregados	2 Condutores carregados	3 Condutores carregados	2 Condutores carregados	3 Condutores carregados	2 Condutores carregados	3 Condutores carregados	2 Condutores carregados	3 Condutores carregados	2 Condutores carregados	3 Condutores carregados
(1)	(2)	(3)	(4)	(5)	(6)	(7)	(8)	(9)	(10)	(11)	(12)	(13)
ALUMÍNIO – CORRENTES NOMINAIS (A)												
120	220	197	201	180	281	251	242	216	280	245	220	186
150	253	225	230	206	323	289	277	248	324	283	249	210
185	288	256	262	233	368	330	314	281	371	323	279	236
240	338	300	307	273	433	389	368	329	439	382	322	272
300	387	344	352	313	499	447	421	377	508	440	364	308
400	462	409	421	372	597	536	500	448	612	529	426	361
500	530	468	483	426	687	617	573	513	707	610	482	408
630	611	538	556	490	794	714	658	590	821	707	547	464
800	708	622	644	566	922	830	760	682	958	824	624	529
1 000	812	712	739	648	1 061	955	870	780	1 108	950	706	598

Tabela 4.5c Capacidades de condução de corrente (NBR 5410:2004, versão corrigida em 2008), em ampères, para os métodos de referência E, F e G
– condutores isolados, cabos unipolares e multipolares – cobre e alumínio, isolação de PVC; temperatura de 70 °C no condutor;
– temperatura ambiente −30 °C

Seções nominais (mm²)	Métodos de instalação definidos na Tabela 4.4						
	E	E	F	F	F	G	G
(1)	(2)	(3)	(4)	(5)	(6)	(7)	(8)
COBRE – CORRENTES NOMINAIS (A)							
0,5	11	9	11	8	9	12	10
0,75	14	12	14	11	11	16	13
1	17	14	17	13	14	19	16
1,5	22	18,5	22	17	18	24	21
2,5	30	25	31	24	25	34	29
4	40	34	41	33	34	45	39
6	51	43	53	43	45	59	51

(*Continua*)

Tabela 4.5c Capacidades de condução de corrente (NBR 5410:2004, versão corrigida em 2008), em ampères, para os métodos de referência E, F e G
– condutores isolados, cabos unipolares e multipolares – cobre e alumínio, isolação de PVC; temperatura de 70 °C no condutor;
– temperatura ambiente −30 °C (*Continuação*)

	Métodos de instalação definidos na Tabela 4.4						
	E	E	F	F	F	G	G
Seções nominais (mm²)							
(1)	(2)	(3)	(4)	(5)	(6)	(7)	(8)
COBRE – CORRENTES NOMINAIS (A)							
10	70	60	73	60	63	81	71
16	94	80	99	82	85	110	97
25	119	101	131	110	114	146	130
35	148	126	162	137	143	181	162
50	180	153	196	167	174	219	197
70	232	196	251	216	225	281	254
95	282	238	304	204	275	341	311
120	328	276	352	308	321	396	362
150	379	319	406	356	372	456	419
185	434	364	463	409	427	521	480
240	514	430	546	485	507	615	569
300	593	497	629	561	587	709	659
400	715	597	754	656	689	852	795
500	826	689	868	749	789	982	920
630	958	798	1 005	855	905	1 138	1 070
800	1 118	930	1 169	971	1 119	1 325	1 251
1 000	1 292	1 073	1 346	1 079	1 200	1 528	1 448
ALUMÍNIO – CORRENTES NOMINAIS (A)							
16	73	61	73	62	65	84	73
25	89	78	98	84	87	112	99
35	111	96	122	105	109	189	124
50	135	117	149	128	133	169	152
70	173	150	192	166	173	217	196
95	210	183	235	203	212	265	241
120	244	212	273	237	247	308	282
150	282	245	316	274	287	356	327
185	322	280	363	315	330	407	376
240	380	330	430	375	392	482	447
300	439	381	497	434	455	557	519
400	528	458	600	526	552	671	629
500	608	528	694	610	640	775	730
630	705	613	808	711	640	775	730
800	822	714	944	832	875	1 050	1 000
1 000	948	823	1 092	965	1 015	1 213	1 161

Tabela 4.5d Capacidades de condução de corrente (NBR 5410:2004, versão corrigida em 2008), em ampères, para os métodos de referência E, F e G – condutores isolados, cabos unipolares e multipolares – cobre e alumínio, isolação de EPR ou XLPE; temperatura de 90 °C no condutor; – temperatura ambiente –30 °C

Seções nominais (mm²)	Métodos de instalação definidos na Tabela 4.4						
	E	E	F	F	F	G	G
(1)	(2)	(3)	(4)	(5)	(6)	(7)	(8)
COBRE – CORRENTES NOMINAIS (A)							
0,5	13	12	13	10	10	15	12
0,75	17	15	17	13	14	19	16
1	21	18	21	16	17	23	19
1,5	26	23	27	21	22	30	25
2,5	36	32	37	29	30	41	35
4	49	42	50	40	42	56	48
6	63	54	65	63	55	73	63
10	86	75	90	74	77	101	88
16	115	100	121	101	105	137	120
25	149	127	161	135	141	182	161
35	185	158	200	169	176	226	201
50	225	192	242	207	216	275	246
70	289	246	310	268	279	353	318
95	352	298	377	328	342	430	389
120	410	346	437	383	400	500	454
150	473	399	504	444	464	577	527
185	542	456	575	510	533	661	605
240	641	538	679	607	634	781	719
300	741	621	783	703	736	902	833
400	892	745	940	823	868	1 085	1 008
500	1 030	859	1 083	946	998	1 253	1 169
630	1 196	995	1 254	1 088	1 151	1454	1 362
800	1 396	1 159	1 460	1 252	1 328	1 696	1 595
1 000	1 613	1 336	1 683	1 420	1 511	1 958	1 849
ALUMÍNIO – CORRENTES NOMINAIS (A)							
16	91	77	90	76	79	103	90
25	108	97	121	103	107	138	122
36	135	120	150	129	135	172	153
50	164	146	184	159	165	210	188

(Continua)

Tabela 4.5d Capacidades de condução de corrente (NBR 5410:2004, versão corrigida em 2008), em ampères, para os métodos de referência E, F e G – condutores isolados, cabos unipolares e multipolares – cobre e alumínio, isolação de EPR ou XLPE; temperatura de 90 °C no condutor; – temperatura ambiente −30 °C (*Continuação*)

Seções nominais (mm²)	Métodos de instalação definidos na Tabela 4.4						
	E	E	F	F	F	G	G
(1)	(2)	(3)	(4)	(5)	(6)	(7)	(8)
ALUMÍNIO – CORRENTES NOMINAIS (A)							
70	211	187	237	206	215	271	244
96	257	227	289	253	264	332	300
120	300	263	337	296	308	387	351
160	346	304	389	343	358	448	408
185	397	347	447	395	413	515	470
240	470	409	530	471	492	611	561
300	543	471	613	547	571	708	652
400	654	566	740	663	694	856	792
500	756	652	856	770	806	991	921
630	879	755	996	899	942	1 154	1 077
800	1 026	879	1 164	1 056	1 106	1 351	1 266
1 000	1 186	1 012	1 347	1 226	1 285	1 565	1 472

EXEMPLO 4.1

Suponhamos que temos:
I_p = 170 A, três condutores carregados, instalação em eletroduto, temperatura a considerar = 50 °C e temperatura ambiente = 30 °C.
Usaremos três condutores de cobre, cobertura de PVC, 70 °C.
Modalidade de instalação: eletroduto embutido em alvenaria.

4.4.1.5 Correções a introduzir no dimensionamento dos cabos

São três as correções que eventualmente deveremos fazer, e a cada uma corresponderá um fator de correção k:

a) *correção de temperatura*, se a temperatura ambiente (ou do solo) for diferente daquela para a qual as tabelas foram estabelecidas. Obtém-se o fator k_1 na Tabela 4.6;

b) *agrupamento de condutores*, quando forem mais de três condutores carregados. O fator k_2 se acha na Tabela 4.7;

c) *agrupamento de eletrodutos*. O fator k_3 é obtido na Tabela 4.8.

A corrente de projeto I_p deverá ser corrigida caso ocorram uma ou mais das condições acima, de modo que a corrente a considerar será uma corrente hipotética I'_p, dada por:

$$I'_p = \frac{I_p}{k_1} \text{ ou } \frac{I_p}{k_1 \times k_2} \text{ ou } \frac{I_p}{k_1 \times k_2 \times k_3}$$

Com esse valor de I'_p, entramos na Tabela 4.5 ou 4.6 para escolhermos o cabo.

Em instalações industriais, é comum usarem-se bandejas perfuradas ou prateleiras para suporte de cabos em uma camada. Na determinação do fator de correção k_2, usa-se a Tabela 4.9 para o caso de cabos unipolares e a Tabela 4.10 para o de cabos multipolares dispostos em bandejas horizontais ou verticais.

Tabela 4.6 Fatores de correção para temperaturas ambientes diferentes de 30 °C para cabos não enterrados e de 20 °C (temperatura do solo) para cabos enterrados — k_1

| | Temperatura (°C) | Isolação | |
		PVC	EPR ou XLPE
Ambiente	10	1,22	1,15
	15	1,17	1,12
	20	1,12	1,08
	25	1,06	1,04
	35	0,94	0,96
	40	0,87	0,91
	45	0,79	0,87
	50	0,71	0,82
	55	0,61	0,76
	60	0,50	0,71
	65	–	0,65
	70	–	0,58
	75	–	0,50
	80	–	0,41
Do solo	10	1,10	1,07
	15	1,05	1,04
	25	0,95	0,96
	30	0,89	0,93
	35	0,84	0,89
	40	0,77	0,85
	45	0,71	0,80
	50	0,63	0,76
	55	0,55	0,71
	60	0,45	0,65
	65	–	0,60
	70	–	0,53
	75	–	0,46
	80	–	0,38

Tabela 4.7 Fatores de correção k_2 para agrupamento de circuitos ou cabos multipolares, aplicáveis aos valores de capacidade de condução de corrente

Item	Disposição dos cabos justapostos	Número de circuitos ou de cabos multipolares												Tabelas dos métodos de referência
		1	2	3	4	5	6	7	8	9 a 11	12 a 15	16 a 19	$\geq$ 20	
1	Feixe de cabos ao ar livre ou sobre superfície; cabos em condutos fechados	1,00	0,80	0,70	0,65	0,60	0,57	0,54	0,52	0,50	0,45	0,41	0,38	4.5 (métodos A a F)
2	Camada única sobre parede, piso, ou em bandeja não perfurada ou prateleira	1,00	0,85	0,79	0,75	0,73	0,72	0,72	0,71		0,70			4.5a e 4.5b (método C)
3	Camada única no teto	0,95	0,81	0,72	0,68	0,66	0,64	0,63	0,62		0,61			4.5c e 4.5d (métodos E e F)
4	Camada única em bandeja perfurada	1,00	0,88	0,82	0,77	0,75	0,73	0,73	0,72		0,72			
5	Camada unida em leito, suporte	1,00	0,87	0,82	0,80	0,80	0,79	0,79	0,78		0,78			

Notas:
1. Esses fatores são aplicáveis a grupos de cabos uniformemente carregados.
2. Quando a distância horizontal entre cabos adjacentes for superior ao dobro de seu diâmetro externo, não é necessário aplicar nenhum fator de redução.
3. Os mesmos fatores de correção são aplicáveis a:
    — grupos de 2 ou 3 condutores isolados ou cabos unipolares;
    — cabos multipolares.
4. Se um agrupamento é constituído tanto de cabos bipolares como de cabos tripolares, o número total de cabos é tomado igual ao número de circuitos e o fator de correção correspondente é aplicado às tabelas de 2 condutores carregados, para os cabos bipolares, e às tabelas de 3 condutores carregados, para os cabos tripolares.
5. Se um agrupamento consiste em N condutores isolados ou cabos unipolares, pode-se considerar tanto $N/2$ circuitos com 2 condutores carregados como $N/3$ circuitos com 3 condutores carregados.
6. Os valores indicados são médios para a faixa usual de seções nominais, com dispersão geralmente inferior a 5 %.

Tabela 4.8 Ocupação máxima dos eletrodutos de aço por condutores isolados com PVC (tabela de cabos Superastic)

Seção nominal (mm²)	Número de condutores no eletroduto								
	2	3	4	5	6	7	8	9	10
	Tamanho nominal do eletroduto (mm)								
1,5	16	16	16	16	16	16	20	20	20
2,5	16	16	16	20	20	20	20	25	25
4	16	16	20	20	20	25	25	25	25
6	16	20	20	25	25	25	25	31	31
10	20	20	25	25	31	31	31	31	41
16	20	25	25	31	31	41	41	41	41
25	25	31	31	41	41	41	47	47	47
35	25	31	41	41	41	47	59	59	59
50	31	41	41	47	59	59	59	75	75
70	41	41	47	59	75	75	75	75	75
95	41	47	59	59	75	75	75	88	88
120	41	59	59	75	75	75	88	88	88
150	47	59	75	75	88	88	100	100	100
185	59	75	75	88	88	100	100	113	113
240	59	75	88	100	100	113	113	–	–

Tabela 4.9 Fatores de correção para o agrupamento de circuitos constituídos por cabos unipolares, aplicáveis aos valores referentes a cabos unipolares ao ar livre — Método de referência F nas Tabelas 4.5b e 4.5c

Método de instalação da Tabela 4.4			Número de bandejas ou leitos	Número de circuitos trifásicos (nota 5)			Utilizar como multiplicador para a coluna
				1	2	3	
Bandejas horizontais perfuradas (Nota 3)	13	Contíguos ≥ 20 mm	1	0,98	0,91	0,87	6
			2	0,96	0,87	0,81	
			3	0,95	0,85	0,78	
Bandejas verticais perfuradas (Nota 4)	13	Contíguos ≥ 225 mm	1	0,96	0,86	–	6
			2	0,95	0,84	–	

(Continua)

Tabela 4.9 Fatores de correção para o agrupamento de circuitos constituídos por cabos unipolares, aplicáveis aos valores referentes a cabos unipolares ao ar livre — Método de referência F nas Tabelas 4.5b e 4.5c (*Continuação*)

Método de instalação da Tabela 4.4			Número de bandejas ou leitos	Número de circuitos trifásicos (nota 5)			Utilizar como multiplicador para a coluna
				1	2	3	
Leitos, suportes horizontais etc. (Nota 3)	14	Contíguos	1	1,00	0,97	0,96	6
	15		2	0,98	0,93	0,89	
	16	≥ 20 mm	3	0,97	0,90	0,86	
Bandejas horizontais perfuradas (Nota 3)	13	Espaçados	1	1,00	0,98	0,96	
		≥2D_e D_e	2	0,97	0,93	0,89	
		≥ 20 mm	3	0,96	0,92	0,86	
Bandejas verticais perfuradas (Nota 4)	13	Espaçados	1	1,00	0,91	0,89	5
		≥ 225 mm ≥2D_e D_e	2	1,00	0,90	0,86	
Leitos, suportes horizontais etc. (Nota 3)	14	Espaçados	1	1,00	1,00	1,00	
	15	≥2D_e D_e	2	0,97	0,95	0,93	
	16	≥ 20 mm	3	0,96	0,94	0,90	

Notas:
1. Os valores indicados são médios para os tipos de cabos e a faixa de seções das Tabelas 4.5c e 4.5d.
2. Os fatores são aplicáveis a cabos agrupados em uma única camada, como mostrado acima, e não se aplicam a cabos dispostos em mais de uma camada. Os valores para tais disposições podem ser sensivelmente inferiores e devem ser determinados por um método adequado; pode ser utilizada a Tabela 4.13.

Quando se colocam eletrodutos próximos uns dos outros, deve-se introduzir uma correção utilizando o fator de correção k_3. Temos a considerar duas hipóteses:

a) Os *eletrodutos* acham-se ao *ar livre*, podendo estar dispostos horizontal ou verticalmente. Usa-se a Tabela 4.13.
b) Os *eletrodutos* acham-se *embutidos* ou *enterrados*. Usa-se a Tabela 4.14.

EXEMPLO 4.2

Um circuito de 1 200 W de iluminação e tomadas de uso geral, de fase e neutro, passa no interior de um eletroduto embutido de PVC, juntamente com outros quatro condutores isolados de outros circuitos em cobre, PVC = 70 °C. A temperatura ambiente é de 35 °C. A tensão é de 120 volts. Determinar a seção do condutor.

Tabela 4.10 Fatores de correção para o agrupamento de cabos multipolares, aplicáveis aos valores referentes a cabos multipolares ao ar livre – Método de referência E nas Tabelas 4.5c e 4.5d

Método de instalação da Tabela 4.4			Número de bandejas ou leitos	Número de cabos					
				1	2	3	4	6	9
Bandejas horizontais perfuradas (Nota 3)	13	Contíguos	1	1,00	0,88	0,82	0,79	0,76	0,73
			2	1,00	0,87	0,80	0,77	0,73	0,68
			3	1,00	0,86	0,79	0,76	0,71	0,66
		Espaçados	1	1,00	1,00	0,98	0,95	0,91	–
			2	1,00	0,99	0,96	0,92	0,87	–
			3	1,00	0,98	0,95	0,91	0,85	–
Bandejas verticais perfuradas (Nota 4)	13	Contíguos	1	1,00	0,88	0,82	0,78	0,73	0,72
			2	1,00	0,88	0,81	0,76	0,71	0,70
		Espaçados	1	1,00	0,91	0,89	0,88	0,87	–
			2	1,00	0,91	0,88	0,87	0,85	–
Leitos, suportes horizontais etc. (Nota 3)	14 15 16	Contíguos	1	1,00	0,87	0,82	0,80	0,79	0,78
			2	1,00	0,86	0,80	0,78	0,76	0,73
			3	1,00	0,85	0,79	0,76	0,73	0,70
		Espaçados	1	1,00	1,00	1,00	1,00	1,00	–
			2	1,00	0,99	0,98	0,97	0,96	–
			3	1,00	0,98	0,97	0,96	0,93	–

Notas:
1. Os valores indicados são médios para os tipos de cabos e a faixa de seções das Tabelas 4.5c e 4.5d.
2. Os fatores são aplicáveis a cabos agrupados em uma única camada, como mostrado acima, e não se aplicam a cabos dispostos em mais de uma camada. Os valores para tais disposições podem ser sensivelmente inferiores e devem ser determinados por um método adequado; pode ser utilizada a Tabela 4.13.
3. Os valores são indicados para uma distância vertical entre bandejas ou leitos de 300 mm. Para distâncias menores, os fatores devem ser reduzidos.
4. Os valores são indicados para uma distância horizontal entre bandejas de 225 mm, estando estas montadas fundo a fundo. Para espaçamentos inferiores, os fatores devem ser reduzidos.

Solução

- Corrente $I_p = \dfrac{1\,200\text{ W}}{120\text{ V}} = 10\text{ A}$
- Consideremos fio com cobertura de PVC: Superastic.
- Correção de temperatura.

    Para $t = 35\,°C$, obtemos, na Tabela 4.6: $k_1 = 0{,}94$

- Correção de agrupamento de condutores.

Temos, ao todo, seis condutores carregados, isto é, três circuitos monofásicos. No item 1 da Tabela 4.7, podemos ler que, para cabos em condutos fechados correspondendo à coluna 3 da tabela, obtemos o fator de correção k_2 igual a 0,70 para três circuitos.

A corrente corrigida será: $I_p \div (k_1 \times k_2) = 10 \div (0{,}94 \times 0{,}70) = 15{,}2\text{ A}$

Na Tabela 4.4, acha-se o nº 7 referente a "condutores isolados ou cabos unipolares em eletroduto de seção circular embutido em alvenaria".

Na Tabela 4.5a temos o método de referência "B1" e "dois condutores carregados", para corrente de 17,5 A (valor mais próximo de 15,2 A), condutor de seção nominal de 1,5 mm^2.

Vê-se, portanto, que para circuitos internos de iluminação de 1 200 W em apartamentos, derivando do quadro terminal de luz, considerando apenas os efeitos de aquecimento e agrupamento de condutores, o condutor de 1,5 mm^2 é suficiente, dispensando o cálculo de circuito por circuito.

A Tabela 4.15 fornece o diâmetro adequado de eletroduto para atender ao aquecimento, de modo que os condutores ocupem menos de 1/3 da seção do eletroduto, não havendo necessidade de se fazer a correção do eletroduto de proteção dos condutores, pois k_2 será igual a 1.

Exemplo 4.3

Em uma instalação industrial, em local onde a temperatura é de 45 °C, devem passar, em um eletroduto aparente, dois circuitos de três cabos unipolares, sendo a corrente de projeto, em cada condutor, de 36 A. O eletroduto é fixado, junto com outros quatro, horizontalmente, em bandejas. Dimensionar os condutores.

Solução

- Consideremos o cabo com cobertura de PVC/70.
- Correção da temperatura.

    Para $t = 50\,°C$, obtemos na Tabela 4.6, $k_1 = 0{,}71$

- Correção de agrupamento de condutores.

    Temos, ao todo, seis condutores carregados no eletroduto.
    Na Tabela 4.7, obtemos $k_2 = 0{,}70$, referindo-se a 3 circuitos monofásicos (6 cabos).

- Correção de agrupamento de eletrodutos aparentes.

    Na Tabela 4.13 vemos que, para quatro eletrodutos dispostos horizontalmente, $k_3 = 0{,}88$.

- Corrente de projeto, corrigida.

$I'_p = I_p \div (k_1 \times k_2 \times k_3) \rightarrow I'_p = 36 \div (0,71 \times 0,70 \times 0,88) \rightarrow I'_p = 36 \div 0,438 = 82,2$ A

- Seção do condutor.

Pela Tabela 4.5a, referente a PVC/70, vemos que para a maneira de montagem "B1" (cabos isolados dentro de eletroduto, em montagem aparente) e dois condutores carregados, o condutor de 25 mm² tem capacidade para 101 A, valor que, por excesso, mais se aproxima do valor calculado de 82,2 A.

Tabela 4.11 Fatores de agrupamento para mais de um circuito — Cabos unipolares ou cabos multipolares diretamente enterrados (método de referência D)

Número de circuitos	Distâncias entre cabos[1] (a)				
	Nula	1 Diâmetro de cabo	0,125 m	0,25 m	0,5 m
2	0,75	0,80	0,85	0,90	0,90
3	0,65	0,70	0,75	0,80	0,85
4	0,60	0,60	0,70	0,75	0,80
5	0,55	0,55	0,65	0,70	0,80
6	0,50	0,55	0,60	0,70	0,80

[1] Cabos multipolares   Cabos unipolares

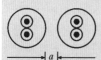

Nota:
Os valores indicados são aplicáveis para uma profundidade de 0,7 m e uma resistividade térmica do solo de 2,5 K · m/W. São valores médios para as dimensões dos cabos constantes nas Tabelas 4.5a e 4.5b. Os valores médios arredondados podem apresentar erros de 10 % em certos casos. Se forem necessários valores mais precisos, deve-se recorrer à NBR 11301.

Tabela 4.12 Fatores de agrupamento para mais de um circuito – Cabos em eletrodutos diretamente enterrados

Número de circuitos	Cabos multipolares em eletrodutos – um cabo por eletroduto			
	Espaçamento entre eletrodutos[1] (a)			
	Nulo	0,25 m	0,5 m	1,0 m
2	0,85	0,90	0,95	0,95
3	0,75	0,85	0,90	0,95
4	0,70	0,80	0,85	0,90
5	0,65	0,80	0,85	0,90
6	0,60	0,80	0,80	0,80

(Continua)

Tabela 4.12   Fatores de agrupamento para mais de um circuito – Cabos em eletrodutos diretamente enterrados (*Continuação*)

Cabos unipolares em eletrodutos – um cabo por eletroduto				
Número de circuitos (2 ou 3 cabos)	**Espaçamento entre eletrodutos[1] (a)**			
	Nulo	**0,25 m**	**0,5 m**	**1,0 m**
2	0,80	0,90	0,90	0,95
3	0,70	0,80	0,85	0,90
4	0,65	0,75	0,80	0,90
5	0,60	0,70	0,80	0,90
6	0,60	0,70	0,80	0,90

[1]Cabos multipolares   Cabos unipolares

Nota:
Os valores indicados são aplicáveis para uma profundidade de 0,7 m e uma resistividade térmica do solo de 2,5 K · m/W. São valores médios para as dimensões dos cabos constantes nas Tabelas 4.5a e 4.5b. Os valores médios arredondados podem apresentar erros de 10 % em certos casos. Se forem necessários valores mais precisos, deve-se recorrer à NBR 11301.

Tabela 4.13   Fatores k_3 de correção em função do número de eletrodutos ao ar livre

Número de eletrodutos dispostos verticalmente	Número de eletrodutos dispostos horizontalmente					
	1	**2**	**3**	**4**	**5**	**6**
1	1,00	0,94	0,91	0,88	0,87	0,86
2	0,92	0,87	0,84	0,81	0,80	0,79
3	0,85	0,81	0,78	0,76	0,75	0,74
4	0,82	0,78	0,78	0,73	0,72	0,72
5	0,80	0,76	0,72	0,71	0,70	0,70
6	0,79	0,75	0,71	0,70	0,69	0,68

Tabela 4.14 Fatores k_4 de correção em função do número de eletrodutos enterrados ou embutidos

Número de eletrodutos dispostos verticalmente	Número de eletrodutos dispostos horizontalmente					
	1	2	3	4	5	6
1	1,00	0,87	0,77	0,72	0,68	0,65
2	0,87	0,71	0,62	0,57	0,53	0,50
3	0,77	0,62	0,53	0,48	0,45	0,42
4	0,72	0,57	0,48	0,44	0,40	0,38
5	0,68	0,53	0,45	0,40	0,37	0,35
6	0,65	0,50	0,42	0,38	0,35	0,32

EXEMPLO 4.4

Em um eletroduto passam três circuitos carregados. Um dos circuitos trifásicos transporta uma corrente de projeto de 25 A. O eletroduto acha-se embutido horizontalmente e espaçadamente ao lado de três outros. A temperatura ambiente é de 40 °C. Dimensionar o condutor do referido circuito.

Solução

- Tipo de cabo. Cobertura PVC/70.
- Correção de temperatura.

    Para $t = 40$ °C, obtemos, na Tabela 4.6, $k_1 = 0,87$.

- Correção de agrupamento de condutores.

    Temos, ao todo, no eletroduto, nove condutores carregados.
    Na Tabela 4.7, obtemos, para 10 condutores, $k_2 = 0,50$.

- Correção de agrupamento de eletrodutos embutidos.

    Na Tabela 4.14, vemos que, para quatro eletrodutos embutidos, um ao lado do outro, o fator de correção é $k_4 = 0,72$.

- Corrente do projeto, corrigida.

$$I'_p = I_p \div (k_1 \times k_2 \times k_4) \rightarrow I'_p = 25 \div (0,87 \times 0,50 \times 0,72) = 79,7 \text{ A}$$

- Seção do condutor.

    Pela Tabela 4.5a referente a PVC/70, para a maneira de montagem "B1" (cabos isolados dentro de eletrodutos embutidos) e dois condutores carregados, o condutor de 25 mm², com capacidade de 89 A, pode ser empregado.

Exemplo 4.5

Em uma instalação industrial pretende-se colocar, instalado em uma bandeja ventilada horizontal, um cabo tripolar ao lado de quatro outros. A temperatura ambiente é de 50 °C. A corrente de projeto é de 86 A.

Solução

- Consideremos o cabo PVC/70, tripolar de cobre.
- Correção da temperatura.

    Para $t = 50$ °C, pela Tabela 4.6, $k_1 = 0{,}71$.

- Correção de agrupamento de condutores.

    Temos, ao todo, cinco condutores carregados, na bandeja.
    Pela Tabela 4.10, vemos que, para cinco cabos multipolares em bandejas perfuradas horizontais e colocados espaçadamente, $k_2 = 0{,}91$.
- Corrente de projeto corrigida.

$$I'_p = I_p \div k_1 \times k_2 = 86 \div (0{,}71 \times 0{,}91) = 133{,}2 \text{ A}$$

- Seção do condutor.

Na Tabela 4.4, "cabos multipolares em bandejas perfuradas" são designados pela letra "E". Conforme nota anterior, devemos considerar esta como disposição ao ar livre multiplicada pelo fator de correção inerente ao problema. Então, na Tabela 4.5c, vemos que, na coluna referente aos cabos tripolares, o cabo com seção nominal de 50 mm^2 é o que por excesso mais se aproxima do valor $I'_p = 133{,}2$ A. Como devemos ainda multiplicar este valor pelo fator de correção k_2 então 153 A $\times$ 0,91 = 139,3 A, que ainda nos leva a usar o condutor de 50 mm^2.

4.5 Número de Condutores Isolados no Interior de um Eletroduto

O eletroduto é um elemento de linha elétrica fechada, de seção circular ou não, destinado a conter condutores elétricos, permitindo tanto a enfiação como a retirada por puxamento, e é caracterizado pelo seu ***diâmetro nominal*** ou diâmetro externo (em mm).

Existem:

- eletrodutos flexíveis metálicos, que não devem ser embutidos;
- eletrodutos rígidos (de aço ou de PVC), e semirrígidos (de polietileno), que podem ser embutidos.

Não é permitida a instalação de condutores sem isolação no interior de eletrodutos.

Só podem ser colocados, num mesmo eletroduto, condutores de circuitos diferentes quando se originarem do mesmo quadro de distribuição, tiverem a mesma tensão de isolamento e as seções dos condutores fases estiverem num intervalo de três valores normalizados (p. ex., 1,5, 2,5 e 4 mm^2).

Podemos considerar duas hipóteses: os condutores são iguais ou os condutores são desiguais.

4.5.1 Os condutores são iguais

Neste caso, *se o eletroduto for de aço*, podemos usar a Tabela 4.8 para cabos Superastic. Se o eletroduto for de PVC rígido, podemos aplicar a Tabela 4.15.

Tabela 4.15 Número de condutores isolados com PVC, em eletroduto de PVC

Seção nominal (mm²)	Número de condutores no eletroduto								
	2	3	4	5	6	7	8	9	10
	Tamanho nominal do eletroduto								
1,5	16	16	16	16	16	16	20	20	20
2,5	16	16	16	20	20	20	20	25	25
4	16	16	20	20	20	25	25	25	25
6	16	20	20	25	25	25	25	32	32
10	20	20	25	25	32	32	32	40	40
16	20	25	25	32	32	40	40	40	40
25	25	32	32	40	40	40	50	50	50
35	25	32	40	40	50	50	50	50	60
50	32	40	40	50	50	60	60	60	70
70	40	40	50	50	60	60	75	75	75
95	40	50	60	60	75	75	75	85	85
120	50	50	60	75	75	75	85	85	–
150	50	60	75	75	85	85	–	–	–
185	50	75	75	85	85	–	–	–·	–
240	60	75	85	–	–	–	–	–	–

4.5.2 Os condutores são desiguais

A soma das áreas totais dos condutores contidos num eletroduto não deve ser superior a 40 % da área útil do eletroduto. Para o cálculo da seção de ocupação do eletroduto pelos cabos, podemos usar, como referência, as Tabelas 4.16 e 4.17, ou então os dados dos condutores efetivamente instalados.

> **Exemplo 4.6**
>
> Cálculo do eletroduto de aço para conter 10 cabos Superastic de 1,5 mm² de diâmetro.
> - Na Tabela 4.17, vemos que 10 cabos de 1,5 mm² de diâmetro nominal têm área igual a $10 \times 7{,}1$ mm² $= 71$ mm².
> - Na Tabela 4.8 vemos que o eletroduto de 20 mm de diâmetro comporta 10 condutores de 1,5 mm².

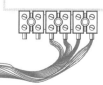

Exemplo 4.7

Num eletroduto de aço deverão ser instalados três circuitos terminais, assim discriminados:

Circuito 1 — $F\text{-}N$; $I_{p1} = 15$ A
Circuito 2 — $F\text{-}N\text{-}PE$ (condutor de proteção); $I_{p2} = 30$ A
Circuito 3 — $F\text{-}F\text{-}PE$; $I_{p3} = 25$ A

Determinar o menor eletroduto capaz de conter esses condutores.

Solução

Na Tabela 4.5a, temos para dois condutores carregados em cada circuito.

Circuito 1: 15 A — 2,5 mm² (2 cabos).
Circuito 2: 30 A — 6 mm² (3 cabos).
Circuito 3: 25 A — 4 mm² (3 cabos).

Mas, pela Tabela 4.17, vemos que:

2,5 mm² correspondem a cabo com área total de 10,2 mm²;
4 mm² correspondem a cabo com área total de 13,8 mm²;
6 mm² correspondem a cabo com área total de 17,3 mm².

A área transversal ocupada pelos condutores é de:

Circuito 1 — $2 \times 10,2 = 20,4$ mm²
Circuito 2 — $3 \times 17,3 = 51,9$ mm²
Circuito 3 — $3 \times 13,8 = \underline{41,4}$ mm²
　　　　Total　　$113,7$ mm²

Pela Tabela 4.16, vemos que para o valor mais próximo, isto é, 152 mm², o diâmetro do eletroduto é de 25 mm.

Tabela 4.16 Eletrodutos rígidos de aço

Tamanho nominal diâmetro externo (mm)	Ocupação máxima 40 % da área (mm²)
16	53
20	90
25	152
31	246
41	430
47	567
59	932
75	1 525
88	2 147
100	2 816
113	3 642

Tabela 4.17 Dimensões totais dos condutores isolados

Seção nominal (mm²)	Fio/cabo Superastic 750 V Antiflam		Cabo flexível superastic	
	Diâmetro externo*	Área total* (mm²)	Diâmetro externo (mm)	Área total (mm²)
1,5	2,8/3,0	6,2/7,1	3,0	7,1
2,5	3,4/3,7	9,1/10,7	3,6	10,2
4	3,9/4,2	11,9/13,8	4,2	13,8
6	4,4/4,8	15,2/18,1	4,7	17,3
10	5,6/5,9	24,6/27,3	6,0	28,3
16	–/6,9	–/37,4	7,6	45,4
25	–/8,5	–/56,7	9,4	69,4
35	–/9,5	–/71,0	10,8	91,6
50	–/11,0	–/95	12,8	128,7
70	–/13,0	–/133	14,6	167,4
95	–/15,0	–/177	16,8	221,7
120	–/16,5	–/214	18,7	274,6
150	–/18,0	–/254	20,9	343,1
185	–/20,0	–/314	23,0	415,5
240	–/23,0	–/415	26,3	543,3

*Fio/cabo.

EXEMPLO 4.8

Em uma indústria, deverão correr em uma bandeja perfurada horizontal três circuitos de distribuição, trifásicos, sob tensão de 220 V entre fases, sendo de 30 °C a temperatura ambiente. Dimensionar os condutores, sabendo-se que:

- O circuito 1 alimenta motores. $I_{p1} = 150$ A, 3F.
- O circuito 2 serve à iluminação, com ligações entre fases de 220 V. $I_{p2} = 120$ A, 3F-N.
- O circuito 3 alimenta um forno de indução. $I_{p3} = 200$ A, 3F.
- Os cabos são dispostos contiguamente, multipolares, PVC/70 °C e são de cobre.

Solução

- *Fator de correção*, devido ao agrupamento de condutores de mais de um circuito com cabos multipolares contíguos, em uma bandeja perfurada horizontal; na Tabela 4.10, vemos que $k_2 = 0,82$, para três circuitos trifásicos.
- Correntes corrigidas.

Circuitos 1: $I_{p1} = 150 \div 0,82 = 183,0$ A
Circuitos 2: $I_{p2} = 120 \div 0,82 = 146,4$ A
Circuitos 3: $I_{p3} = 200 \div 0,82 = 244,0$ A

- Tratando-se de disposição de cabos multipolares em bandejas, vê-se na Tabela 4.4 que a letra correspondente é "E".

Entrando na Tabela 4.5c, coluna 2, letra E, vemos o seguinte:

Para $\quad I_{p1} = 187,5$ A temos $S_{p1} = 70$ mm^2
$\quad\quad I_{p2} = 150,0$ A temos $S_{p2} = 50$ mm^2
$\quad\quad I_{p3} = 250,0$ A temos $S_{p3} = 120$ mm^2

4.6 Cálculo dos Condutores pelo Critério da Queda de Tensão

Para que os aparelhos, equipamentos e motores possam funcionar satisfatoriamente, é necessário que a tensão sob a qual a corrente lhes é fornecida esteja dentro de limites prefixados. Ao longo do circuito, desde o quadro geral ou a subestação até o ponto de utilização em um circuito terminal, ocorre uma queda na tensão. Assim, é necessário dimensionar os condutores para que esta redução na tensão não ultrapasse os limites estabelecidos pela Norma NBR 5410:2004, versão corrigida em 2008. Estes limites são os seguintes:

4.6.1 Instalações alimentadas a partir da rede de alta-tensão

A partir da baixa tensão da subestação:
- Iluminação e tomadas: 7 %
- Outros usos: 7 %

4.6.2 Instalações alimentadas diretamente em rede de baixa tensão

- Iluminação e tomadas: 5 %
- Outros usos: 5 %

Para qualquer dos dois casos, a queda de tensão, a partir do quadro terminal até o dispositivo ou equipamento consumidor de energia, deverá ser, no máximo, de 4 %. A Fig. 4.7 mostra como as quedas de tensão devem ser consideradas.

Para o dimensionamento do condutor, pode-se adotar o procedimento descrito a seguir.

Conhecem-se:
- Material do eletroduto. Se é magnético ou não magnético.
- Corrente de projeto, I_p (em ampères).
- O fator de potência, cos φ. Ver definição no Capítulo 9.
- A queda de tensão admissível para o caso, em porcentagem (%).
- O comprimento de circuito l (em km).
- A tensão entre fases U (em volts).

Calcula-se:
- A queda de tensão admissível, em volts.
  $\Delta U = (\%) \times (U)$.
- Dividindo ΔU por $(I_p \times l)$, tem-se a queda de tensão em (volt/ampère) $\times$ km.
- Entrando na Tabela 4.18 com este valor, obtém-se a seção nominal do condutor.

Exemplo 4.9

Admitamos uma alimentação em BT. Fig. 4.7 (II)

Um circuito trifásico em 230 V, com 45 metros de comprimento, alimenta um quadro terminal, e este serve a diversos motores. A corrente nominal total é de 132 A. Pretende-se usar eletroduto de aço. Dimensionar os condutores do circuito de distribuição, desde o quadro geral até o quadro terminal.

Solução

Conhecemos:

- Alimentação em BT.
- Material do eletroduto: aço, material magnético.
- $I_p = 132$ A.
- $\cos \varphi = 0,80$ (trata-se de motores).
- % de queda de tensão admissível.

Fator de potência usualmente adotado.

Podemos considerar essa queda igual a 3 %, de modo a sobrarem 2 % entre o quadro terminal e os motores, perfazendo o total admissível de 5 %.

- Comprimento do circuito: $l = 45$ m $= 0,045$ km.
- Tensão entre fases: $U = 230$ V.

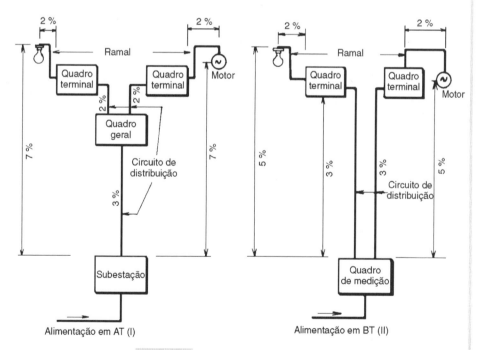

Figura 4.7 Queda de tensão a considerar.

Calculemos:

- A queda de tensão admissível

$$\Delta U = 0,02 \times 230 \text{ V} = 4,6 \text{ V}$$

- Queda de tensão em $\dfrac{V}{A \times km}$

$$\frac{\Delta U}{I_p \times l} = \frac{4,6}{132 \times 0,045} = 0,774 \frac{V}{A \times km}$$

- Entrando com esse valor ou o mais próximo na Tabela 4.18, coluna de eletroduto de material magnético e cos $\varphi = 0,80$, achamos para 0,64 um condutor de seção nominal de 70 mm², que podemos adotar. Observar que o valor 0,86 (imediatamente superior a 0,774) não pode ser utilizado porque o cabo correspondente daria queda de tensão maior do que a calculada.

Tabela 4.18 Quedas de tensão unitárias. Condutores isolados com PVC em eletroduto ou calha fechada

Seção nominal (mm²)	Eletroduto ou calha de material não magnético				Eletroduto ou calha de material magnético	
	Circuito monofásico		Circuito trifásico		Circuito monofásico ou trifásico	
	cos $\varphi = 0,8$ (V/A × km)	cos $\varphi = 0,95$ (V/A × km)	cos $\varphi = 0,8$ (V/A × km)	cos $\varphi = 1$ (V/A × km)	cos $\varphi = 0,8$ (V/A × km)	cos $\varphi = 0,95$ (V/A × km)
1,5	23,03	27,6	20,2	24,0	23,0	27,4
2,5	14,03	16,9	12,4	14,7	14,0	16,8
4	8,9	10,6	7,8	9,2	9,0	10,5
6	6,0	7,1	5,2	6,1	5,9	7,0
10	3,6	4,2	3,2	3,7	3,5	4,2
16	2,3	2,7	2,0	2,3	2,3	2,7
25	1,5	1,7	1,3	1,5	1,5	1,7
35	1,1	1,2	0,98	1,1	1,1	1,2
50	0,85	0,94	0,76	0,82	0,86	0,95
70	0,62	0,67	0,55	0,59	0,64	0,67
95	0,48	0,50	0,50	0,43	0,50	0,51
120	0,40	0,41	0,36	0,36	0,42	0,42
150	0,35	0,34	0,31	0,30	0,37	0,35
185	0,30	0,29	0,27	0,25	0,32	0,30
240	0,26	0,24	0,23	0,21	0,29	0,25

Exemplo 4.10

Em um prédio de apartamentos, temos uma distribuição de carga como indicada na Fig. 4.8.

Vejamos os ramais até o quadro terminal, sabendo que a alimentação é em BT, 220/110 V.

Solução

Podemos usar um método mais simples e prático do que o anterior quando se tratar de circuitos com cargas pequenas. Consiste no emprego das Tabelas 4.19 e 4.20 referentes, respectivamente, às tensões de 110 V e 220 V, e que indicam, para os produtos *watts* × *metros*, os condutores a empregar. Os condutores são de cobre.

A seção S, apresentada nas Tabelas 4.19 e 4.20 foi calculada pela fórmula abaixo:

$$S = \frac{2 \times \rho}{\Delta U \times U^2} \times \Sigma P_{(watts)} \times l_{(m)} \text{ (monofásico ou bifásico)}$$

$$S = \frac{\sqrt{3} \times \rho}{\Delta U \times U^2} \times \Sigma P_{(watts)} \times l_{(m)} \text{ (trifásico)}$$

sendo:

ρ = resistividade do cobre = 0,0172 ohms × mm²/m $\cong \frac{1}{58}$ ohms × $\frac{mm^2}{m}$
U = tensão;
ΔU = queda de tensão percentual.

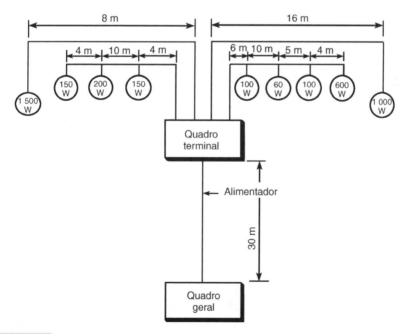

Figura 4.8 Comprimentos dos condutores a considerar, com indicação dos números de circuitos e a potência de cada circuito.

Tabela 4.19 Soma dos produtos *potências* (watt) × *distâncias* (m)
$U = 127$ volts

Condutor (mm²)	Queda de tensão				
	1 %	2 %	3 %	4 %	5 %
1,5	7 016	14 032	21 048	28 064	35 081
2,5	11 694	23 387	35 081	46 774	58 468
4	18 710	37 420	56 130	74 840	93 550
6	28 065	56 130	84 195	112 260	140 325
10	46 775	93 550	140 325	187 101	233 876
16	74 840	149 680	224 521	299 361	374 201
25	116 938	233 876	350 813	467 751	584 689
35	163 713	327 426	491 139	654 852	818 565
50	233 876	467 751	701 627	935 503	1 169 378
70	327 426	654 852	982 278	1 309 704	1 637 130
95	444 364	888 727	1 333 091	1 777 455	2 221 819
120	561 302	1 122 603	1 683 905	2 245 206	2 806 508
150	701 627	1 403 254	2 104 881	2 806 508	3 508 135
185	865 340	1 730 680	2 596 020	3 461 360	4 326 699
240	1 122 603	2 245 206	3 367 809	4 490 412	5 613 015
300	1 403 254	2 806 508	4 209 762	5 613 015	7 016 269
400	1 871 005	3 742 010	5 613 015	7 484 021	9 355 026
500	2 338 756	4 677 513	7 016 269	9 355 026	11 693 782

Tabela 4.20 Soma dos produtos *potências* (watt) × *distâncias* (m)
$U = 220$ volts – bifásico

Condutor (mm²)	Queda de tensão				
	1 %	2 %	3 %	4 %	5 %
1,5	21 054	42 108	63 163	84 218	105 272
2,5	35 091	70 182	105 272	140 363	175 454
4	56 145	112 290	168 436	224 581	280 726
6	84 218	168 436	252 654	336 871	421 089
10	140 363	280 726	421 089	561 452	701 815
16	224 581	449 162	673 743	898 324	1 122 905
25	350 908	701 815	1 052 723	1 403 631	1 754 539
35	491 271	982 542	1 473 812	1 965 083	2 456 354
50	701 815	1 403 631	2 105 446	2 807 262	3 509 077
70	982 542	1 965 083	2 947 625	3 930 166	4 912 708
95	1 333 449	2 666 899	4 000 348	5 333 797	6 667 247
120	1 684 357	3 368 714	5 053 071	6 737 428	8 421 785
150	2 105 446	4 210 893	6 316 339	8 421 785	10 527 232
185	2 596 717	5 193 434	7 790 151	10 386 869	12 983 586
240	3 368 714	6 737 428	10 106 142	13 474 856	16 843 571
300	4 210 893	8 421 785	12 632 678	16 843 571	21 054 463
400	5 614 400	11 228 800	16 843 200	22 457 600	28 072 000
500	7 018 154	14 036 309	21 054 463	28 072 618	35 090 772

Para circuitos trifásicos: multiplicar a distância por $\sqrt{3}/2$.

Exemplo 4.11

Em um apartamento de um edifício, temos uma distribuição de carga como indicado na Fig. 4.8. Dimensionar os condutores segundo o critério da queda de tensão.

Solução

A queda de tensão permitida nos ramais é de 2 %, como vemos no item 4.6.2.
A tensão nos circuitos dos ramais é de 127 V.
Calculemos, para cada circuito, o produto *potências × distâncias* ($P \times l$).

Circuito 1

1 500 W × 8 m = 12 000 watts × metros.

Vemos na Tabela 4.19 que, para queda de tensão de 2 % e produto $P \times l = 17\,546$, o condutor deverá ser o de 2,5 mm², pois o de 1,5 mm² só atende ao valor $P \times l = 10\,526$ W × m.

Circuito 2

150 × 4 =   600
200 × 14 = 2 800
150 × 18 = 2 700
                    ─────
                    6 100 (watts × metros).

Na Tabela 4.19, obtemos condutor de 1,5 mm².

Circuito 3

1 000 × 16 = 16 000 (watts × metros).

Condutor de 2,5 mm².

Circuito 4

100 × 6 =   600
 60 × 16 =   960
100 × 21 = 2 100
600 × 25 = 15 000
                    ─────
                   18 660 (watts × metros).

Condutor de 2,5 mm².

Alimentador geral.
A carga total no quadro terminal é de:

1 500 + 150 + 200 + 150 + 100 + 60 + 100 + 600 + 1 000 = 3 860 W.

O alimentador deverá ser trifásico.
Admitindo que haja um equilíbrio de carga entre as três fases, podemos dividir o total por 3 e aplicar a mesma Tabela 4.19, usando a coluna referente à queda de tensão de 2 %.
Assim, teremos 3 860 ÷ 3 = 1 286,6 W.

$P \times l = 1\,286{,}6 \times 30 = 38\,600$ (watts × metros).

O condutor a usar será o de 6 mm². Pela Tabela 4.1b, vemos que o neutro deverá ser de mesma seção. Portanto, teremos como condutores (3 × 6 mm² + 1 × 6 mm²).

4.7 Aterramento

Por que aterrar?

Liga-se à terra para proteger edificações e pessoas contra descargas atmosféricas e cargas eletrostáticas geradas em instalações de grande porte.

Em instalações elétricas, os objetivos da ligação à terra são a segurança do pessoal, a proteção do material e a melhoria do serviço.

O que é uma boa ligação à terra?

Somos levados a procurar estabelecer critérios simples quantitativos, verificáveis para um aterramento; isto é fácil. De saída, um valor limite para a resistência de aterramento (geralmente indicado em normas de instalações) não tem um significado realista.

Numa determinada localização, a resistência do aterramento é função de um parâmetro que depende das características do solo (a resistividade) e da área da instalação. Assim, o valor mínimo da resistência de aterramento já está fixado.

Estender a área também tem seus limites porque, por exemplo, para fenômenos de propagação rápida (descargas atmosféricas), a impedância de surto, que é o parâmetro importante, fica restrita à região mais próxima.

Muito mais importante que estabelecer valor é realizar a instalação de modo a limitar diferenças de potencial que possam causar riscos pessoais, assegurar proteção contra sobrecargas e sobretensões corretamente dimensionadas e limitar interferências eletromagnéticas por adequado percurso para as correntes elétricas. Por outro lado, a medição da resistência de aterramento, especialmente quando a instalação abrange uma grande extensão, é trabalhosa, e, se não for executada por alguém bem orientado, pode levar a conclusões falsas.

Em essência, o objetivo do aterramento é interligar eletricamente objetos condutores ou carregados, de forma a ter as menores diferenças de potencial possíveis. Funcionalmente, o aterramento proporciona:

a) Ligação da baixa resistência com a terra, oferecendo um percurso de retorno entre o ponto de defeito e a fonte, reduzindo os potenciais até a atuação de dispositivos de proteção.
b) Percursos de baixa resistência entre equipamento elétrico ou eletrônico e objetos metálicos próximos, para minimizar os riscos pessoais no caso de defeito interno no equipamento.
c) Percurso preferencial entre o ponto de ocorrência de uma descarga atmosférica em objeto exposto e o solo.
d) Percurso para sangria de descargas eletrostáticas, prevenindo a ocorrência de potenciais perigosos, que possam causar um arco ou centelha.
e) Criação de um plano comum de baixa impedância relativa entre dispositivos eletrônicos, circuitos e sistemas.

4.7.1 Definições

O *aterramento* é a ligação de um equipamento ou de um sistema à terra, por motivo de *proteção* ou por *exigência quanto ao funcionamento do mesmo*.

Essa ligação de um equipamento à terra realiza-se por meio de condutores de proteção conectados ao neutro, ou à massa do equipamento, isto é, às carcaças metálicas dos motores, caixas dos transformadores, condutores metálicos, armações de cabos, neutro dos transformadores, neutro da alimentação de energia a um prédio.

Com o aterramento, objetiva-se assegurar sem perigo o escoamento das correntes de falta e fuga para terra, satisfazendo as necessidades de segurança das pessoas e funcionais das instalações.

O aterramento é executado com o emprego de um:

- *Condutor de proteção.* Condutor que liga as massas e os elementos condutores estranhos à instalação entre si e/ou a um terminal de aterramento principal.
- *Eletrodo de aterramento,* formado por um condutor ou conjunto de condutores (ou barras) em contato direto com a terra, podendo constituir a *malha* de terra, ligados ao terminal de aterramento. Quando o eletrodo de aterramento é constituído por uma barra rígida, denomina-se **haste** de aterramento. Uma canalização de água *não* pode desempenhar o papel de eletrodo de aterramento, conforme o item 6.4.2.2.5 da NBR 5410:2004 versão corrigida em 2008.

O **condutor de proteção** ("terra") é designado por *PE*, e o neutro, pela letra *N*.

Quando o condutor tem funções combinadas de condutor de proteção e neutro, é designado por *PEN*. Quando o condutor de proteção assegura ao sistema uma proteção equipotencial, denomina-se **condutor de equipotencialidade**.

Os sistemas elétricos de baixa tensão, tendo em vista a alimentação e as massas dos equipamentos em relação à terra, são classificados pela NBR 5410:2004 versão corrigida em 2008, de acordo com a seguinte simbologia literal:

a) A *primeira letra* indica a situação da alimentação em relação à terra.
  T – para um ponto diretamente aterrado;
  I – isolação de todas as partes vivas em relação à terra ou emprego de uma impedância de aterramento, a fim de limitar a corrente de curto-circuito para a terra.
b) A *segunda letra* indica a situação das massas em relação à terra.
  T – para massas diretamente aterradas, independentemente de aterramento eventual de um ponto de alimentação;
  N – massas ligadas diretamente ao ponto de alimentação aterrado (normalmente, é o ponto neutro).
c) *Outras letras* (eventualmente), para indicar a disposição do condutor neutro e do condutor de proteção.
  S – quando as funções de neutro e de condutor de proteção são realizadas por condutores distintos;
  C – quando as funções de neutro e condutor de proteção são combinadas num único condutor (que é, aliás, o condutor *PEN*).

Quando a alimentação se realizar em baixa tensão, o condutor neutro deve sempre ser aterrado na origem da instalação do consumidor.

4.7.2 Modalidades de aterramento

Os casos mais comuns dos diversos sistemas acham-se esquematizados na Fig. 4.9.

Em princípio, todos os circuitos de distribuição e terminais devem possuir um condutor de proteção que convém que fique no mesmo eletroduto dos condutores vivos do circuito. O condutor de proteção poderá ser um condutor isolado ou uma veia de um cabo multipolar que contenha os condutores vivos.

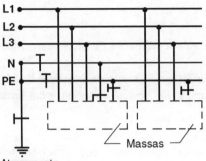
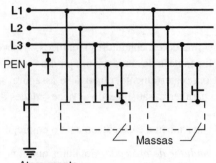

a. Sistema TN-S
O condutor neutro e o condutor de proteção são separados ao longo de toda a instalação.

b. Sistema TN-C
As funções de neutro e de condutor de proteção são combinadas em um único condutor ao longo de toda a instalação.

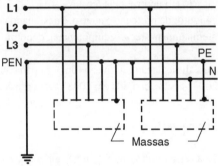
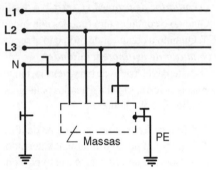

c. Sistema TN-C-S
As funções de neutro e de condutor de proteção são combinadas em um único condutor em uma parte da instalação.

d. Sistema TT
Neutro aterrado independente do aterramento das massas.

SIMBOLOGIA

A, B, C – Condutores-fase
N – Condutor neutro
T – Condutor terra (ou de proteção)
TN – Condutor terra e neutro
PE – Condutor de proteção
PEN – Condutor de proteção e neutro
⏚ – Eletrodo de terra
┬ – Condutor Neutro (N)
╪ – Condutor de Proteção (PE)
╪ – Condutor (PEN)

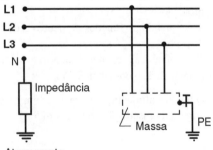

e. Sistema IT
Não há ponto de alimentação diretamente aterrado. Massa aterrada.

Figura 4.9 Esquemas de aterramento (NBR 5410:2004, versão corrigida em 2008), em sistemas trifásicos.

4.7.3 Seção dos condutores de proteção

A seção mínima dos condutores de proteção pode ser determinada pela Tabela 4.21.

Tabela 4.21 Seção mínima de condutores de proteção

Seção dos condutores fases (S) (mm²)	Seção mínima dos condutores de proteção (S') (mm²)
$S \leq 16$ mm²	S
$16 < S \leq 35$	16
$S > 35$	$S' = S/2$

Na aplicação da Tabela 4.21, poderão surgir resultados na determinação da seção do condutor de proteção (a divisão da seção da fase por dois) que não correspondam a um condutor existente na escala comercial. Nesse caso, devemos aproximar para a seção mais próxima, imediatamente superior. Por exemplo:

Condutor-fase: $S = 90$ mm²

Condutor de proteção: $PE = \dfrac{S}{2} = 45$ mm² $\rightarrow 50$ mm², uma vez que não dispomos do condutor de 45 mm² (Tabela 4.5).

4.7.4 Aterramento do neutro

No caso do alimentador de um prédio, se a energia for fornecida em alta-tensão, o ponto neutro de transformador em estrela é aterrado com um eletrodo de terra. O neutro, chegando ao quadro geral de entrada, deverá ser aterrado, *não* podendo essa ligação à terra realizar-se por meio de uma ligação ao encanamento abastecedor de água do prédio, conforme determina a NBR 5410:2004 versão corrigida em 2008.

4.7.5 O choque elétrico

O contato entre um condutor vivo e a massa de um elemento metálico, a corrente de fuga normal, ou ainda uma deficiência ou falta de isolamento em um condutor ou equipamento (máquina de lavar roupa, chuveiro, geladeira etc.), podem representar risco. Uma pessoa que neles venha a tocar recebe uma descarga de corrente, em virtude da diferença de potencial entre a fase energizada e a terra. A corrente atravessa o corpo humano, no sentido da terra. O choque elétrico e seus efeitos serão tanto maiores quanto maiores forem a superfície do corpo humano em contato com o condutor e com a terra, a intensidade da corrente, o percurso da corrente no corpo humano e o tempo de duração do choque.

Para evitar que a pessoa receba essa descarga, funcionando como um condutor terra, as carcaças dos motores e dos equipamentos elétricos são ligadas à terra. Assim, quando houver falha no isolamento ou um contato de elemento energizado com a carcaça do equipamento, a corrente irá diretamente à terra, curto-circuito que provocará a queima do fusível de proteção da fase ou o desligamento do disjuntor.

Apesar do cuidado que existe no isolamento, muitos equipamentos, mesmo em condições normais de funcionamento, apresentam correntes de "fuga" através de suas isolações. Esta corrente, caracterizada pela chamada ***corrente diferencial-residual***, seria nula se não houvesse fugas. Quando essa corrente atinge determinado valor, provoca a atuação de um dispositivo de proteção denominado

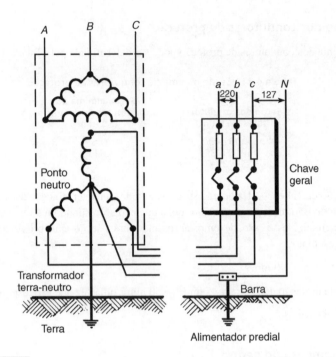

Figura 4.10 Ligação à terra do alimentador predial, em sistema de BT, 220/127 V.

dispositivo de proteção à corrente diferencial-residual (dispositivo DR). Em geral, o dispositivo DR vem incorporado ao disjuntor termomagnético que protege o circuito. No entanto, existem dispositivos DR isolados, que são instalados nos quadros terminais, mas só proporcionam proteção contra choques, e não contra sobrecarga e curto-circuitos.

O ***choque elétrico*** pode produzir na vítima o que se denomina "morte aparente", isto é, a perda dos sentidos, ***anoxia*** (paralisação da respiração por falta de oxigênio), *asfixia* (ausência de respiração) e ***anoxemia*** (ausência de oxigênio no sangue como consequência da anoxia). A violenta contração muscular devido ao choque pode afetar o músculo cardíaco, determinando sua paralisação e a morte. Não havendo fibrilação ventricular, o paciente tem condições de sobreviver, se socorrido a tempo.

As alterações musculares e outros efeitos fisiológicos da corrente (queimaduras, efeitos eletrolíticos etc.) irão depender da intensidade e do percurso da corrente pelo corpo humano. A corrente poderá atingir partes vitais ou não. Um dos casos mais graves é aquele em que a pessoa segura com uma das mãos o fio fase e com a outra o fio neutro, pois a corrente entra por uma das mãos e, antes de sair pela outra, passa pelo tórax, onde se acham órgãos vitais para a respiração e a circulação [Fig. 4.11(a)].

Se a pessoa segurar um fio desencapado ou apertá-lo com um alicate sem isolamento, a corrente segue das mãos para os pés, descarregando na terra. A corrente passa pelo diafragma e pela região abdominal, e os efeitos podem ser graves [Fig. 4.11(b)].

Quando se pisa num condutor desencapado, a corrente circula através das pernas, coxas e abdome. O risco é, no caso, menor do que o anterior [Fig. 4.11(c)].

Tocando-se com os dedos a fase e o neutro, ou a fase e a terra, o percurso da corrente é pequeno, e as consequências não são graves [Fig. 4.11(d)].

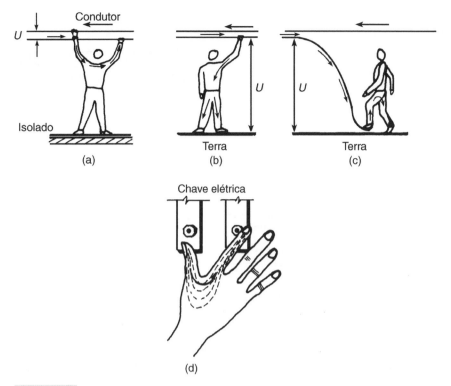

Figura 4.11 Percurso da corrente no corpo humano quando ocorre um choque elétrico.

O organismo humano é mais sensível à corrente alternada do que à corrente contínua. Na frequência de 60 hertz, o limiar de sensação de corrente alternada é de 1 miliampère, ao passo que no caso da corrente contínua é de 5 mA. As perturbações orgânicas são mais acentuadas em acidentes com correntes de baixa frequência, denominadas industriais, do que para as frequências elevadas. O corpo humano comporta-se como condutor complexo, mas, numa simplificação, podemos assemelhá-lo a um condutor simples e homogêneo. Suponhamos, portanto, que, interposto a um circuito energizado sob uma tensão U, o corpo seja percorrido por uma corrente elétrica i, determinada por:

$$i = \frac{U}{R_{cont.1} + R_{cont.2} + R_{corpo}}$$

$R_{cont.1}$ e $R_{cont.2}$ são resistências de contato do corpo com os condutores ou entre condutor e terra. São da ordem de 15 000 ohms por cm² de pele. R_{corpo} é a resistência do corpo à passagem da corrente. Depende do percurso, isto é, dos pontos de ligação do corpo com as partes energizadas dos circuitos. $R_{corpo} \cong 500$ ohms, desde a palma da mão à outra ou à planta do pé. Quando a pele se acha molhada, a resistência de contato torna-se menor porque a água penetra em seus poros e melhora o contato.

A Tabela 4.22 indica valores de resistência total para o caso de frequência de 60 Hz e diversas hipóteses de contato do corpo com elementos energizados.

A partir de uma corrente de 9 mA, os choques vão se tornando cada vez mais perigosos, conforme se pode observar pela Tabela 4.23.

Tabela 4.22 Resistência total, incluindo as resistências por contatos para corrente alternada – 60 Hz

Situação	Resistência total ohms (ordem de grandeza)	Corrente no corpo sob a tensão de 100 volts (miliampères)
1. A corrente entra pela ponta do dedo de uma das mãos e sai pela ponta do dedo da outra mão (dedos secos)	15 700	6
2. A corrente entra pela palma de uma das mãos e sai pela palma da outra mão (secas)	900	111
3. A corrente entra pela ponta do dedo e sai pelos pés calçados	18 500	5
4. A corrente entra pela ponta dos dedos e sai pelos pés calçados ou descalços (molhados)	15 500	6
5. A corrente entra pela mão através de uma ferramenta e sai pelos pés calçados (molhados)	600	116
6. A corrente entra pela mão molhada e sai por todo o corpo mergulhado em uma banheira	500	200

Tabela 4.23 Efeitos do choque elétrico em pessoas adultas, jovens e sadias

Intensidade da corrente alternada que percorre o corpo (60 Hz)	Perturbações possíveis durante o choque	Estado possível após o choque	Salvamento	Resultado final mais provável
1 miliampère (limiar de sensação)	Nenhuma	Normal	—	Normal
1 a 9 miliampères	Sensação cada vez mais desagradável à medida que a intensidade aumenta. Contrações musculares	Normal	Desnecessário	Normal
9 a 20 miliampères	Sensações dolorosas. Contrações violentas. Asfixia. Anoxia. Anoxemia. Perturbações circulatórias	Morte aparente	Respiração artificial	Restabelecimento
20 a 100 miliampères	Sensação insuportável. Contrações violentas. Anoxia. Anoxemia. Asfixia. Perturbações circulatórias graves, inclusive, às vezes, fibrilação ventricular	Morte aparente	Respiração artificial	Restabelecimento ou morte. Muitas vezes não há tempo de salvar, e a morte ocorre em poucos minutos.
Acima de 100 miliampères	Asfixia imediata. Fibrilação ventricular. Alterações musculares. Queimaduras	Morte aparente ou morte imediata	Muito difícil	Morte
Vários ampères	Asfixia imediata. Queimaduras graves	Morte aparente ou morte imediata	Praticamente impossível	Morte

Exemplo 4.12

Suponhamos que haja uma passagem de corrente para a estrutura externa de uma máquina de lavar roupa, repousando em pés isolados e alimentada de água, por meio de tubo de borracha sintética. Uma pessoa apoia uma das mãos na máquina e com a outra toca a torneira para abastecer a máquina. A pessoa tem calçados de borracha. Qual o efeito da corrente sobre ela, sendo a tensão de 120 volts?

Solução

A palma da mão mede aproximadamente 60 a 80 cm², digamos 60 cm². A ponta dos dedos que toca a torneira tem 1 cm².

- As resistências a considerar são:
  1ª mão: 15 000 ohms ÷ 60 cm²   =   250
  2ª mão (dedo): 15 000 ÷ 1 cm²   = 15 000
  Corpo   =   500
  Resistência total   = 15 750 ohms

- Intensidade da corrente:

$$I = \frac{120}{15\,750} = 0{,}0077 \text{ A} = 7{,}7 \text{ mA}$$

A corrente é inferior a 9 mA e, embora produza efeito desagradável, não é ainda perigosa. Se a pessoa, porém, segurar a torneira, a área de contato pode ser de cerca de 6 cm², de modo que a resistência da mão passa a ser de 15 000 ÷ 6 = 2 500 ohms, e a resistência total cai para 3 250 ohms. A corrente aumenta para 120 ÷ 3 250 = 0,037 = 37 mA, podendo provocar, portanto, até mesmo a morte aparente.

Recomenda-se, assim, que a máquina de lavar roupa fique, se possível, sobre pés metálicos e que *sua caixa seja ligada ao condutor de aterramento*.

Se a corrente de fuga tornar-se excessiva, o disjuntor termomagnético de proteção desarmará, o mesmo acontecendo se houver, apenas, dispositivo DR. Se ocorrer um curto-circuito, então o fusível queimará, caso a proteção seja realizada com auxílio do mesmo.

Figura 4.12 Condição de choque elétrico.

Exemplo 4.13

Um chuveiro elétrico (220 V — 2 600 W), ligado a uma tubulação de plástico, apresenta um defeito de isolamento. Ao tomar banho, a pessoa toca com o dedo (1 cm^2) a caixa do chuveiro e está com os pés na água (2 pés × 100 cm^2 = 200 cm^2). O choque terá gravidade?

Solução

- As resistências são:
  Ponta do dedo: 15 000 ohms ÷ 1 = 15 000 ohms
  Plantas dos pés: 15 000 ÷ 200 = 75
  Corpo = 500

  Resistência total = 15 575 ohms

- Intensidade da corrente

$$I = \frac{220}{15\,575} = 0{,}014 \text{ A} = 14 \text{ mA}$$

Pela Tabela 4.23, vemos que o choque para correntes entre 9 e 20 mA já se apresenta como perigoso. A intensidade da corrente poderá acarretar danos graves se a pessoa segurar o chuveiro, aumentando a superfície de contato da mão. É imprescindível fazer-se um aterramento, ligando a caixa do chuveiro ao condutor de aterramento. No caso de haver fuga, além do limite de segurança, o dispositivo DR ou o disjuntor desarmarão, e se houver um curto-circuito o próprio fusível queimará, se não operar o disjuntor.

Nos banheiros não devem ser instalados interruptores e tomadas no interior do boxe do chuveiro ou próximo da banheira (no chamado "volume-invólucro").

Existem equipamentos que possuem uma isolação especial e que dispensam o emprego do condutor de proteção. São os *equipamentos classe II*.

4.8 Cores dos Condutores

A NBR 5410:2004, versão corrigida em 2008, recomenda a adoção das seguintes cores no encapamento isolante dos condutores:

- condutores fases: qualquer cor, com exceção das cores citadas abaixo;
- condutor neutro: azul-claro;
- condutor terra: verde ou verde-amarelo.

No aterramento:

- condutor PE: verde ou verde-amarelo;
- condutor PEN: azul-claro.

Biografia

OHM, GEORGE SIMON (1787-1854),
que determinou a lei de Ohm em 1827.
O ohm foi escolhido como unidade de
resistência elétrica em sua homenagem.

George Simon Ohm, físico alemão que descobriu a relação entre corrente e tensão elétrica num condutor elétrico.

Ohm foi educado na Universidade de Erlangen. Trabalhou em Colônia, Berlim e Nuremberg antes de ser indicado professor de Física em Munique, em 1849.

A Lei de Ohm estabelece que a corrente fluindo num condutor é diretamente proporcional à diferença de potencial entre seus terminais, supondo-se que não há modificações nas condições físicas do condutor. A constante de proporcionalidade é conhecida como condutância do condutor, e o seu inverso, resistência.

A unidade do SI de resistência elétrica, o ohm (Ω), é assim chamada em sua homenagem. É definida como a resistência do condutor através do qual passa uma corrente de 1 ampère se a diferença de potencial é de 1 volt, i.e., $1\ \Omega = 1\ VA^{-1}$ (a unidade de condutância, o inverso da resistência, era formalmente conhecida como mho, e agora como Siemens (S)).

Comando, Controle e Proteção dos Circuitos

Os circuitos elétricos são dotados de dispositivos que permitem:

a) *A interrupção da passagem da corrente por seccionamento.* São os aparelhos de comando. Compreendem os interruptores, as chaves de faca, os contatores, os disjuntores, as barras de seccionamento etc.

Estes dispositivos permitem a operação e a manutenção dos circuitos por eles manobrados.

b) *A proteção contra curtos-circuitos ou sobrecargas.* Em certos casos, o mesmo dispositivo permite alcançar os objetivos acima citados (disjuntores, por exemplo).

Vejamos os dispositivos mais comumente usados em instalações de baixa tensão para as finalidades mencionadas. Destacamos a NBR 5361, Norma da Associação Brasileira de Normas Técnicas sobre "Disjuntores de baixa tensão" emitida em setembro de 1998.

5.1 Dispositivos de Comando dos Circuitos

Vimos, no Cap. 3, vários tipos de interruptores unipolares que ligam ou desligam lâmpadas e que interrompem a corrente no *fio fase*, ao qual são ligados. Observamos, na oportunidade, que o fio neutro vai à lâmpada e não ao interruptor. Analisamos, também, o funcionamento dos interruptores paralelo e intermediário. Uma tomada de corrente também pode ser considerada como um dispositivo de seccionamento.

Quando o circuito for constituído por dois condutores-fase de um circuito bifásico, o interruptor será bipolar, e se for constituído por três condutores-fase de um circuito trifásico, o interruptor ou a chave desligadora deverá ser tripolar, de modo a ser possível o desligamento dos três condutores simultaneamente.

Para cargas monofásicas de 550 W em 110 V, ou 1 100 W em 220 V, empregam-se interruptores comuns. No caso de iluminação fluorescente, admite-se o emprego desses interruptores, porém a corrente a interromper deverá ser a metade da corrente nominal do interruptor.

As chaves desligadoras podem ser acionadas direta e manualmente, como se vê na Fig. 5.1.

Existem, também, chaves que podem ser comandadas a distância. São as *chaves magnéticas*. Podemos definir uma chave magnética simples como uma chave de duas posições, acionada por eletroímã, compreendendo um circuito magnético formado por um núcleo (parte fixa) e uma armadura (parte móvel). Possui uma bobina no núcleo que, alimentada por um circuito externo, se energiza, provocando o movimento da armadura no sentido de fechamento do circuito. As chaves magnéticas podem ser de dois tipos:

Chave magnética protetora

É a combinação da chave magnética com relés de proteção, geralmente o relé de sobrecarga, pois como as chaves magnéticas simples são apenas elementos de comando, não apresentam proteção contra sobrecarga.

Chave magnética combinada

É a associação da chave magnética simples, com relé térmico e fusíveis ou disjuntor. Esta chave oferece a proteção mínima para qualquer motor.

Empregam-se em operações de circuitos de força, de iluminação ou circuitos de força e luz combinados, nos quais se deseja ligar ou desligar com muita frequência, a partir de um ou de vários pontos de comando. São recomendadas em circuitos usados em processamentos automáticos, onde deve ser mantida a continuidade da ligação do circuito e onde a chave deve controlar a iluminação de um sistema no qual as fortes flutuações de tensão poderiam desligar uma chave de outro tipo.

O comando das chaves magnéticas pode ser feito pela ação manual sobre um botão ou, automaticamente, pela atuação da corrente de um circuito onde se acha, por exemplo, um pressostato, um termostato, um indicador de nível ou outro tipo de sensor que ligue e desligue ou revele a necessidade de ligar ou desligar a energia de um circuito.

Pressostato

Dispositivo de manobra mecânica que opera em função de pressões predeterminadas, atingidas em uma ou mais partes determinadas do equipamento controlado. Sinônimo: "dispositivo de pressão."

Termostato

Dispositivo sensível à temperatura que fecha ou abre automaticamente um circuito, em função de temperaturas predeterminadas atingidas em uma ou mais partes do equipamento controlado.

Figura 5.1 Chave seccionadora tripolar.

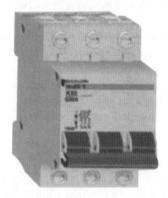

Figura 5.2 Disjuntor tripolar. Fabricante Merlin Gerin, Group Schneider.

Figura 5.3 Contator tripolar para comando de motores e circuitos em geral. Fabricante Inepar-L.G.

5.1.1 Contatores

São dispositivos eletromecânicos que permitem o comando de um circuito a distância.

São chaves de operação não manual, que têm uma única posição de repouso e são capazes de estabelecer, conduzir e interromper correntes em condições normais do circuito, inclusive sobrecargas de funcionamento previstas. Podem possuir contatos auxiliares para comando, sinalização e outras funções. A Fig. 5.3 mostra um contator tripolar.

Aplicações dos contatores

- Na ligação e desligamento de cargas não indutivas, como fornos de resistência, aquecedores de água etc.
- Partida e parada de motores (em gaiola e em anel).

EXEMPLO 5.1

Pretende-se ligar um aquecedor elétrico (*boiler*) de 6 kW, 220 V, a partir de um quadro geral de comando, distante 80 metros do mesmo. Analisar a conveniência de utilizar um contator comandado por um interruptor, ou chave unipolar colocada no quadro de comando.

Solução

Intensidade de corrente absorvida pelo *boiler*:

$$I = \frac{P}{U} = \frac{6\,000\,(\text{W})}{220\,(\text{V})} = 27,27\,\text{A}$$

Consideremos duas hipóteses, traduzidas esquematicamente na Fig. 5.4.
a) A chave de comando acha-se no local onde o operador pretende ligar ou desligar manualmente o *boiler*. A corrente de alimentação de 27,27 A deverá passar pela chave e percorrer a distância da chave ao aquecedor.

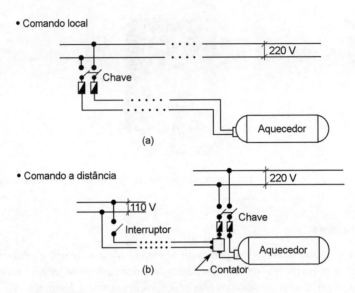

Figura 5.4 Esquema de ligação do aquecedor elétrico (*boiler*), mostrando os dispositivos a determinar.

b) Se for usado um contator, podemos comandá-lo por um simples interruptor sob 127 V ou termostato, energizando sua bobina, não necessitando a presença no local onde está o contator para comandá-lo. O comando se faz a distância.

Exemplo 5.2

Um aquecedor elétrico de água de 5 kW, 220 V, deve ligar automaticamente por meio de um termostato, quando a temperatura da água baixar a 70 °C, e desligar quando atingir 85 °C (Fig. 5.5). Indicar o esquema para esta instalação.

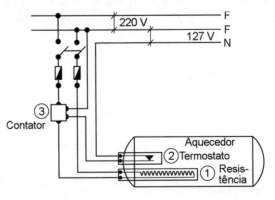

Figura 5.5 Esquema de ligação de um aquecedor elétrico (*boiler*) por meio de um termostato.

Solução

A corrente na resistência (1) que aquece o *boiler* é:

$$I = \frac{P}{U} = \frac{5\,000\,(\text{W})}{220\,(\text{V})} = 22{,}73\,\text{A}$$

Como certos termostatos (2) não têm condições de suportar uma corrente dessa intensidade, devemos recorrer a um contator (3) pelo qual pode passar a corrente de 22,73 A, e o termostato comanda a corrente que passa pela bobina do contator.

O circuito do termostato-contator pode ser alimentado em 127 V, possuindo um transformador de comando.

Os contatores permitem um elevadíssimo número de operações sem que seja necessária uma revisão ou substituição de peças.

Convém notar que os contatores *não têm por função proteger as instalações* contra as correntes de curto-circuito ou sobrecargas prolongadas, mas devem poder suportar correntes transitórias que normalmente venham a ocorrer, inerentes às operações no circuito que comandam. Pode-se, porém, associar aos contatores fusíveis que irão assegurar proteção contra curtos-circuitos.

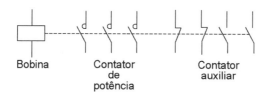

Figura 5.6 Contator — esquema de ligações.

Figura 5.7 Contator de acoplamento tamanho 500, geração Sirius 3R. Fabricante Siemens.

5.1.2 Relé térmico

Relé de medição a tempo dependente. É o que protege um equipamento contra danos térmicos de origem elétrica, pela medição da corrente que percorre o equipamento protegido e utilizando uma curva característica que simula o seu comportamento térmico (ABNT).

5.2 Dispositivos de Proteção dos Circuitos

Os condutores e equipamentos que fazem parte de um circuito elétrico devem ser protegidos contra curtos-circuitos e contra sobrecargas (intensidades de corrente acima do valor compatível com o aquecimento do condutor e que poderiam danificar a isolação do mesmo ou deteriorar o equipamento). Os dispositivos classificam-se conforme o objetivo a que se destinam:

a) dispositivos que assegurem apenas proteção contra curto-circuito;
b) dispositivos que protejam eficazmente apenas contra sobrecargas.

Vejamos algumas particularidades das categorias referidas.

5.2.1 Dispositivos de proteção contra curtos-circuitos

Quando ocorrer um curto-circuito, o dispositivo de proteção deverá interromper a corrente, antes que os efeitos térmicos e mecânicos da corrente possam tornar-se perigosos aos condutores, terminais e equipamentos. Em instalações de grande carga e nas de alta-tensão, deve ser calculada a corrente de curto-circuito nos pontos importantes da rede.

A NBR 5410 estabelece que "a capacidade de interrupção dos dispositivos de proteção contra curtos-circuitos deve ser igual ou superior à corrente de curto-circuito presumida no ponto onde o dispositivo de proteção seja instalado, exceto quando houver outro dispositivo colocado mais próximo à fonte de alimentação e que tenha capacidade de interrupção suficiente. Neste caso, as características dos dois dispositivos devem ser coordenadas de tal forma que os efeitos das correntes de curto-circuito que os dispositivos deixam passar não danifiquem o dispositivo colocado mais distanciado da fonte, bem como os condutores protegidos por esses dispositivos".

O *tempo de interrupção* das correntes resultantes de um curto-circuito que se produz em um ponto qualquer do circuito deve ser inferior ao tempo que levaria a temperatura dos condutores para atingir o limite máximo admissível.

O tempo necessário t para que uma corrente de curto-circuito, de duração inferior a 5 segundos, eleve a temperatura dos condutores até a temperatura limite para sua isolação pode ser calculado pela fórmula:

$$t \leq \frac{k^2 \times S^2}{t^2} \tag{5.1}$$

em que:
$t =$ duração em segundos da corrente de curto-circuito;
$S =$ seção de condutor em mm^2;
$l =$ valor da corrente de curto-circuito, em A;
$k =$ 115, para condutores de cabo isolado com PVC e emendas soldadas a estanho, nos condutores de cobre correspondendo a uma temperatura de 160 °C;
$k =$ 135, para condutores de cobre isolado com EPR ou XLPE;
$k =$ 74, para condutores de alumínio isolados com PVC;
$k =$ 87, para condutores de alumínio isolados com EPR ou XLPE.

Os dispositivos empregados na proteção contra curtos-circuitos são:
a) fusíveis.
b) disjuntores.

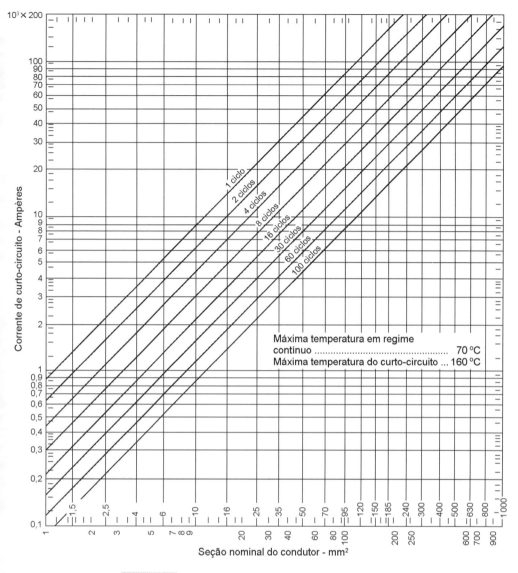

Figura 5.8 Tempo máximo de duração do curto-circuito.

Os disjuntores termomagnéticos protegem, também, contra sobrecargas prolongadas. O tempo máximo de duração do curto-circuito também pode ser obtido do gráfico da Fig. 5.8.

Na Fig. 5.8 vemos, por exemplo, que um cabo de 16 mm^2 suporta uma corrente de curto-circuito de 10 kA por um tempo máximo de dois ciclos, isto é, 0,0335 segundo. O tempo de atuação da proteção será fornecido pelo fabricante do dispositivo utilizado.

Exemplo 5.3

Na origem de um circuito de distribuição com condutores isolados de 10 mm^2, a corrente de curto-circuito obtida na Fig. 5.8, em três ciclos, foi de 5 kA. Daí,

— A capacidade de interrupção nominal mínima do dispositivo que protegerá o circuito contra correntes de curto-circuito será de 5 kA.
— O dispositivo deverá atuar num tempo não superior a:

$$t = \frac{115^2 \times 10^2}{(5\,000)^2} = 0,05 \text{ segundo}.$$

- Um disjuntor termomagnético adequado atuará em cerca de 0,02 s.
- Um fusível adequado atuará em cerca de 0,001 s.

5.2.1.1 Fusíveis

O fusível é um dispositivo adequadamente dimensionado para interromper a corrente de sobrecarga ou curto-circuito.

Os tipos mais usados são:

Fusível de rolha (Fig. 5.9)

É um fusível de baixa tensão em que um dos contatos é uma peça roscada, que se fixa no contato roscado correspondente da base.

Fusível de cartucho

É um fusível de baixa tensão cujo elemento fusível é encerrado em um tubo protetor de material isolante, com contatos nas extremidades.

Fusível Diazed (ou tipo "D")

É um fusível limitador de corrente, de baixa tensão, cujo tempo de interrupção é tão curto que o valor de crista da corrente presumida do circuito não é atingido. Estes fusíveis são usados na proteção de condutores de rede de energia elétrica e circuitos de comando. São empregados em correntes de 2 a 100 A (Fig. 5.9).

Ainda são utilizados, em certos casos, os fusíveis tradicionais de rolha e de cartucho.

Figura 5.9 Fusível de rolha Diazed, Siemens.

Figura 5.10 Fusíveis de cartucho NH, Siemens.

Tabela 5.1 Temperaturas características dos condutores

Tipo de isolação	Temperatura máxima para serviço contínuo (Condutor) (°C)	Temperatura limite de sobrecarga (Condutor) (°C)	Temperatura limite de curto-circuito (Condutor) (°C)
Cloreto de polivinila (PVC)	70	100	160
(EPR) Borracha etileno-propileno	90	130	250
Polietileno reticulado (XLPE)	90	130	250

Exemplo 5.4

Para um dado circuito dimensionou-se um fusível Diazed para uma corrente nominal de 10 A. Deseja-se saber o tempo de fusão para este fusível quando submetido a uma corrente de curto-circuito de 100 A.

Figura 5.11 Chave seccionadora tripolar, com fusíveis, sob carga, abertura por tração frontal da tampa, tipo 3NP42. Fabricante Siemens.

Tampa — Anel de proteção — Fusível — Parafusos de ajuste — Base

Figura 5.12 Fusível Diazed. Fabricante Siemens.

Pela Fig. 5.13, entrando na curva do fusível de 10 A, submetido a uma corrente de curto de 100 A, encontra-se um tempo de fusão de 0,05 s.

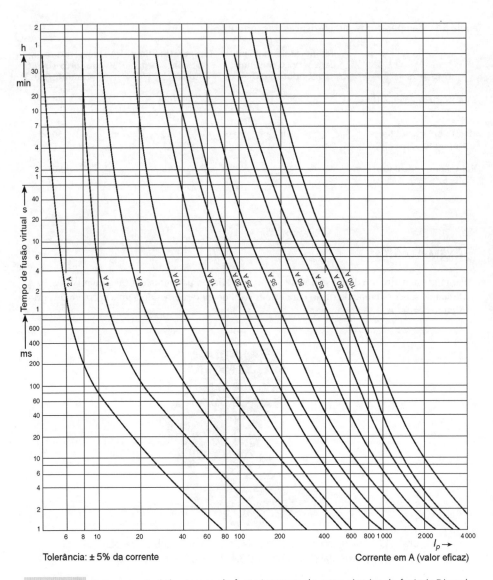

Figura 5.13 Curva característica tempo de fusão/corrente de curto-circuito de fusíveis Diazed, 500 V, tipo retardado, Siemens.

Exemplo 5.5

Num circuito, estimou-se um tempo de duração de 5 segundos para uma corrente de curto-circuito de 20 A. Que fusíveis Diazed seriam escolhidos?

Entrando na curva da Fig. 5.13 com os valores de $I = 20$ A e $t = 5$ s, vemos que as coordenadas se interceptam acima da curva de 6 A. Portanto, o fusível escolhido será de 10 A.

Fusível NH

É um fusível limitador de corrente de alta capacidade de interrupção, para correntes nominais de 6 a 1 000 A em aplicações industriais. Protegem os circuitos contra curtos-circuitos e também contra sobrecargas de curta duração, como acontece na partida de motores de indução com rotor em gaiola.

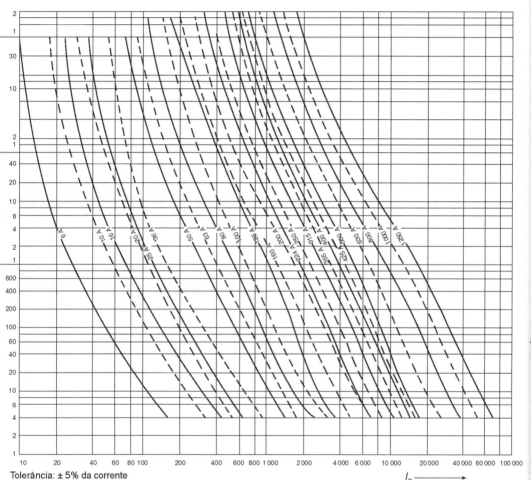

Figura 5.14 Curva característica tempo de fusão/corrente de curto do fusível NH. Fabricante Siemens.

Figura 5.15 Fusíveis NH. Fabricante Siemens.

Exemplo 5.6

Qual a corrente de curto-circuito, com duração de 4 segundos, para a qual um fusível NH de 315 A se acha previsto?

Entrando na curva, Fig. 5.14, com os valores $t = 4$ s e fusível de 315 A, obtemos, no eixo das abscissas, $I = 2\,000$ A.

5.2.1.2 Coordenação entre condutores e dispositivos de proteção

A característica de funcionamento de um dispositivo protegendo um circuito contra sobrecargas deve satisfazer as duas condições:

a) $I_B \leq I_N \leq I_Z$
b) $I_2 \leq 1{,}45\, I_Z$

Em que:
  I_B = corrente de projeto do circuito;
  I_Z = capacidade de condução de corrente dos condutores;
  I_N = corrente nominal do dispositivo de proteção;
  I_2 = corrente que assegura efetivamente a atuação do dispositivo de proteção; na prática, a corrente I_2 é considerada igual à corrente convencional de atuação dos disjuntores.

Exemplo 5.7

Tomemos um circuito de distribuição trifásico, com condutores isolados com $I_B = 35$ A.

— Critério de capacidade de condução de corrente: da Tabela 4.5a, vemos que $S = 6$ mm² (c/$I_Z = 36$A).
— Proteção com disjuntor.

$I_B \leq I_N$; logo, escolhemos $I_N = 35$ A.
$I_N \leq I_Z$; então $35 < 36$. Essa condição é atendida por $S = 6$ mm².

Disjuntores

Denominam-se disjuntores os dispositivos de manobra e proteção, capazes de estabelecer, conduzir e interromper correntes em condições normais do circuito, assim como estabelecer, conduzir por tempo especificado e interromper correntes em condições anormais especificadas do circuito, tais como as de curto-circuito.

Os disjuntores possuem um dispositivo de interrupção da corrente constituído por lâminas de metais de coeficientes de dilatação térmica diferentes (latão e aço), soldados. A dilatação desigual das lâminas, por efeito do aquecimento, provocado por uma corrente de sobrecarga faz interromper a passagem da corrente no circuito. Esses dispositivos bimetálicos são *relés térmicos* e, em certos tipos de disjuntores, são ajustáveis. Além dos relés bimetálicos, os disjuntores são providos de relés magnéticos (bobinas de abertura), que atuam mecanicamente, desligando o disjuntor quando a corrente é de curta duração (relés de máxima). Desarmam, também, quando ocorre um curto-circuito em uma ou nas três fases. Os tipos que possuem "bobina de mínima" desarmam quando falta tensão em uma das fases.

Escolha do disjuntor

Para a escolha do disjuntor devem ser fornecidas pelo fabricante as seguintes informações:

a) tipo (modelo) do disjuntor;
b) características nominais:
   — tensão nominal em Vca;
   — nível de isolamento;
   — curvas características (tempo × corrente) do disparador térmico e/ou magnético;
   — corrente nominal;
   — frequência nominal;
   — capacidade de estabelecimento em curto-circuito (kA crista);
   — capacidade de interrupção em curto-circuito simétrico (kA eficaz);
   — ciclo de operação.

Características nominais

Os valores recomendados, em ampères, para a corrente nominal, são os seguintes:

Tabela 5.2

5	10	15	20	25	30	35
40	50	60	63	70	80	90
100	125	150	175	200	225	250
275	300	320	350	400		

Nota: Os valores sublinhados correspondem aos recomendados para a corrente nominal da estrutura.

Figura 5.16 Disjuntor tripolar 3RV, para manobra e proteção. Fabricante Siemens.

A Fig. 5.17 representa um disjuntor com proteção térmica e eletromagnética.

Existem disjuntores termomagnéticos compensados que contêm um segundo par bimetálico, capaz de neutralizar o efeito de eventual elevação de temperatura ambiente.

Os disjuntores desarmam as três fases quando a sobrecarga ocorre em apenas uma das fases.

O disjuntor usado na proteção de circuitos de baixa tensão é o do tipo em caixa moldada (caixa suporte de material isolante). Como exemplo de uso dos disjuntores de caixa moldada, temos que para a proteção de circuitos de iluminação e tomadas são usados os disjuntores em caixa moldada monofásicos.

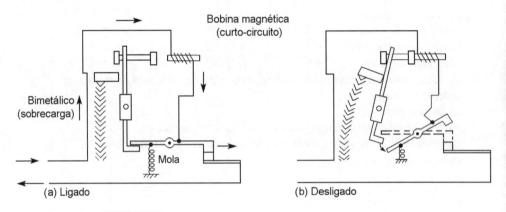

Figura 5.17 Disjuntor com proteção térmica e eletromagnética.

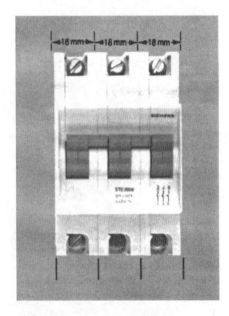

Figura 5.18 Minidisjuntor de proteção termomagnética, com dispositivo de corte ultrarrápido e câmara de extinção de arco de construção especial. Os minidisjuntores de baixa tensão, unipolares, bipolares e tripolares, tipo N, de fabricação Siemens, possuem corrente nominal de 0,5 A, 1 A, 2 A, 4 A, 6 A, 10 A, 15 A até 125 A.

Na Fig. 5.19, vemos que o motor é comandado pela botoeira (3), pelo relé térmico (1) e pelo disjuntor magnético (2). A botoeira pode ser substituída pelo comando por meio de um termostato, uma chave de boia, um pressostato, uma célula fotoelétrica etc.

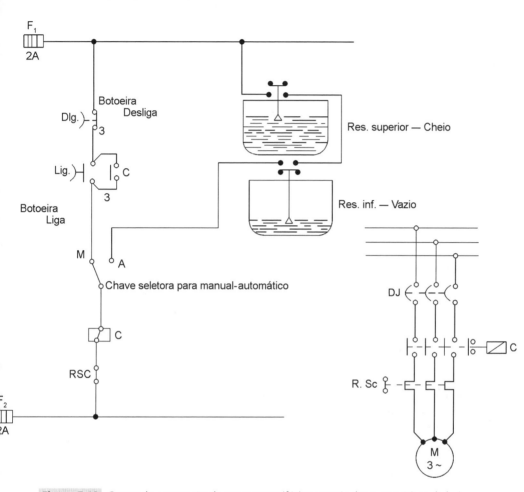

Figura 5.19 Comando e proteção de um motor trifásico através dos automáticos de boia.

5.3 Relés de Subtensão e Sobrecorrente

Muitos disjuntores, além dos elementos térmicos e eletromagnéticos, podem ter como acessórios bobina de mínima tensão (também chamada relé de subtensão), que numa falta ou queda de tensão interrompe a passagem de corrente, não danificando os equipamentos (no caso, um motor trifásico ligado à rede de alimentação). Na Fig. 5.20, vê-se que o relé (eletroímã) (1) mantém a peça (2), travando a peça e (3) fechando o circuito. A mola (4) não tem condições de fazer baixar a peça (2). Faltando tensão, o eletroímã (1) não funciona e a mola (4) desloca a peça (2). Com isso, a barra (3) é destravada e, acionada pela mola (5), desarma as três fases da chave, e esta só poderá ser rearmada manualmente.

Assim, há certeza de que o motor não voltará a funcionar enquanto a tensão não se restabelecer.

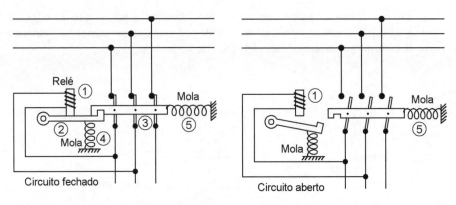

Figura 5.20 Relé de mínima tensão.

5.4 Dispositivo Diferencial-residual. Proteção Contracorrente de Fuga à Terra, Sobrecarga e Curto-circuito

Este dispositivo tem por finalidade a proteção de vidas humanas contra acidentes provocados por choques, no contato acidental com redes ou equipamentos elétricos energizados. Oferece, também, proteção contra incêndios que podem ser provocados por falhas no isolamento dos condutores e equipamentos. A experiência mostra que não se pode, na prática, evitar que ocorra uma certa corrente de fuga natural para a terra, apesar do isolamento da instalação. Quando a corrente de fuga atinge valor que possa comprometer a desejada segurança para seres humanos (30 mA) e instalações industriais (500 mA), o dispositivo atua, desligando o circuito. O interruptor de corrente DR pode ser usado em redes elétricas com neutro aterrado, sendo necessário que o neutro aterrado seja conectado ao dispositivo. Após este dispositivo, o neutro aterrado deve se tornar um neutro isolado, dando origem a um circuito a 5 fios (3F + N + T).

Como exemplo, citamos o modelo DR, tipo 5SM134, que funciona para uma corrente nominal de 40 A e desarma para uma corrente nominal de fuga de 30 mA, sob tensões de 220 a 380 V.

A Tabela 5.3 indica, também, o interruptor para corrente nominal de fuga de 500 mA, aplicável, apenas, para proteção de instalações prediais e industriais contra riscos de incêndio, uma vez que esse valor de corrente de fuga ultrapassa em muito o limite permissível para proteção contra riscos pessoais.

A Fig. 5.21 mostra o interruptor de corrente de fuga modelo DR, da Siemens, para $I_{nominal} = 40$ A e $I_{fuga} = 30$ mA.

Tabela 5.3 Interruptores de corrente de fuga DR. Fabricante Siemens

Tipo	Corrente nominal (A)	Corrente nominal de fuga (mA)	Tensão de operação (V)	Proteção de curto-circuito fusível máximo
55M1 344-0	40	30	220-380	100
55M1 346-0	63	30	220-380	100
55M3 345-0	125	30	220-380	125
55M1 744-0	40	500	220-380	100

Figura 5.21 Interruptor de corrente de fuga DR, modelo 5SM1. Fabricante Siemens.

Além da proteção convencional de circuito e aparelhos domésticos, recomenda-se a instalação de interruptor de corrente de fuga em casas e apartamentos onde é considerável o número de aparelhos domésticos, o que tende a aumentar o perigo de acidentes. Em locais úmidos, ambientes molhados ou com riscos de incêndio, são especialmente recomendados.

Efeitos da corrente de fuga

Observando-se as cinco faixas da Fig. 5.22, vemos que a faixa 1, até 0,5 mA, representa as condições para as quais não há reação. Para a faixa 2, não há normalmente efeito fisiopatológico. Na faixa 3 não há perigo de fibrilação. Já na faixa 4 há possibilidade de ocorrer fibrilação (probabilidade de 50 %). Na faixa 5 há perigo de fibrilação (probabilidade maior que 50 %).

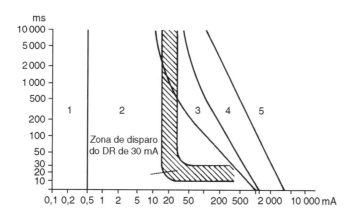

Figura 5.22 Influência da corrente elétrica sobre o corpo humano.

5.5 Relés de Tempo

São dispositivos para utilização em manobras que exigem temporização, em esquemas de comando, para partida, proteção e regulagem. Eles têm excitação permanente e acionamento em corrente alternada. Os relés de tempo do tipo eletrônico também podem ter aplicações em corrente contínua.

Figura 5.23 Relé de tempo eletrônico 3RP15. Fabricante Siemens.

5.6 Master Switch

Quando se pretende comandar, de um único ponto, várias lâmpadas situadas em locais diferentes, pode-se empregar o *master switch*, ou seja, *chave-mestra* do circuito ou dos circuitos em que se acham as lâmpadas ou aparelhos. As lâmpadas podem ter por finalidade o alarme contra incêndio e podem ser substituídas por cigarras, sirenes ou outras formas de aviso de alarme, em uma emergência. O *master switch*, quando associado em um ou mais circuitos com interruptores paralelo e intermediário, atua de modo que as lâmpadas sejam normalmente comandadas por estes interruptores e, na emergência ou quando desejado, pela chave descrita (Fig. 5.24).

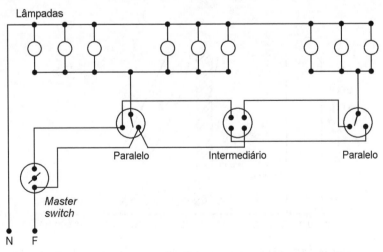

Figura 5.24 Comando de um conjunto de pontos ativos por uma chave-mestra (*master switch*).

Automático de boia

A ligação e o desligamento automático das bombas de água de um edifício são realizados por um dispositivo conhecido como *automático de boia*, *chave de boia* ou por "*controle automático*" de nível.

Um dos sistemas mais empregados, por permitir o comando da bomba, conforme a exigência do reservatório superior e a disponibilidade de água no reservatório inferior, utiliza o deslocamento de uma haste de latão vertical ao longo da qual desliza um flutuador, em função do nível no reservatório. Existem dois "esbarros" fixados por parafusos à haste, nas posições extremas entre as quais se permite que o nível varie. Quando o nível atinge sua posição mais elevada, o flutuador empurra o "esbarro" e a haste para cima, movimentando um interruptor de tipo especial, que permite a passagem da corrente pela bobina de uma chave termomagnética, ligando

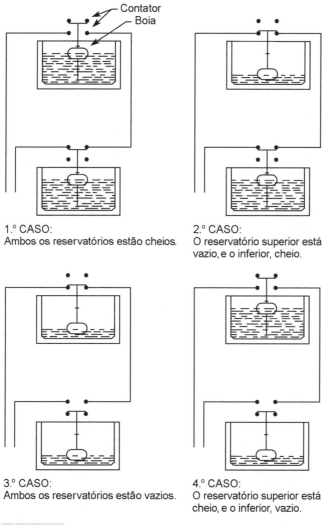

Figura 5.25 Esquema de funcionamento dos automáticos de boia.

assim o motor da bomba. Ao atingir o nível inferior, a boia ou o flutuador pressiona para baixo a haste, o que faz o interruptor atuar no sentido inverso da hipótese anterior. Instala-se um automático de boia superior e um inferior, respectivamente, nos reservatórios superior e inferior. A operação mencionada refere-se ao reservatório inferior.

O regulador de nível Flygt é também muito empregado. Consta de um invólucro de polipropileno com formato de uma pera, no interior do qual é colocado um interruptor de ampola contendo mercúrio. O invólucro é suspenso pelo próprio cabo elétrico. Quando o nível do líquido no reservatório superior atinge o nível mínimo estabelecido, o interruptor de mercúrio estabelece contato e a corrente atuará sobre a bobina do disjuntor, ligando a bomba. Ao atingir o nível máximo desejado, outro interruptor desliga a bomba.

Quando se deseja instalar um sistema de alarme, deve-se usar um terceiro regulador. No caso do reservatório inferior, quando o nível atinge a posição mais baixa permitida, o interruptor desliga a bomba.

A Fig. 5.26 mostra a instalação do regulador de nível Flygt, muito usado em instalações de água, esgotos e industriais. Para comando de enchimento do reservatório superior, ligam-se os fios vermelho (1) e branco (3) e isola-se o fio preto (2). Para bombear água do reservatório inferior para o superior, ligam-se os fios vermelho (1) e preto (2) e isola-se o fio branco (3).

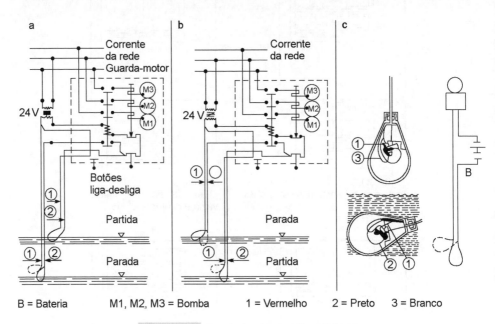

Figura 5.26 Regulador de nível Flygt ENH-10.

5.7 Relé de Partida

Existem equipamentos de baixa potência, como geladeiras, bebedouros de água gelada, que ligam e desligam com muita frequência. Para atenuar o efeito do torque na partida, onde a corrente de partida é várias vezes maior do que a de marcha normal, usa-se, em equipamentos onde a frequência de ligações é grande, o *relé de partida*, cujo funcionamento pode ser compreendido pela análise da Fig. 5.28.

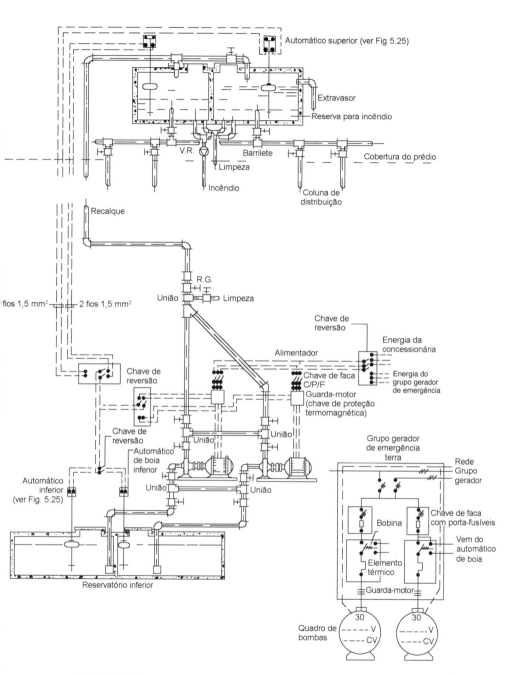

Figura 5.27 Esquema elétrico para instalação de bombeamento predial.

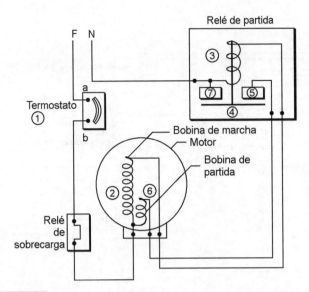

Figura 5.28 Emprego do relé de partida para motor de pequena potência.

A utilização do relé supõe a existência no motor, além do enrolamento normal, de uma bobina de partida, dotada de um número bem menor de espiras do que o da bobina de marcha.

Suponhamos que, por uma elevação de temperatura, o termostato (1) de uma geladeira, por exemplo, ligue os contatos a e b. A corrente passa pela bobina de marcha (2) e pela bobina (3) do relé, a qual atrairá a peça (4). Com isto, a corrente encontra um percurso de menor resistência passando pela bobina de partida (6) e pelas peças (5), (4) e (7). O motor poderá, então, partir com uma intensidade de corrente maior, o que lhe permite um maior torque. Logo que entre em regime normal, a bobina de partida (6) desliga, funcionando o motor apenas com a bobina de marcha (2). A ocorrência de maior intensidade da corrente na partida do motor é percebida às vezes por uma breve redução na intensidade luminosa das lâmpadas, devido à maior queda de tensão na partida do motor.

5.8 Comando por Células Fotoelétricas

É conveniente, em muitos casos, que as luminárias de iluminação pública, de pátios industriais, de avisos de perigo etc. sejam operadas automaticamente, ligando quando o nível de iluminamento (intensidade luminosa) abaixar ao anoitecer (8 a 10 lux) e desligando ao amanhecer (80 a 100 lux). Usam-se, para este fim, as células fotoelétricas, também denominadas fotorresistores, dispositivos que utilizam a energia luminosa como meio de acionamento para emissão de energia elétrica. Quando se trata de uma única lâmpada, é suficiente instalar uma célula próxima à luminária. Se se pretende comandar várias lâmpadas por uma única célula, deve-se introduzir um contator, cuja atuação será provocada pela célula.

A Fig. 5.29 apresenta o esquema de um fotointerruptor. A Fig. 5.30 mostra o diagrama de comando de luminárias a distância, com a instalação de contator e fusíveis de proteção.

Pode-se observar na Fig. 5.30 que existe um interruptor paralelo que possibilita a ligação automática ou manual, quando se atua sobre a botoeira.

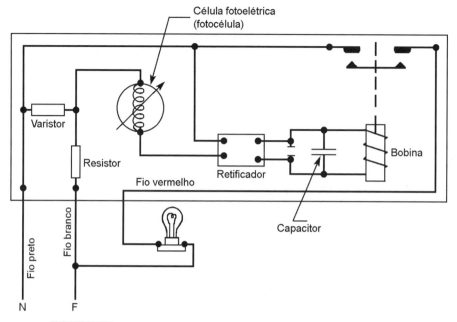

Figura 5.29 Esquema de um fotointerruptor comandando uma lâmpada.

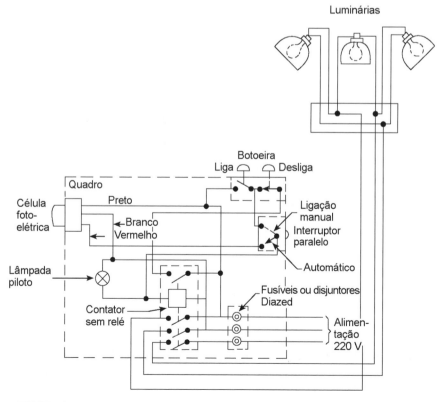

Figura 5.30 Comando de luminárias com fotocélula, contator e interruptor paralelo.

5.9 Seletividade

A seletividade representa a possibilidade de uma escolha adequada de fusíveis e disjuntores, de tal modo que, ao ocorrer um defeito em um ponto da instalação, o desligamento afete uma parte mínima da instalação. Para que isso aconteça, é necessário que a proteção mais próxima do defeito ocorrido venha a ser a primeira a atuar. Deve-se, então, *coordenar* os tempos de atuação dos disjuntores de proteção, de tal modo que os tempos de desligamento cresçam à medida que as proteções se achem mais afastadas das cargas, no sentido da fonte de surgimento de energia.

Vejamos os casos principais.

5.9.1 Seletividade entre fusíveis

Suponhamos (Fig. 5.31) uma alimentação com proteção de um fusível de entrada, havendo três ramificações saindo de um barramento, protegidas também por fusíveis. Supondo correntes de serviço diferentes nos ramais, quando houver um defeito (falta), os fusíveis serão percorridos pela mesma corrente de curto-circuito.

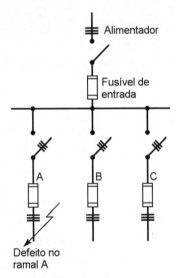

Figura 5.31 Proteção de linha e ramais com fusíveis.

Como regras teremos:
— Fusíveis em série serão seletivos quando suas curvas características de fusão (suas faixas de dispersão) não tiverem nenhum ponto de interseção e mantiverem uma distância suficiente entre si (ver Fig. 5.32b).

5.9.2 Seletividade entre disjuntores

A seletividade entre disjuntores em série só é possível quando o nível das correntes de curto varia suficientemente nos diferentes pontos da instalação. A corrente de operação do disjuntor de entrada será ajustada para um cabo de corrente superior à maior corrente de curto possível de ser atingida

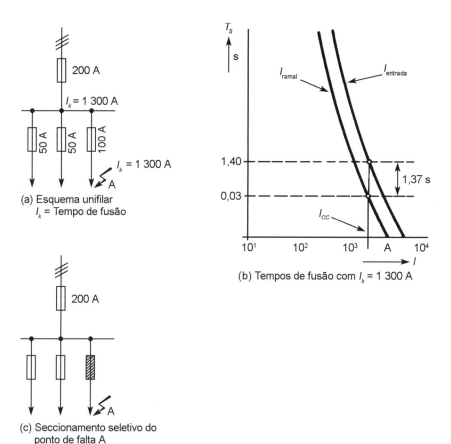

Figura 5.32 Seletividade entre fusíveis em série.

no ponto onde o disjuntor de ramal for instalado. Há casos em que as correntes de curto variam muito pouco devido à baixa impedância dos condutores, então só haverá seletividade através de disparadores de sobrecorrente de curta temporização no disjuntor de entrada.

Suponhamos dois disjuntores: A protegendo a linha e A' protegendo um ramal (ver Fig. 5.33).

Na faixa correspondente à sobrecarga, a curva A-B do disjuntor de entrada deverá estar sempre acima da curva A'-B' do disjuntor do ramal (ver Fig. 5.34).

Para a corrente de um curto-circuito, I_{cc}, a diferença Δt, entre os tempos de atuação dos dois disjuntores, deverá ser maior do que 150 milissegundos.

$\Delta t \geq 150$ ms para disparadores eletromagnéticos.
$\Delta t \geq 70$ ms para disparadores de curta temporização.

A corrente de operação dos disjuntores com disparador de curta temporização deve ser ajustada para um valor superior ou igual a 25 % do valor ajustado para o disjuntor de ramal.

$$I_{D(\text{entrada})} \geq 1{,}25 \times I_{\text{ramal}} \tag{5.2}$$

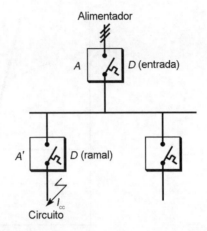

Figura 5.33 Proteção de linha e ramais com disjuntores.

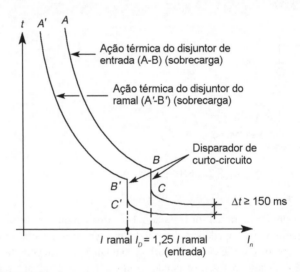

Figura 5.34 Proteção com disjuntores em ramais e alimentadores.

5.9.3 Seletividade entre disjuntor e fusíveis em série

Vê-se pela Fig. 5.36 que só existirá seletividade na faixa de sobrecarga se a curva característica dos fusíveis não tiver nenhum ponto de interseção com a curva característica dos disparadores de sobrecorrente térmicos dos disjuntores.

Na prática, o tempo entre os disparadores de sobrecorrente e a curva dos fusíveis é da ordem de 100 ms.

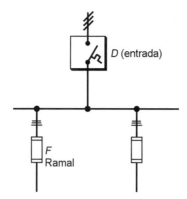

Figura 5.35 Proteção com disjuntor e fusíveis nos ramais.

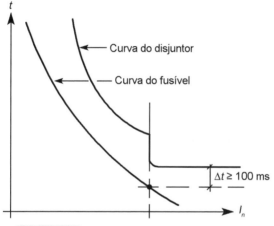

Figura 5.36 Seletividade entre disjuntor e fusível.

5.10 Variador da Tensão Elétrica

O controle da intensidade luminosa de uma ou mais lâmpadas de um circuito é, em geral, realizado utilizando-se a seguinte solução:

5.10.1 Emprego de um *dimmer* ou atenuador

O *dimmer* é um variador de tensão que utiliza recursos eletrônicos. Eles dispensam a passagem da corrente através de resistências para dissipação da energia elétrica em calor. Fazem a luminosidade das lâmpadas ou a velocidade dos motores variar de zero a um máximo. Contêm uma resistência fixa, além de uma resistência variável (potenciômetro), dois capacitores, um tiristor e um diodo. O operador gira um botão ou desloca um pino, para variar a resistência do potenciômetro. A atuação do diodo (diac) sobre o tiristor (triac) fará variar a tensão aplicada e os capacitores exercerão uma função reguladora do sistema eletrônico, completando-o.

Os *dimmers* são encontrados em potências que variam de 300 W a 1 000 W e podem ser rotativos ou digitais.

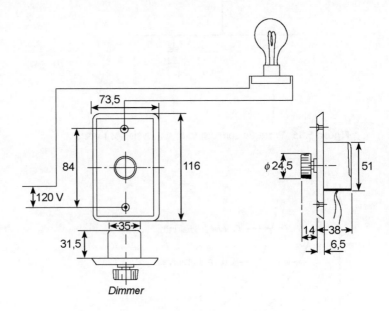

Figura 5.37 *Dimmer* (atenuador).

Biografia

WATT, JAMES (1736-1819)

Fabricante de instrumentos e engenheiro, foi inventor do moderno motor a vapor. Watt teve pouca educação formal devido à sua saúde frágil, mas suas habilidades tornaram-no capaz de destacar-se como um fabricante de instrumentos na Universidade de Glasgow. Enquanto fazia o conserto de um motor a vapor, Watt percebeu que sua eficiência poderia ser muito aumentada se lhe adicionasse um condensador separado, evitando a perda de energia através da condensação da água no cilindro. Ele criou uma sociedade com M. Boulton (1728-1809), em Birmingham, para desenvolver a ideia e melhorar o motor em outros aspectos e, em 1790, produziu o motor Watt, que se tornou crucial para o sucesso da Revolução Industrial. Seu motor passou a ser usado para mover as bombas que retiravam água das minas e faziam funcionar as máquinas das fábricas, na produção de farinha, no fabrico de tecidos de algodão e na produção de papel.

Watt aposentou-se muito rico em 1800. A unidade de potência no SI é o watt, em sua homenagem.

Contra o Desperdício de Energia. Correção do Fator de Potência. Harmônicos nas Instalações de Edifícios

6.1 Fundamentos

Vimos anteriormente o que significa *fator de potência* (item 1.5.2 do Capítulo 1). O conceito desse fator nasce do fato de as indutâncias dos motores de indução, reatores e transformadores consumirem energias reativas além da energia ativa (devido ao aquecimento dos condutores ou lâmpadas e realização de trabalho mecânico). Essa energia reativa é consequência do efeito de autoindução na formação do campo magnético pela passagem da corrente nas bobinas dos equipamentos citados. O mesmo fato ocorre para motores síncronos, quando trabalhando subexcitados. A energia reativa não é medida pelos medidores de energia usuais, embora seja consumida, pois corresponde a uma troca de energia entre o gerador e o equipamento receptor. A energia efetivamente medida no medidor de watts-hora é a *ativa* e, como vimos, a potência correspondente é medida em watts.

Se um sistema de distribuição tiver seus condutores e equipamentos dimensionados para uma certa queda de tensão e *um fator de potência igual a 1*, isto é, na suposição de que a potência aparente (volts × ampères) seja igual à potência ativa ou efetiva (watts). Caso o *fator de potência seja na realidade inferior a 1*, haverá um aumento

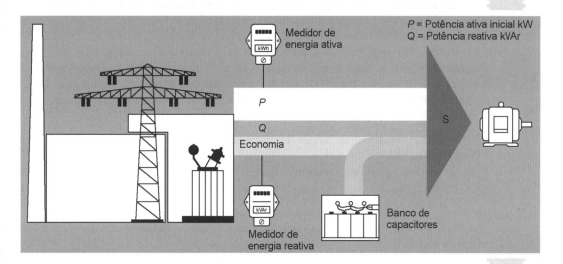

Figura 6.1 Esquema indicando o percurso da energia que alimenta um motor, com o auxílio de banco de capacitores.

na intensidade da corrente e, como consequência, maior queda de tensão e, portanto, menor tensão nos equipamentos. Por outro lado, a baixa < 1 no fator de potência provocará:

a) Menor intensidade luminosa das lâmpadas.
b) Maior corrente de partida nos motores de indução.
c) Menor corrente nos equipamentos de aquecimento e consequente alta na temperatura de operação.
d) Funcionamento das máquinas com maior rendimento.

Em residências e escritórios, em geral, o fator de potência é bem próximo da unidade, uma vez que as cargas resistivas têm grande predominância sobre as indutivas. O mesmo não acontece em indústrias, pois a carga indutiva, devido principalmente a motores, fornos de indução, iluminação fluorescente ou a vapor de mercúrio, pode representar parcela considerável da carga total. Esta elevada carga indutiva e consequente fator de potência baixo representa, em resumo, uma sobre-carga para a instalação industrial e, também, para a rede da empresa concessionária de energia. Pelos inconvenientes que lhe acarreta o fornecimento a um consumidor com baixo fator de potência, a Concessionária cobra uma sobretaxa incidente sobre a tarifa normal, pois esta tolera *um fator de potência mínimo igual a 0,92.*

6.2 Regulamentação sobre o Fator de Potência

A regulamentação sobre o fator de potência (fornecimento de energia reativa) pelas concessioná-rias de energia elétrica é estabelecida nas "Condições Gerais de Fornecimento de Energia Elétrica" pela ANEEL – Agência Nacional de Energia Elétrica, estando atualmente em vigor a Resolução nº 456, de 29 de novembro de 2000.

Essa Resolução determina que o valor do fator de potência mínimo de referência é de 0,92, sendo permitido à concessionária efetuar a medição e faturamento da energia reativa e capacitiva (anteriormente somente a energia reativa indutiva era medida), podendo fazê-lo durante um período de 6 horas consecutivas entre 23h30 e 6h30 (período a ser definido pela concessionária) ficando, nesse caso, a medição da energia reativa indutiva limitada ao período das 18 horas complementares ao período definido como de verificação de energia reativa capacitiva.

O excedente reativo indutivo ou capacitivo, que ocorre quando o fator de potência indutivo ou capacitivo é inferior ao valor de referência de 0,92, é cobrado com tarifa de energia ativa e de demanda ativa (R$/kWh e R$/kW) e introduz o conceito de energia ativa reprimida ou seja, a cobrança pelo "espaço" ocupado pela circulação de excedente reativo no sistema elétrico.

O cálculo do fator de potência poderá ser feito de duas formas distintas:

– *por avaliação mensal*: através de valores de energia ativa e reativa medidos durante o ciclo de faturamento;
– *por avaliação horária*: através de valores de energia ativa e reativa medidos em intervalos de 1 hora, seguindo-se os períodos anteriormente mencionados, para verificação de energia reativa indutiva e capacitiva.

A fórmula do cálculo do fator de potência utilizada pelo sistema de faturamento, para a avaliação mensal ou horária é:

$$FP = \cos \operatorname{arctg} \frac{\text{kVArh}}{\text{kWh}}$$

Os artigos 64 a 69 da Resolução n.º 456 apresentam as fórmulas de apuração dos excedentes de demanda e de consumos reativos.

Exemplo 6.1

Em uma indústria, a potência efetiva é de 150 kW. O fator de potência é igual a 0,65 em atraso. Qual a corrente que está sendo demandada à rede trifásica de 220 V, e qual seria a corrente se o fator de potência fosse igual a 0,92?

Solução

Tracemos o diagrama, ver Fig. 6.2, considerando que:
φ_1 = arc cos 0,65 = 49,46°
φ_2 = arc cos 0,92 = 23,07°

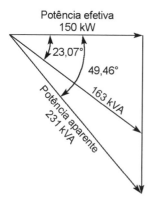

Figura 6.2 Diagrama vetorial mostrando os elementos considerados no Exemplo 6.1.

Potência aparente ou total.

1.º caso: $kVA = \dfrac{150}{0,65} = 231$ kVA, para cos $\varphi_1 = 0,65$

2.º caso: $kVA = \dfrac{150}{0,92} = 163$ kVA, para cos $\varphi_2 = 0,92$

Intensidade da corrente (Tabela 6.4).

$I = \dfrac{kVA \times 1\,000}{U \times \sqrt{3}}$ quando se conhece a potência em kVA

Para cos $\varphi_1 = 0,65$, $I = \dfrac{231 \times 1\,000}{220 \times \sqrt{3}} = 606$ A

Para cos $\varphi_2 = 0,92$, $I = \dfrac{163 \times 1\,000}{220 \times \sqrt{3}} = 428$ A

Haverá, portanto, uma redução na corrente de 606 − 428 = 178 A, com o fator de potência igual a 0,92. Com o aumento do fator de potência, a queda de tensão nos condutores diminui e melhora a eficiência de todo o sistema ligado à rede.

EXEMPLO 6.2

Suponhamos uma indústria que possua a seguinte carga instalada:

a) Iluminação incandescente — 20 kW.
b) Iluminação fluorescente — demanda máxima de 100 kW, fator de potência (médio) = 0,90 (em atraso).
c) Motores de indução diversos — demanda máxima de 250 cv = 184 kW. Fator de potência (médio) = 0,80 (em atraso).
d) Dois motores síncronos de 50 cv acionando compressores, 2 × 50 cv = 100 cv, ou 73,6 kW. Fator de potência = 0,90 (em avanço).
Calcular as potências aparente, efetiva e reativa, e o fator de potência da instalação da fábrica.

Solução

Representemos, graficamente, as cargas, sob a forma de um diagrama de blocos (ver Fig. 6.3).

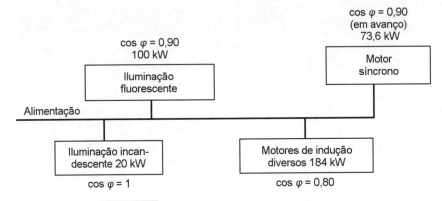

Figura 6.3 Representação esquemática das cargas.

Consideremos cada tipo de carga isoladamente.

a) *Iluminação incandescente*
$P_{ativa} = 20$ kW; $\cos \varphi = 1$

$$P_a = 20 \text{ kVA}$$
$$P = 20 \text{ kW}$$
$$\cos \varphi = 1$$

Figura 6.4 Diagrama vetorial mostrando os elementos considerados no Exemplo 6.2, para $\cos \varphi = 1$.

b) *Iluminação fluorescente e equipamentos indutivos*
$P_{ativa} = 100$ kW; $\cos \varphi = 0,90$ (atraso)
$\varphi = 25,84°$

Potência total $P_a = \dfrac{P}{\cos \varphi} = \dfrac{100}{0,90} = 111$ kVA

Potência reativa $P_r = P \times \mathrm{tg}\, \varphi = 100 \times 0,484 = 48,4$ kVAr

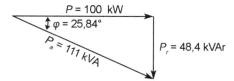

Figura 6.5 Diagrama vetorial mostrando os elementos considerados no Exemplo 6.2, para cos $\varphi = 0,90$ (atraso).

c) *Motores de indução diversos*
$P_{\mathrm{ativa}} = 184$ kW; cos $\varphi = 0,80$ (atraso)
$\varphi = 36,87°$

Potência total $P_a = \dfrac{P}{\cos \varphi} = \dfrac{184}{0,80} = 230$ kVA

Potência reativa, $P_r = P \times \mathrm{tg}\, \varphi = 184 \times 0,75 = 138$ kVAr

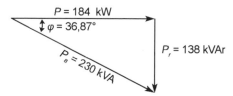

Figura 6.6 Diagrama vetorial mostrando os elementos considerados no Exemplo 6.2, para cos $\varphi = 0,80$ (atraso).

d) *Motor síncrono*
$P_{\mathrm{ativa}} = 73,6$ kW; cos $\varphi = 0,90$ (avanço)
$\varphi = 25,84°$

Potência total $P_a = \dfrac{P}{\cos \varphi} = \dfrac{73,6}{0,9} = 81,78$ kVA

Potência reativa $P_r = P \times \mathrm{tg}\, \varphi = 73,6 \times 0,484 = 35,6$ kVAr

Figura 6.7 Diagrama vetorial mostrando os elementos considerados no Exemplo 6.2, para cos $\varphi = 0,90$ (avanço).

Somemos os vetores, considerando que o motor síncrono tem um efeito capacitivo de compenar 35,6 kVAr da potência reativa.

Potência ativa $P = 20 + 100 + 184 + 73,6 = 377,6$ kW
Potência reativa $P_r = 0 + 48,4 + 138 - 35,6 = 150,8$ kVAr

Representemos o diagrama com os vetores P_a e P_r.

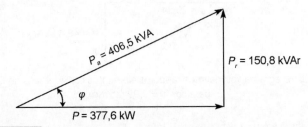

Figura 6.8 Diagrama vetorial mostrando os elementos considerados no Exemplo 6.2, para P_a e P_r.

Podemos achar o cos φ e P_{total}

$$\text{tg } \varphi = \frac{P_r}{P} = \frac{150,8}{377,6} = 0,399$$

φ 21,77°

O fator de potência da instalação será:

cos φ = cos 21,77° = 0,929; observe que o fator de potência está de acordo com a Resolução nº 456, da ANEEL.

sen $\varphi = 0,370$

Potência total da instalação completa:

$$P_a = \frac{P}{\cos \varphi} = \frac{377,6}{0,929} = 406,5 \text{ kVA}$$

Se não houvesse o motor síncrono, teríamos um fator de potência bem menor que 0,929. De fato:

Potência ativa $P = 20 + 100 + 184 = 304$ kW

Potência reativa $P_r = 0 + 48,4 + 138 = 186,4$ kVAr

$$\text{tg } \varphi = \frac{P_r}{P} = \frac{186,4}{304} = 0,613$$

$\varphi = 31,5°$
e
cos $\varphi = 0,852$

A presença dos dois motores síncronos superexcitados, em paralelo com a carga, fez com que o fator de potência passasse de 0,852 para 0,929. Se, em vez de termos motores síncronos acionando os compressores tivéssemos motores de indução, com cos $\varphi = 0,85$, as potências consumidas pelos dois motores seriam:

$P_a = 73,6$ kW $\div$ 0,85 = 86,59 kVA
$\varphi = 31,79°$
tg $\varphi = 0,620$
$P_r = P \times$ tg $\varphi = 73,6 \times 0,620 = 45,62$ kVAr

As potências totais instaladas seriam:

$P = 20 + 100 + 184 + 73,6 = 377,6$ kW
$P_r = 0 + 48,4 + 138 + 45,62 = 232,02$ kVAr

$$\text{tg } \varphi = \frac{P_r}{P} = \frac{232,02}{377,6} = 0,614$$

$\varphi = 31,57°$
cos $\varphi = 0,85$

Esse valor de cos φ não está de acordo com as exigências atuais. A correção do fator de potência para 0,92 poderia dar-se, por exemplo, com emprego de capacitores.

A potência total da instalação em estudo seria:

$P_a = P \div$ cos $\varphi = 377,6 \div 0,85 = 443$ kVA

Vemos assim que, se os compressores fossem acionados por dois motores de indução de 50 cv em vez de motores síncronos da mesma capacidade, seria necessária uma potência adicional de

443 kVA − 406,5 kVA = 36,5 kVA

Com o emprego dos motores síncronos, houve, por assim dizer, uma liberação de 36,5 kVA em benefício da rede, o que se busca hoje em todo o sistema elétrico nacional.

6.3 Correção do Fator de Potência

Vimos, com os exemplos analisados, a conveniência e até a necessidade de se melhorar o fator de potência de uma instalação para atender às exigências da concessionária e alcançar economia na despesa com a energia elétrica. Esta melhoria consegue-se instalando *capacitores* em paralelo com a carga, de modo a reduzirem a potência reativa obtida da rede externa.

Suponhamos que uma instalação tenha uma carga instalada, tal como a representada na Fig. 6.9a.

Existe uma potência efetiva P e, em consequência do fator de potência cos φ_1, a potência aparente ou total é P_a. Pretendemos reduzir o fator de potência, o que equivale a reduzir a componente reativa P_{r1} da potência para o valor P_{r2} (ver Fig. 6.9b), mantendo, porém, o mesmo valor da potência efetiva P. Façamos a superposição dos diagramas (ver Fig. 6.9c).

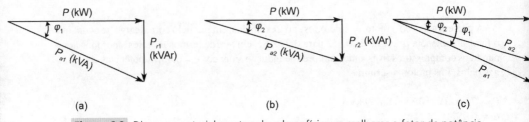

(a)　　　　　　　　　　(b)　　　　　　　　　　(c)

Figura 6.9 Diagrama vetorial mostrando o benefício em melhorar o fator de potência.

Podemos escrever:

$P_{r1} = P \times \text{tg } \varphi_1$
$P_{r2} = P \times \text{tg } \varphi_2$

Para reduzir a potência reativa de P_{r1} para P_{r2}, deverá ser ligada uma *carga capacitiva* igual a:

$P_{r1} = P_{r2}$, ou seja,

$$P_c = P_{r1} - P_{r2} = P\,(\text{tg } \varphi_1 - \text{tg } \varphi_2) \qquad (6.1)$$

Embora não haja a menor dificuldade em aplicar fórmula tão simples, pode-se, contudo, utilizar a Tabela 6.1, que fornece o multiplicador (tg φ_1 – tg φ_2) em função do fator de potência original (cos φ_1) e daquele que se pretende obter (cos φ_2).

Exemplo 6.3

Uma indústria tem instalada uma carga de 200 kW. Verificou-se que o fator de potência é igual a 85 % (em atraso).

Qual deverá ser a potência (kVAr) de um capacitor que, instalado, venha a reduzir a potência reativa, de modo que o fator de potência atenda às prescrições da concessionária, isto é, seja igual (no mínimo) a 92 %?

Solução

Potência ativa: $P = 200$ kW

cos $\varphi_1 = 0{,}85$. Logo, $\varphi_1 = 31{,}78°$ e tg $\varphi_1 = 0{,}619$
cos $\varphi_2 = 0{,}92$. Logo, $\varphi_2 = 23{,}07°$ e tg $\varphi_2 = 0{,}425$

Portanto, usando a Fórmula 6.1, teremos para a potência reativa a ser compensada pelo capacitor:

$P_c = P\,(\text{tg } \varphi_1 - \text{tg } \varphi_2) = 200\,(0{,}619 - 0{,}425) = 38{,}8$ kVAr

Podemos usar a Tabela 6.1. Entrando com cos $\varphi_1 = 0{,}85$ e cos $\varphi_2 = 0{,}92$, obtemos (tg φ_1 – tg φ_2) = 0,191.

$P_c = 200 \times 0{,}191 = 38{,}2$ kVAr

Poderíamos usar um capacitor trifásico de 40 kVAr.
A Fig. 6.10 mostra um capacitor trifásico da WALTEC Eletro-Eletrônica Ltda.

Figura 6.10 Capacitores trifásicos da WALTEC Eletro-Eletrônica Ltda.

6.4 Aumento na Capacidade de Carga pela Melhora do Fator de Potência

Em indústrias, algumas vezes, torna-se necessário um acréscimo de carga. Acontece não ser possível aumentar o suprimento de energia, por estar a instalação no limite de sua capacidade, ou a rede sobrecarregada. Recorre-se, então, à instalação de capacitores, para reduzir a potência reativa absorvida (kVAr), aumentando o fator de potência, e, assim, fazer crescer a potência efetiva ou ativa (kW), sem afetar a potência total ou aparente da instalação (kVA).

Vejamos como isto se realiza.

Chamemos de P_i a potência ativa inicial (kW).

N_i a potência total inicial (kVA).

Q_i a potência reativa inicial (kVAr).

P_f a potência ativa final (kW).

N_f a potência total final (kVA).

Q_f a potência reativa final (kVAr).

Q_c a potência reativa fornecida pelos capacitores.*

---

*Nota: A partir de agora, as potências ativa, aparente e reativa serão designadas por P, N e Q, respectivamente.

Representemos o esquema com estes vetores (ver Fig. 6.12), notando que,

$$\cos \varphi_i = \frac{P_i}{N_i} \quad \quad (6.2)$$

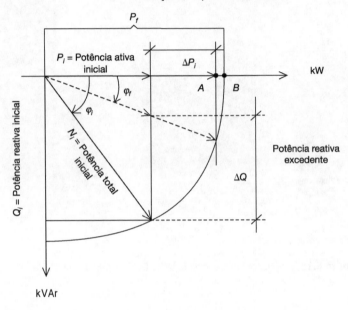

Figura 6.11 Esquema vetorial indicando os parâmetros que atuam na correção do fator de potência.

Seja ΔP_i o acréscimo de potência ativa pretendida. Vejamos que redução na potência reativa deverá ser realizada. Marquemos o valor de $\Delta P_i = \overline{AB}$, no prolongamento de $\overline{OA}$. Levantemos uma perpendicular a $\overline{OB}$ pelo ponto B, até o ponto C, sobre a circunferência de raio $\overline{OD} = N_i$, $\overline{BC}$ vem a ser a potência reativa quando a potência ativa for igual a $P_i + \Delta P_i$, isto é, quando tiver ocorrido o acréscimo ΔP_i.

Tracemos $\overline{CE}$ paralelo a $\overline{AB}$. $\overline{DF}$ será a redução na potência reativa a ser obtida com o capacitor, para se obter a potência ativa $P_i + \Delta P_i$ e a reativa $\overline{BC}$. Para calcularmos $\overline{DF}$, notemos que:

$\overline{DF} = \overline{AD} - \overline{AF}$
$\overline{AF} = \overline{AE} - \overline{EF} = \overline{BC} - \overline{EF}$
$\overline{EF} = \overline{EC} \times \text{tg } \varphi_{\text{final}}$
$\overline{DF} = \overline{AD} - (\overline{BC} - \overline{EC} \times \text{tg } \varphi_{\text{final}})$

ou

$Q_c = Q_i - (Q_{\text{final}} - \Delta P_i \times \text{tg } \varphi_{\text{final}})$

Fator de potência desejado (%) $\cos\varphi_2$

Fator de potência original	0,80	0,81	0,82	0,83	0,84	0,85	0,86	0,87	0,88	0,89	0,90	0,91	0,92	0,93	0,94	0,95	0,96	0,97	0,98	0,99	1,00
0,50	0,982	1,008	1,034	1,060	1,086	1,112	1,139	1,165	1,192	1,220	1,248	1,276	1,306	1,337	1,369	1,403	1,442	1,481	1,529	1,590	1,732
0,51	0,937	0,962	0,989	1,015	1,041	1,067	1,094	1,120	1,147	1,175	1,203	1,231	1,261	1,292	1,324	1,358	1,395	1,436	1,484	1,544	1,687
0,52	0,893	0,919	0,945	0,971	0,997	1,023	1,050	1,076	1,103	1,131	1,159	1,187	1,217	1,248	1,280	1,314	1,351	1,392	1,440	1,500	1,643
0,53	0,850	0,876	0,902	0,928	0,954	0,980	1,007	1,033	1,060	1,088	1,116	1,144	1,174	1,205	1,237	1,271	1,308	1,349	1,397	1,457	1,600
0,54	0,809	0,835	0,861	0,887	0,913	0,939	0,966	0,992	1,019	1,047	1,075	1,103	1,133	1,164	1,196	1,230	1,267	1,308	1,356	1,416	1,559
0,55	0,769	0,795	0,821	0,847	0,873	0,899	0,926	0,952	0,979	1,007	1,035	1,063	1,090	1,124	1,156	1,190	1,228	1,268	1,316	1,377	1,519
0,56	0,730	0,756	0,782	0,808	0,834	0,860	0,887	0,913	0,940	0,968	0,996	1,024	1,051	1,085	1,117	1,151	1,189	1,229	1,277	1,338	1,480
0,57	0,692	0,718	0,744	0,770	0,796	0,822	0,849	0,875	0,902	0,930	0,958	0,986	1,013	1,047	1,079	1,113	1,151	1,191	1,239	1,300	1,442
0,58	0,655	0,681	0,707	0,733	0,759	0,785	0,812	0,838	0,865	0,893	0,921	0,949	0,976	1,010	1,042	1,076	1,114	1,154	1,202	1,263	1,405
0,59	0,618	0,644	0,670	0,696	0,722	0,748	0,775	0,801	0,828	0,856	0,884	0,912	0,943	0,973	1,005	1,039	1,077	1,117	1,165	1,226	1,368
0,60	0,584	0,610	0,636	0,662	0,688	0,714	0,741	0,767	0,794	0,822	0,850	0,878	0,905	0,939	0,971	1,005	1,043	1,083	1,131	1,192	1,334
0,61	0,549	0,575	0,601	0,627	0,653	0,679	0,706	0,732	0,759	0,787	0,815	0,843	0,870	0,904	0,936	0,970	1,008	1,048	1,096	1,157	1,299
0,62	0,515	0,541	0,567	0,593	0,619	0,645	0,672	0,698	0,725	0,753	0,781	0,809	0,836	0,870	0,902	0,936	0,974	1,014	1,062	1,123	1,265
0,63	0,483	0,509	0,535	0,561	0,587	0,613	0,640	0,666	0,693	0,721	0,749	0,777	0,804	0,838	0,870	0,904	0,942	0,982	1,030	1,091	1,233
0,64	0,450	0,476	0,502	0,528	0,554	0,580	0,607	0,633	0,660	0,688	0,716	0,744	0,771	0,805	0,837	0,871	0,909	0,949	0,997	1,056	1,200
0,65	0,419	0,445	0,471	0,497	0,523	0,549	0,576	0,602	0,629	0,657	0,685	0,713	0,740	0,774	0,806	0,840	0,878	0,918	0,966	1,027	1,169
0,66	0,388	0,414	0,440	0,466	0,492	0,518	0,545	0,571	0,598	0,626	0,654	0,682	0,709	0,743	0,775	0,809	0,847	0,887	0,935	0,996	1,138
0,67	0,358	0,384	0,410	0,436	0,462	0,488	0,515	0,541	0,568	0,596	0,624	0,652	0,679	0,713	0,745	0,779	0,817	0,857	0,905	0,966	1,108
0,68	0,329	0,355	0,381	0,407	0,433	0,459	0,486	0,512	0,539	0,567	0,595	0,623	0,650	0,684	0,716	0,750	0,788	0,828	0,876	0,937	1,079
0,69	0,299	0,325	0,351	0,377	0,403	0,429	0,456	0,482	0,509	0,537	0,565	0,593	0,620	0,654	0,686	0,720	0,758	0,798	0,840	0,907	1,049
0,70	0,270	0,296	0,322	0,348	0,374	0,400	0,427	0,453	0,480	0,508	0,536	0,564	0,591	0,625	0,657	0,691	0,729	0,769	0,811	0,878	1,020
0,71	0,242	0,268	0,294	0,320	0,346	0,372	0,399	0,425	0,452	0,480	0,508	0,536	0,563	0,597	0,629	0,663	0,701	0,741	0,783	0,850	0,992
0,72	0,213	0,239	0,265	0,291	0,317	0,343	0,370	0,396	0,423	0,451	0,479	0,507	0,534	0,568	0,600	0,634	0,672	0,712	0,754	0,821	0,963
0,73	0,186	0,212	0,238	0,264	0,290	0,316	0,343	0,369	0,396	0,424	0,452	0,480	0,507	0,541	0,573	0,607	0,645	0,685	0,727	0,794	0,936
0,74	0,159	0,185	0,211	0,237	0,263	0,289	0,316	0,342	0,369	0,397	0,425	0,453	0,480	0,514	0,546	0,580	0,618	0,658	0,700	0,767	0,909
0,75	0,132	0,158	0,184	0,210	0,236	0,262	0,289	0,315	0,342	0,370	0,398	0,426	0,453	0,487	0,519	0,553	0,591	0,631	0,673	0,740	0,882
0,76	0,105	0,131	0,157	0,183	0,209	0,235	0,262	0,288	0,315	0,343	0,371	0,399	0,426	0,460	0,492	0,526	0,564	0,604	0,652	0,713	0,855
0,77	0,079	0,105	0,131	0,157	0,183	0,209	0,236	0,262	0,289	0,317	0,345	0,373	0,400	0,434	0,466	0,500	0,538	0,578	0,620	0,686	0,829
0,78	0,053	0,079	0,105	0,131	0,157	0,183	0,210	0,236	0,263	0,291	0,319	0,347	0,374	0,408	0,440	0,474	0,512	0,552	0,594	0,661	0,803
0,79	0,026	0,052	0,078	0,104	0,130	0,156	0,183	0,209	0,236	0,264	0,292	0,320	0,347	0,381	0,413	0,447	0,485	0,525	0,567	0,634	0,776
0,80	0,000	0,026	0,052	0,078	0,104	0,130	0,157	0,183	0,210	0,238	0,266	0,294	0,321	0,355	0,387	0,421	0,459	0,499	0,541	0,608	0,750
0,81		0,000	0,026	0,052	0,078	0,104	0,131	0,157	0,184	0,212	0,240	0,268	0,295	0,329	0,361	0,395	0,433	0,473	0,515	0,582	0,724
0,82			0,000	0,026	0,052	0,078	0,105	0,131	0,158	0,186	0,214	0,242	0,269	0,303	0,335	0,369	0,407	0,447	0,496	0,556	0,696
0,83				0,000	0,026	0,052	0,079	0,105	0,132	0,160	0,188	0,216	0,243	0,277	0,309	0,343	0,381	0,421	0,463	0,536	0,672
0,84					0,000	0,026	0,053	0,079	0,106	0,134	0,162	0,190	0,217	0,251	0,283	0,317	0,355	0,395	0,437	0,504	0,645
0,85						0,000	0,027	0,053	0,080	0,108	0,136	0,164	0,191	0,225	0,257	0,291	0,329	0,369	0,417	0,476	0,620
0,86							0,000	0,026	0,053	0,081	0,109	0,137	0,167	0,198	0,230	0,265	0,301	0,343	0,390	0,451	0,593
0,87								0,026	0,027	0,055	0,082	0,111	0,141	0,172	0,204	0,238	0,275	0,317	0,364	0,425	0,567
0,88									0,028	0,028	0,056	0,084	0,114	0,145	0,177	0,211	0,248	0,290	0,337	0,398	0,540
0,89										0,028	0,028	0,056	0,086	0,117	0,149	0,183	0,220	0,262	0,309	0,370	0,512
0,90											0,028	0,028	0,058	0,089	0,121	0,155	0,192	0,234	0,281	0,342	0,484
0,91												0,028	0,030	0,061	0,093	0,127	0,164	0,206	0,253	0,314	0,456
0,92													0,030	0,031	0,063	0,097	0,134	0,176	0,223	0,284	0,426
0,93														0,031	0,032	0,068	0,103	0,145	0,192	0,253	0,395
0,94															0,032	0,034	0,071	0,113	0,160	0,221	0,363
0,95																0,034	0,037	0,079	0,126	0,187	0,328
0,96																	0,037	0,042	0,089	0,149	0,292
0,97																		0,042	0,047	0,108	0,251
0,98																			0,047	0,061	0,203
0,99																				0,061	0,142

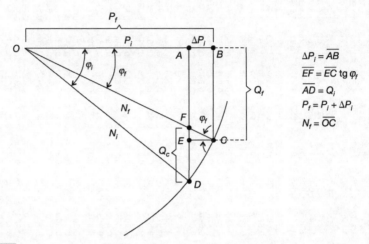

$\Delta P_i = \overline{AB}$
$\overline{EF} = \overline{EC}\, tg\, \varphi_f$
$\overline{AD} = Q_i$
$P_f = P_i + \Delta P_i$
$N_f = \overline{OC}$

Figura 6.12 Representação geométrica da potência ativa através da diminuição da potência reativa.

EXEMPLO 6.4

Uma indústria tem instalada uma subestação com um transformador de 750 kVA, que opera a plena carga, e com fator de potência = 0,85. Pretende-se instalar equipamentos cuja potência total é de 60 kW, com fator de potência de 0,83, sem recorrer a reforço de carga e substituição no transformador ou sem submetê-lo a sobrecarga excessiva. Determinar o capacitor estático capaz de alcançar esse objetivo.

Solução

a) *Carga inicial*
 - potência total — $N_i = 750$ kVA
 - fator de potência — $\cos \varphi_i = 0,85$ e $\varphi_i = 31,79°$
 - potência ativa — $P_i = N_i \cos \varphi_i = 750 \times 0,85 = 637,5$ kW
 - potência reativa — $Q_i = N_i \sen \varphi_i = 750 \times 0,526 = 395$ kVAr

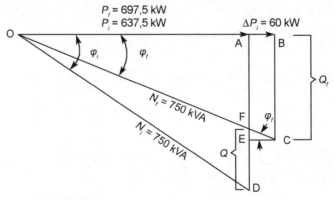

Figura 6.13 Diagrama da solução do Exemplo 6.4.

b) *Acréscimo de carga*
   - potência ativa — $\Delta P_i = 60$ kW
   - fator de potência — $\cos \varphi_f = 0{,}83$ e $\varphi_f = 33{,}90°$
   - potência total — $\Delta N_i = \Delta P_i \div \cos \varphi_f = 60 \div 0{,}83 = 72{,}3$ kVA
   - potência reativa — $\Delta Q_i = \Delta P_i \times \operatorname{tg} \varphi_f = 60 \times 0{,}67 = 40{,}2$ kVAr

c) *Carga final, após o acréscimo*
   - potência ativa — $P_f = P_i + \Delta P_i = 637{,}5 + 60 = 697{,}5$ kW
   - potência total final. É a mesma que a inicial, pois a potência de 750 kVA não deverá ser ultrapassada.

$$N_f = N_i = 750 \text{ kVA}$$

Fator de potência $\cos \varphi_f = \dfrac{P_f}{N_f} = \dfrac{697{,}5}{750} = 0{,}93$

$$\varphi_f = 21{,}57°$$

A potência reativa, após a instalação dos capacitores, será:

$$Q_f = \overline{BC} = P_f \times \operatorname{tg} \varphi_f = 697{,}5 \times 0{,}395 = 275{,}7 \text{ kVAr}$$

A redução na potência reativa, que deverá ser obtida com os capacitores, fornece uma potência reativa capacitiva.

$$Q_r = \overline{DF} = Q_i - (Q_f - \Delta P_i \times \operatorname{tg} \varphi_f)$$

$$= 395 - [275{,}7 - (60 \times 0{,}395)] = 143 \text{ kVAr}$$

(6.3)

Concluindo, os capacitores deverão atender ao suprimento de 143 kVAr. Não havendo um único capacitor com esta capacidade, pode-se usar um banco com capacitores em paralelo.

Quando se aumenta o fator de potência de um sistema, a corrente de alimentação diminui e, como resultado, as perdas de potência, por *efeito Joule*, nos condutores, também se reduzem.

Suponhamos uma alimentação de corrente para uma carga de consumo de P (watts). Representemos uma das fases, para maior simplicidade na exposição.

A tensão de suprimento é de U_1 (volts), mas, devido à resistência (ohms) do circuito, ao chegar à carga, a tensão terá o valor U_2 (volts), inferior a U_1, devido à queda de tensão no percurso.

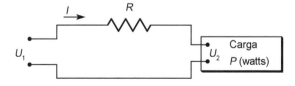

Figura 6.14 Esquema elétrico que indica a queda de tensão num circuito com resistência.

Devido à correção do fator de potência, estas perdas podem ser minimizadas. Esta variação é dada por:

$$\frac{\Delta P_i \, - \, \Delta P_f}{\Delta P_i} \; = \; \Delta P \; = \; \left[1 \, - \, \left(\frac{\cos \varphi_i}{\cos \varphi_f} \right)^2 \right] \; \times \; 100 \,\%$$

em que ΔP_i é a perda com fator de potência cos φ_i e ΔP_f é a perda com fator de potência cos φ_f.

EXEMPLO 6.5

Uma indústria cujo fator de potência é 0,77 consome anualmente 100 000 kWh. Pretende-se melhorar o fator de potência instalando capacitores, de modo que o fator de potência se eleve para 0,95. Qual a redução de kWh anual, admitindo que as perdas por efeito Joule representam 4% do consumo?

Solução

Na instalação existente, cos $\varphi_i = 0{,}77$.
Após a correção com capacitores, cos $\varphi_f = 0{,}95$.
Perdas por efeito Joule: $0{,}04 \times 100\ 000 = 4\ 000$ kWh.
A redução percentual das perdas, graças aos capacitores, será:

$$\Delta P \; = \; \left[1 - \left(\frac{\cos \varphi_i}{\cos \varphi_f} \right)^2 \right] \; \times \; 100 \; = \; \left[1 - \left(\frac{0{,}77}{0{,}95} \right)^2 \right] \; \times \; 100 \; = \; 34{,}3 \,\%$$

Anualmente, teremos uma redução nas perdas por dissipação, sob forma de calor, igual a $0{,}343 \times 4\ 000 = 1\ 372$ kWh.

6.5   Equipamentos Empregados

Como já foi mencionado, em geral são usados capacitores. Os motores síncronos, quando acionam compressores, bombas etc., beneficiam a instalação mas não representam a solução usual para o caso. Por isso vamos limitar-nos a tratar dos capacitores.

Capacitores

São dispositivos estáticos (ver Fig. 6.10), cujo objetivo é introduzir capacitância em um circuito elétrico, compensando ou neutralizando o efeito de indução das cargas indutivas. São especificados pela sua potência reativa nominal e podem ser monofásicos e trifásicos, para alta- e baixa tensões, conforme a Tabela 6.2.

Os capacitores devem ser localizados o mais próximo possível das cargas (C_1, na Fig. 6.15), pois reduzem, assim, as perdas nos circuitos elétricos, elevam a tensão nos pontos de consumo, melhoram as condições de funcionamento e aliviam a solicitação do transformador.

Tabela 6.2 Capacitores estáticos industriais

Baixa tensão	Alta-tensão
220, 380, 440, 480 V	2 200, 3 800, 6 640, 7 620, 7 960, 12 700, 13 200 V
Monofásico e trifásico	Monofásico e trifásico
60 Hz	60 Hz
0,50 a 30 kVAr	25, 50 e 100 kVAr

Não é viável, muitas vezes, a instalação de um capacitor junto a cada equipamento elétrico porque o custo seria elevado e poderia não haver capacitores comerciais nos valores das cargas, consideradas isoladamente. Ocorre, em geral, uma diversificação no consumo, e prefere-se, então, colocar um capacitor no barramento de baixa tensão (C_2, na Fig. 6.15) ou em ramal que alimenta diversas cargas (C_3, na mesma figura).

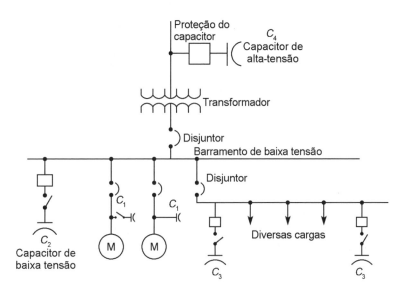

Figura 6.15 Localização de capacitores.

Como o custo dos capacitores decresce com o aumento da tensão, há vantagem, sob esse aspecto, em colocá-los no lado da maior tensão, mas a instalação na alta-tensão do transformador (C_4, na Fig. 6.15) não proporciona liberação de capacidade no próprio transformador. A Fig. 6.16 mostra os dados dos capacitores tipo CPNW, da WALTEC.

6.6 Prescrições para Instalação de Capacitores

- Quando empregados individualmente para servir a um motor elétrico, o capacitor pode ser ligado sem necessidade de um dispositivo de desligamento (ver Fig. 6.17).
- Quando o conjunto motor-capacitor for manobrado por um único disjuntor (ver Figs. 6.18a e 6.18b), a potência reativa do capacitor não deve ser superior ao valor indicado na Tabela 6.3.

Capacitores trifásicos — tipo CPMW

Tipo	Potência nominal (kVAr)	Corrente nominal (A)	Capacitância trifásica (μF)	Caixa tipo	Peso (kg)	Fusível (A)	Cabo de ligação (mm²)
Tensão nominal: 220 V — 60 Hz							
CPMW22.2,5	2,5	6,6	137	3	1,3	10	2,5
CPMW22/5	5	13,1	274	3	5,8	25	2,5
CPMW22/7,5	7,5	19,7	412	4	6,0	35	4
CPMW22/10	10	26,2	549	4	6,8	50	6
CPMW22/12,5	12,5	32,8	686	5	7,2	63	10
CPMW22/15	15	39,4	823	5	7,5	63	16
CPMW22/17,5	17,5	46,0	960	5	10,3	80	16
CPMW22/20	20	52,5	1 096	5	10,6	100	25
CPMW22/22,5	22,5	59,1	1 233	6	10,9	100	25
CPMW22/25	25	65,6	1 371	6	11,7	125	35
CPMW22/27,5	27,5	72,2	1 508	6	12,0	125	35
CPMW22/30	30	78,7	1 644	6	12,3	160	35
Tensão nominal: 380 V — 60 Hz							
CPMW38/2,5	2,5	3,8	46	3	1,3	10	2,5
CPMW38/5	5	7,6	93	3	5,7	16	2,5
CPMW38/7,5	7,5	11,4	139	3	6,6	20	2,5
CPMW38/10	10	15,2	186	3	6,5	25	4
CPMW38/12,5	12,5	19,0	232	4	7,4	35	4
CPMW38/15	15	22,8	279	4	7,3	35	6
CPMW38/17,5	17,5	26,6	326	5	10,2	50	10
CPMW38/20	20	30,4	372	4	8,0	50	10
CPMW38/22,5	22,5	34,2	418	5	11,0	63	10
CPMW38/25	25	38,0	465	5	11,0	63	16
CPMW38/27,5	27,5	42,3	512	5	11,9	80	16
CPMW38/30	30	45,6	558	5	11,7	80	16
CPMW38/35	35	53,2	651	5	12,7	100	25
CPMW38/40	40	60,8	744	5	13,4	100	25
CPMW38/45	45	68,4	837	6	16,3	125	35
CPMW38/50	50	76,0	930	6	17,0	125	35
CPMW38/55	55	84,6	1 023	6	18,0	160	50
CPMW38/60	60	92,3	1 116	6	18,8	160	50
Tensão nominal: 440 V — 60 Hz							
CPMW44/2,5	2,5	3,3	34	3	1,3	6	2,5
CPMW44/5	5	6,6	69	3	5,6	16	2,5
CPMW44/7,5	7,5	9,8	103	3	6,5	16	2,5
CPMW44/10	10	13,1	138	3	6,4	25	2,5
CPMW44/12,5	12,5	16,4	172	4	7,3	25	4
CPMW44/15	15	19,7	207	4	7,2	35	4
CPMW44/17,5	17,5	23,0	242	5	10,1	35	6
CPMW44/20	20	26,2	276	4	7,9	50	10
CPMW44/22,5	22,5	29,5	310	5	10,8	50	10
CPMW44/25	25	32,8	345	5	10,8	63	10
CPMW/27,5	27,5	36,3	380	5	11,8	63	16
CPMW44/30	30	39,4	414	5	11,5	63	16
CPMW44/35	35	46,0	483	5	12,4	80	16
CPMW44/40	40	52,5	552	5	13,1	100	25
CPMW44/45	45	59,1	621	6	16,0	100	25
CPMW44/50	50	65,6	690	6	16,7	125	35
CPMW44/55	55	72,2	759	6	17,7	125	35
CPMW44/60	60	78,7	828	6	18,3	160	35

Notas:

(1) Os capacitores devem ser utilizados sob condições normais de operação, de acordo com a norma NBR 5060/77.

(2) Precauções especiais serão necessárias para a instalação dos capacitores em redes com harmônicos, especialmente quando há risco de ressonância.

Caixa tipos 3, 4 e 5

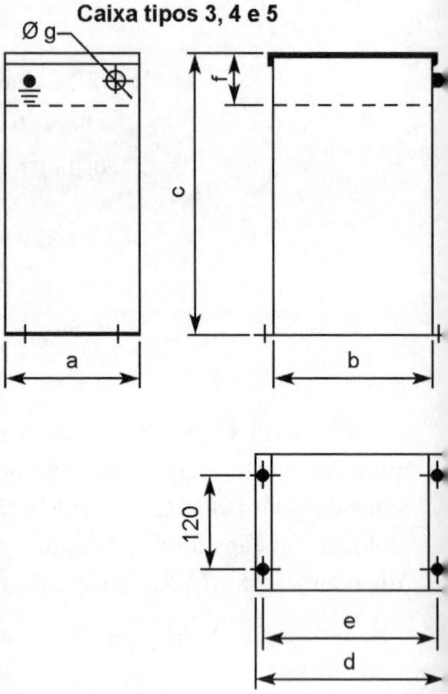

Caixa tipo 6

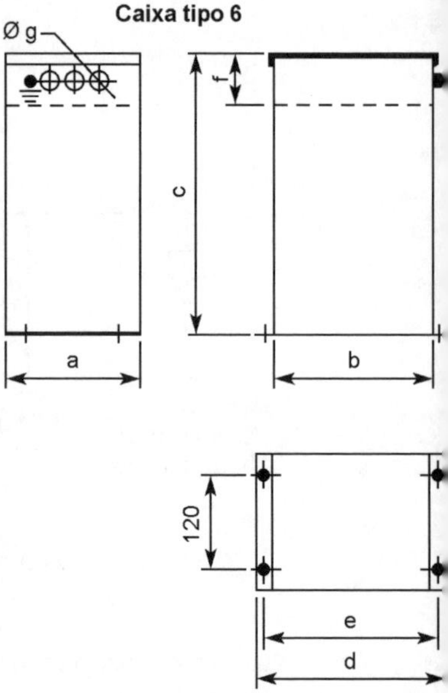

Dimensões

Caixa tipo	a	b	c	d	e	f	g
3	130	215	225	250	240	50	22,5
4	170	200	350	235	225	65	30,5
5	170	400	350	435	425	65	30,5
6	220	400	350	435	425	65	22,5

Figura 6.16 Capacitores tipo CPMW da WALTEC Eletro-Eletrônica Ltda.

Assim, um motor de 15 cv poderá ter um capacitor em paralelo, com capacidade reativa de 4 kVAr se a rotação for de 3 600 ou 1 800 rpm.
- Os condutores de ligação do capacitor deverão ter capacidade para, no mínimo, 135 % de corrente nominal do capacitor.
- Sistema automático de correção de fator de potência.
  - O controle será feito utilizando controlador lógico programável.
  - A comutação dos estágios de capacitores será feita utilizando contatores.
  - O sistema é composto de um banco fixo de 20 kVAr e três bancos móveis de 25 kVAr.
  - O fluxo de potência reativa parcial será comparado com a medição geral, a fim de se introduzir potência capacitiva nos barramentos em que se fizerem necessários. O sistema é composto de interface homem-máquina para monitorar os parâmetros de rede.

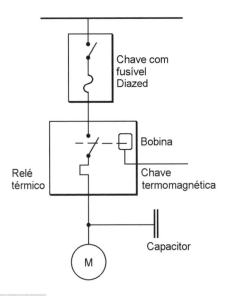

Figura 6.17 Ligação de capacitor em ramal de motor.

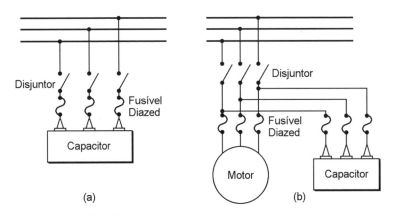

Figura 6.18 (a) Capacitor com chave e fusíveis individuais.
(b) Capacitor com fusíveis ligado a um motor.

Tabela 6.3 Potência de capacitores para ligação com motores de indução em curto-circuito — 60 Hz
ΔI % = redução percentual da corrente de linha ocasionada pelos capacitores

Motores de 60 Hz com rotor em curto-circuito (motores de gaiola)											
RPM	3 600		1 800		1 200		900		720		600	
Polos	2		4		6		8		10		12	
Potência do motor HP	kVAr	ΔI (%)	kV Ar	ΔI (%)	kVAr	ΔI (%)	kVAr	ΔI (%)	kVAr	ΔI (%)	kVAr	ΔI (%)
3	1,5	14	1,5	15	1,5	20	2	27	2,5	35	3,5	41
5	2	12	2	13	2	17	3	25	4	32	4,5	37
7,5	2,5	11	2,5	12	3	15	4	22	5,5	30	6	34
10	3	10	3	11	3,5	14	5	21	6,5	27	7,5	31
15	4	9	4	10	5	13	6,5	18	8	23	9,5	27
20	5	9	5	10	6,5	12	7,5	16	9	21	12	25
25	6	9	6	10	7,5	11	9	15	11	20	14	23
30	7	8	7	9	9	11	10	14	12	18	16	22
40	9	8	9	9	11	10	12	13	15	16	20	20
50	12	8	11	9	13	10	15	12	19	15	24	19
60	14	8	14	8	15	10	18	11	22	15	27	19
75	17	8	16	8	18	10	21	10	26	14	32,5	18
100	22	8	21	8	25	9	27	10	32,5	13	40	17
125	27	8	26	8	30	9	32,5	10	40	13	47,5	16
150	32,5	8	30	8	35	9	37,5	10	47,5	12	52,5	15
200	40	8	37,5	8	42,5	9	47,5	10	60	12	65	14
250	50	8	45	7	52,5	8	57,5	9	70	11	77,5	13
300	57,5	8	52,5	7	60	8	65	9	80	11	87,5	12
350	65	8	60	7	67,5	8	75	9	87,5	10	95	11
400	70	8	65	6	75	8	85	9	95	10	105	11
450	75	8	67,5	6	80	8	92,5	9	100	9	110	11
500	77,5	8	72,5	6	82,5	8	97,5	9	107,5	9	115	10

kVAr — Potência do capacitor.
ΔI % — Redução percentual da corrente de linha.

Notas:
1. Motores de anéis, multiplicar os valores da tabela por 1,1.
2. Para motores de corrente de partida elevada, multiplicar os valores da tabela por 1,3.

Tabela 6.4 Capacitores trifásicos de baixa tensão

Tensão de linha (V)	Potência (kVAr) a 60 Hz	Capacitância nominal (μF)	Corrente de linha (A) a 60 Hz	Fusível (A)		Fio de ligação (mm²)	Chave mínima (A)
				Diazed retard.	Cartucho		
220	5,0	275	13,2	25	25	4	25
	6,0	330	15,8	35	30	6	30
	7,5	412	19,8	35	35	6	35
	10,0	550	26	50	45	10	45
	12,0	660	32	50	60	16	55
	15,0	825	39	63	70	16	65
	20,0	1 158	52	80	90	25	90
	25,0	1 370	65,5	100	100	25	100
380	5,0	92	7,6	16	15	2,5	15
	6,0	110	9,1	16	15	2,5	15
	10,0	184	15,2	25	25	4	25
	12,0	221	18,2	35	30	6	30
	15,0	276	23	50	40	6	40
	18,0	331	27	50	45	10	45
	20,0	368	30	50	50	10	50
	24,0	442	36	63	60	16	60
	25,0	460	38	63	70	16	65
	30,0	550	46	80	80	25	80
	40,0	736	50	100	100	25	100
	50,0	920	76	100	100	35	100
440	5,0	69	6,6	16	15	2,5	15
	6,0	83	7,9	16	15	2,5	15
	10,0	138	13,2	25	25	4	25
	12,0	166	15,8	35	30	6	30
	15,0	207	19,8	35	35	6	35
	20,0	276	26	50	45	10	45
	25,0	345	33	50	60	16	55
	30,0	414	39	63	70	16	65
	40,0	552	52	80	80	25	90
	50,0	690	66	100	100	35	100
480	5,0	57	6,0	10	10	2,5	10
	6,0	69	7,2	16	15	2,5	15
	10,0	114	12,0	20	20	4	20
	12,0	138	14,4	25	25	4	25
	15,0	171	18,0	35	30	6	30
	20,0	228	24	50	40	10	40
	25,0	285	30	50	50	10	50
	30,0	342	36	63	60	16	60
	40,0	456	48	80	80	25	90
	50,0	570	60	100	100	25	100

EXEMPLO 6.6

Dimensionar os condutores para um capacitor trifásico, ligado a um ramal de motor de indução de 50 cv, 380 V, 1 200 rpm.

Solução

A Tabela 6.3 fornece-nos, para 50 HP (1 HP = 1,013 cv) e 1 200 rpm, potência reativa do capacitor igual a 13 kVAr.

A corrente será dada por:

$$I = \frac{P_r}{\sqrt{3} \times U} = \frac{13\,000}{\sqrt{3} \times 380} = 19,75 \simeq 20 \text{ A}$$

Corrente para dimensionamento do condutor de ligação:

$$I_c = 1,35 \times I = 1,35 \times 20 = 27,0 \text{ A}$$

Pela Tabela 6.4, vemos que para $U = 380$ V, $P_r = 20$ kVAr, deveremos usar fusível Diazed de 50 A, fio de ligação de 10 mm² e chave de 50 A (mínimo). A chave e os fusíveis podem ser dispensados, desde que a ligação do capacitor seja feita após a chave de proteção e os fusíveis de motor (ver Figs. 6.17 e 6.18).

EXEMPLO 6.7

A conta de energia elétrica de uma indústria revelou o consumo de 58 000 kWh e indicou um fator de potência de 0,82. A alimentação em baixa tensão é de 380 V entre fases. A frequência da corrente é 60 Hz. Determinar os capacitores que deverão ser instalados no barramento de baixa, a fim de se conseguir melhorar o fator de potência para 0,92. A indústria trabalha 250 horas por mês.

Solução

1) *Consumo médio horário* Potência ativa medida
   $P = 58\,000$ kWh $\div 250$ h $= 232$ kW.

2) Entrando na Tabela 6.1, com cos $\varphi_1 = 0,82$ e cos $\varphi_2 = 0,90$, obtemos o multiplicador, 0,214, para acharmos a potência reativa $P_r \therefore P_r = 0,214 \times 232 = 49,648$ kVAr $\simeq 50$ kVAr.

3) Na Tabela 6.4, vemos que existe um capacitor para 50 kVAr, com 920 microfarads (μF), corrente no ramal de 76 A, fusível Diazed de 100 A, cabo de ligação de 35 mm², chave de 100 A.
   - Os capacitores devem ser providos de meios de descarga elétrica, e estes devem ser aplicados quando o capacitor for desligado da linha alimentadora. Quando não ficam permanentemente ligados ao capacitor, deverão ligar-se, automaticamente, no instante do desligamento da fonte.
   - Os capacitores devem ter suas carcaças ligadas à terra.

6.7 Associação de Capacitores

Existem capacitores monofásicos e trifásicos, instalados em postes ou internamente, constituindo os "bancos de capacitores". Cada capacitor pode ter sua chave desligadora e seus fusíveis (ver Fig. 6.20). Há casos em que se recomenda uma única chave para o conjunto de capacitores.

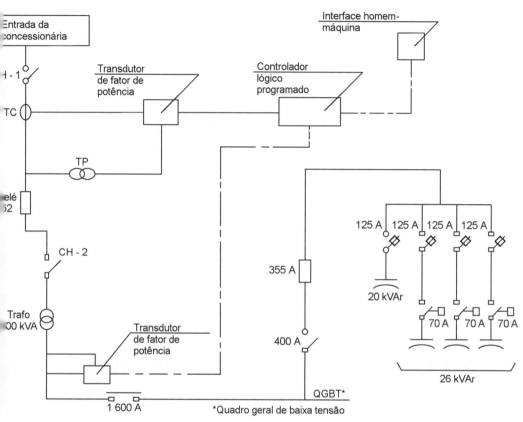

Figura 6.19 Exemplo de aplicação de capacitores e banco de capacitores, com correção automática ou manual.

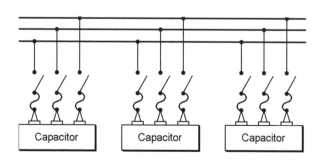

Figura 6.20 Conjunto de três capacitores trifásicos com chaves e fusíveis individuais.

Quando a carga reativa a compensar for elevada, será necessário instalar um "banco", constituído por capacitores trifásicos, em paralelo. As capacitâncias destes equipamentos somam-se, isto é,

$C = C_1 + C_2 + C_3 + \ldots$

Em fornos elétricos de redução, usam-se capacitores em série com a bobina de indução.

6.8 Determinação do Fator de Potência

Existem disponíveis no mercado equipamentos medidores (analisadores de energia) que permitem efetuar a monitoração trifásica de conceitos, tensões, potências ativa e reativa e o fator de potência. Tais equipamentos constituem ferramenta eficaz para o correto dimensionamento dos bancos de capacitores a instalar.

Alternativamente, é possível, por meio da associação de um wattímetro e um medidor de potência total, conseguir bons resultados.

No primeiro caso, calcula-se o fator de potência por:

$$\cos \varphi = \frac{P \text{ (watts)}}{N \text{ (kVA)}}$$

e no seguinte,

$$\tg \varphi = \frac{Q \text{ (kVAr)}}{P \text{ (watts)}}$$

Obtido φ, calcula-se o fator de potência cos φ.

Todo excesso de energia reativa é prejudicial ao sistema elétrico, seja o reativo indutivo, absorvido pela unidade consumidora, ou reativo capacitivo, fornecido à rede pelos capacitores dessa unidade.

O controle consiste em manter o fator de potência da unidade consumidora dentro da faixa do fator de potência indutivo 0,92 até o 0,92 capacitivo.

Nas instalações com correção de fator de potência através de capacitores, os mesmos devem ser desligados, conforme se desativam as cargas indutivas, de forma a manter uma compensação equilibrada entre reativo indutivo e capacitivo.

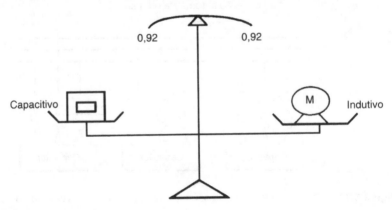

Figura 6.21 Esquema indicando o equilíbrio desejado entre a energia capacitiva e a energia indutiva.

A concessionária aplicará ao excedente de reativo capacitivo os mesmos critérios de faturamento aplicados ao excedente indutivo.

6.9 Comentários Gerais

O problema da presença de correntes harmônicas dos sistemas, que consistem em correntes com frequências múltiplas da frequência fundamental (60 Hz) e sua interação com os bancos de capacitores, deve ser avaliado, em face da suscetibilidade desses equipamentos à sobrecarga e às sobretensões decorrentes de ressonância série e/ou paralela no sistema elétrico. Cabe mencionar que a reatância capacitiva do capacitor varia inversamente com a frequência ($Xc = \frac{1}{2}\ \pi f c$) passando, então, a ser estabelecido um caminho de baixa impedância para as correntes harmônicas presentes no sistema, que poderão vir a sobrecarregar e a causar dano permanente ao equipamento.

Adicionalmente, a aplicação de capacitores em média e alta-tensão deverá ser avaliada criteriosamente em função das sobretensões e sobrecorrentes de magnitude e frequência elevadas, provocadas pelo chaveamento dos bancos de capacitores.

6.10 Harmônicos nas Instalações de Edifícios

A tecnologia de semicondutores, de ampla aplicação em muitos equipamentos elétricos, é responsável pela geração de uma parcela significativa dos harmônicos presentes nas redes elétricas. É previsto que, nos próximos anos, 50 % da energia produzida será processada por dispositivos semicondutores. Outras cargas de aplicação industrial, tais como fornos a arco e de indução e máquinas de solda, assim como os sistemas de tração elétrica (ferrovias e metrôs), contribuem para agravar os problemas causados por harmônicos.

9.10.1 Definições

Cargas lineares e não lineares

Cargas lineares são cargas com corrente de alimentação senoidal (cargas resistivas e motores) e não lineares são aquelas que solicitam correntes não senoidais (computadores e televisores).

Harmônicos

Harmônicos são definidos como os componentes senoidais de uma onda periódica, que possuem frequência múltipla da frequência fundamental, conforme ilustrado na Fig. 6.22.

Fórmula de Fourier (1772–1837)

A fórmula de Fourier permite determinar a magnitude e o ângulo de fase da componente fundamental, que vem a ser a frequência de recorrência da função, e os demais componentes harmônicos, que pode incluir, também, uma componente contínua.

A fórmula de Fourier é dada pela expressão $y(t) = Y_0 + \sum\limits_{n=1}^{n=\infty} Y_n \sqrt{2}\ \text{sen}\ (n\omega t - \varphi_n)$, na qual:

- Y_0 = valor da componente contínua, usualmente nulo.
- Y_n = valor eficaz da componente harmônica de ordem n.
- ω = frequência angular da componente fundamental.
- φ_n = defasagem da componente harmônica de ordem n.

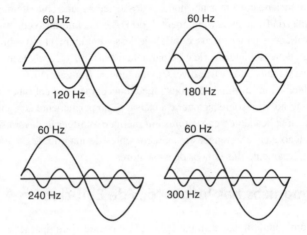

Figura 6.22 Componentes harmônicos de uma onda de 60 Hz.

A ordem de um harmônico é definida como a razão entre a sua frequência e a frequência fundamental (60 Hz), dessa forma, a frequência de 300 Hz corresponde a um harmônico de 5ª ordem, a de 420 Hz corresponde ao de 7ª ordem e assim por diante.

Os harmônicos são classificados em não característicos e característicos. Os harmônicos não característicos correspondem aos que são produzidos por dispositivos: fornos a arco, lâmpadas fluorescentes e a vapor de sódio e transformadores e reatores operando em saturação.

Os harmônicos característicos são produzidos por dispositivos que fazem uso de semicondutores (cargas não lineares), tais como conversores estáticos de potência (retificadores e inversores), compensadores estáticos de reativos, equipamentos de controle de velocidade de motores e equipamentos de alimentação ininterrupta (UPS).

A ordem dos harmônicos característicos é definida pela expressão, $h = pn \pm 1$, em que:

- h = ordem do harmônico.
- p = número de pulsos do conversor.
- n = número inteiro qualquer (1, 2, 3, ...).

A Fig. 6.23 ilustra a decomposição de uma onda quadrada em suas componentes senoidais.

As fontes chaveadas de energia utilizadas em microcomputadores introduzem distorção na onda de corrente por conduzirem apenas durante uma fração da onda de tensão. Esta forma de condução de corrente dá origem a elevado nível de distorção harmônica, onde se sobressaem os harmônicos de 3ª ordem e seus múltiplos. A Fig. 6.24 apresenta a forma de onda típica de fontes de microcomputadores e uma tabela com o perfil correspondente de harmônicos.

A Fig. 6.25 apresenta a forma de onda típica da corrente de alimentação das lâmpadas de descarga para diversas frequências de alimentação.

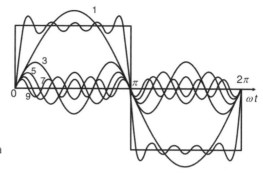

Figura 6.23 Decomposição de uma forma de onda que aproxima a onda quadrada.

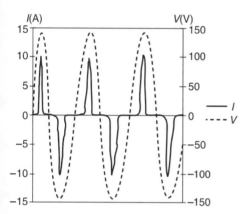

Ordem	I (%)	V (%)
1	66	99,97
3	55	1,9
5	42	1,4
7	26	0,90
9	12	0,42
11	3	0,11
13	3	0,05
15	1	0,02

Figura 6.24 Forma de onda e níveis de distorção harmônica típicos de uma fonte chaveada.

Figura 6.25 Forma de onda de tensão em lâmpadas de descarga para diferentes frequências de alimentação.

Biografia

Casal CURIE

CURIE, MARIE, nascida Manya Sklodowska (1855-1935), física polonesa-francesa, descobriu os radioelementos polônio e rádio.

Manya Sklodowska nasceu na Polônia, na época dominada pela Rússia; sua família era intensamente patriota, tendo tomado parte em atividades de divulgação da língua e da cultura polonesas. O pai de Manya foi professor de matemática e física, e sua mãe, diretora de uma escola para meninas.
Manya desenvolveu interesse pela ciência, mas seus pais eram pobres e não havia bolsas de estudos para o ensino superior de mulheres na Polônia. Como ela e sua irmã Bronya estudavam decididas a prosseguir seus estudos, Manya empregou-se como governanta e ajudou Bronya a ir para Paris estudar medicina, e em seguida a irmã ajudaria Manya.

Em 1891 Manya foi para Paris estudar física. Tinha uma natureza perfeccionista, tenaz e independente. Formou-se em física, em 1893, na Sorbonne, em primeiro lugar, e no ano seguinte conheceu Pierre Curie, então com 35 anos e trabalhando em piezoeletricidade. Casaram-se em 1895.

Em 1896, Marie Curie, ao procurar um assunto para sua tese de mestrado, decidiu dedicar-se aos "novos fenômenos" descobertos por Becquerel (a radioatividade). Trabalhando no laboratório de seu marido, ela provou que a radioatividade era uma propriedade atômica do urânio, e descobriu que o tório emitia raios similares aos do urânio. Em 1897 nasceu sua filha Irene. Mais tarde, em 1903, foi ganhadora do Prêmio Nobel de Física. A humanidade deve extraordinárias descobertas a Marie Curie, que recebeu a Legião de Honra do governo francês, e, em 1911, o Prêmio Nobel de Química.

A unidade original de medida de substância radioativa é denominada Curie (Ci).

CURIE, PIERRE (1859-1906), físico francês, descobriu o efeito piezoelétrico e foi pioneiro nos estudos de radioatividade.

Filho de um físico, Pierre Curie foi educado na Sorbonne, onde foi assistente de professor e diretor da Escola de Física Industrial e Química, em 1882. Ele e seu irmão Jacques (1855-1941) foram os primeiros a observar o fenômeno que chamaram de piezoeletricidade, o qual ocorre quando certos cristais (p. ex., quartzo) são mecanicamente deformados: eles desenvolvem cargas opostas nas faces opostas, e, quando uma carga elétrica é aplicada a um cristal, uma deformação é produzida. Se um potencial elétrico com mudanças rápidas é aplicado, as faces do cristal vibram rapidamente. Esse efeito pode ser usado para produzir raios de ultrassom. Cristais com propriedades piezoelétricas são usados em microfones, medidores de pressão e em muitas outras finalidades práticas. Pierre Curie casou-se com Manya Sklodowska e seguiu-a em suas pesquisas sobre radioatividade. Por esse trabalho, juntamente com Becquerel, os três foram premiados com o Prêmio Nobel de Física de 1903.

Proteção das Edificações. Para-raios Prediais. Sistemas de Proteção contra Descargas Atmosféricas (SPDA)

7

O aumento das precipitações — e consequentemente dos raios — previsto para as próximas décadas, preocupa as distribuidoras de energia elétrica. De acordo com levantamento efetuado entre 2006 e 2010, os eventos climáticos extremos tornaram as interrupções no fornecimento de energia 19 % mais frequentes e 28 % mais duradouras.

A pesquisa realizada pela Associação Brasileira de Distribuidores de Energia Elétrica propõe uma nova rede nacional de detecção de raios, ampliada e munida de informações mais detalhadas, capaz de proteger melhor as redes de energia.

Melhorando o mapeamento, saberemos com mais precisão onde caíram os raios e poderemos posicionar melhor os para-raios. São equipamentos que protegem as redes elétricas da maioria das descargas elétricas.

7.1   Eletricidade Atmosférica

As nuvens são formadas por uma quantidade incomensuravelmente grande de partículas de água. Em virtude de correntes e turbulências atmosféricas, as partículas se atritam e colidem, comportando-se, então, como minúsculas baterias nas quais se acumula uma carga elétrica, positiva ou negativa. As cargas elétricas negativas, normalmente, acumulam-se na parte baixa das nuvens. Isso significa que essas camadas inferiores das nuvens se acham com potencial negativo em relação ao solo, cuja carga é positiva. Como as cargas elétricas de mesmo sinal se repelem, a nuvem, com carga negativa, repele os elétrons (sinal negativo) existentes na superfície do solo, abaixo dela. Desse modo, a carga positiva induzida na superfície do solo assume o mesmo valor da carga negativa da nuvem. Ao mesmo tempo que a nuvem se desloca, a zona de carga positiva no solo a acompanha.

Vemos, assim, que a nuvem e a superfície da terra se comportam como um capacitor, dotado de carga elétrica muito grande. Como a camada de ar que as separa é quase um isolante perfeito, isto é, possui elevada rigidez dielétrica, pode não ocorrer nenhuma descarga entre ambas.

Quando, porém, a carga total, sob tensão elevada, é muito grande, o excesso de carga na nuvem provoca a emissão de um raio preliminar, denominado *raio líder* ou *descarga-piloto* (ver Fig. 7.1a), que se dirige para um polo de carga oposta, isto é, o solo ou uma outra nuvem. Em seu trajeto sinuoso, essa descarga preliminar ioniza o ar, despojando de elétrons os incontáveis átomos de nitrogênio, oxigênio e argônio, encontrados em seu percurso no ar da atmosfera. Os átomos, que perderam um ou mais de seus elétrons, isto é, os *íons*, funcionam, então, como constituintes de uma espécie de "condutor", porque o gás ionizado é bom condutor de eletricidade.

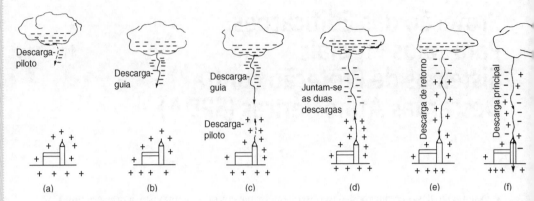

Figura 7.1 Fases sucessivas da formação na atmosfera de uma descarga elétrica.

Ao longo deste "condutor", após a descarga-piloto, vem, em seguida, a chamada *descarga-guia* (ver Fig. 7.1b), procurando seguir o percurso de maior condutibilidade.

Enquanto isso acontece, de um ponto da terra (eventualmente um para-raios) desenvolve-se analogamente uma descarga-piloto ascendente, a qual, após encontrar a descarga-guia descendente, entra em contato com esta e prossegue em alta velocidade até a nuvem. Por isso denomina-se *descarga de retorno*.

Portanto, numa primeira etapa, ocorre uma *descarga de retorno* da terra para a nuvem, onde se iniciou o processo de indução eletrostática. Em seguida, tem lugar uma descarga denominada *principal*, no sentido da nuvem para a terra.

Quando as cargas nas nuvens são de tal modo elevadas que não podem ser neutralizadas pela descarga principal, esta é acompanhada por outras, denominadas *descargas-reflexas*, que também têm suas próprias descargas de retorno e aproximadamente a mesma forma da descarga principal.

O campo elétrico, proveniente das cargas acumuladas nas nuvens e no solo, acelera os elétrons que compõem o fluxo energético. O deslocamento dos elétrons entre os polos constituídos pela terra e a nuvem se faz com velocidades de várias dezenas de quilômetros por segundo. Os gases que se interpõem no percurso dos elétrons entre duas nuvens ou entre a nuvem e a terra têm seus átomos "bombardeados" com tal violência, que certo número de seus elétrons é arrastado nesse caudal eletrônico.

Ora, quando um átomo perde elétrons, rompe-se o equilíbrio básico entre as cargas negativas (elétrons) e a carga positiva do núcleo. Basta que seja suprimido um elétron de um átomo para que parte de sua carga positiva deixe de ser neutralizada. O átomo se converte, então, numa partícula de carga positiva, ou íon positivo.

Na descarga elétrica que é o raio, os íons positivos voltam a colidir com elétrons, e, se a velocidade de ambos o permitir, o elétron voltará a entrar em órbita em torno do núcleo, o equilíbrio de cargas se restabelecerá e o átomo, ao final, se recomporá.

O efeito luminoso ou fulguração do raio decorre das colisões de elétrons com átomos ou íons e da liberação de energia no mencionado processo de recomposição dos átomos.

Os raios têm o aspecto de linhas sinuosas, às vezes com múltiplas ramificações, porque as massas gasosas atravessadas pela corrente não são homogêneas e a corrente elétrica naturalmente procurará seguir o trajeto ao longo das regiões de maior condutibilidade e que se dispõem de maneira irregular.

O raio, como aliás qualquer corrente elétrica, gera, em volta de si, um campo eletromagnético, como se fosse um invólucro invisível, de diâmetro variável de alguns centímetros. É por estar assim "canalizado" pelo campo magnético que o raio não se dispersa pelo espaço.

Apesar das numerosas recombinações de íons com elétrons, é muito grande o número de íons positivos remanescentes, dispostos ao longo do trajeto. Forma-se um *condutor*, estendido entre duas nuvens ou entre uma nuvem e a terra. Ligados, deste modo, por um bom condutor, os dois polos emitem alternadamente cargas sucessivas de um para o outro, até que se restabeleça o equilíbrio entre ambos. Este equilíbrio nem sempre é obtido em uma única descarga porque, em geral, o raio conduz um excesso de carga para o outro polo. A descarga se processa num vaivém extremamente rápido, o que dá ao observador a impressão de ver o raio "tremer".

O calor elevadíssimo, desenvolvido na descarga do raio, faz dilatar quase instantaneamente um envoltório de ar ao seu redor, e esta brusca dilatação produz a onda sonora característica que é o *trovão*, ouvido após o raio.

Os danos mecânicos causados pelo raio são, em geral, provocados pelo calor que gera. O raio tende a se projetar em pontos elevados (copas das árvores, torres, chaminés), onde se acumulam cargas elétricas do solo, capazes de desencadear o processo que foi analisado. Também as colunas de ar ou gás quente, por conterem numerosos íons, oferecem meio condutor capaz de canalizar o raio, ao longo das mesmas. Por isso, não se devem considerar como abrigo árvores, construções elevadas, bem como a vizinhança de pontos aquecidos, como chaminés, radiadores de veículos e até rebanhos de animais parados em um pasto.

7.2 Classificação dos Para-raios

Os para-raios classificam-se, segundo o tipo de captor que utilizam, em:

a) *Para-raios comuns*, tipo Franklin, em homenagem ao seu inventor, Benjamin Franklin (1706-1790), o estadista e cientista norte-americano que construiu o primeiro em 1760. Em 1782, o rei Luís XVI mandou instalar um para-raios no Louvre e em 1788 foi instalado o primeiro em Londres, na Catedral de Londres. O captor consta de uma ou mais hastes metálicas pontiagudas, em geral iridiadas, fixadas a uma base, onde é preso o condutor metálico denominado "condutor de descida", cuja extremidade é ligada à terra. A instalação de para-raios com captores comuns é apresentada na NBR 5419: 2005: "Proteção de estruturas contra descargas atmosféricas", da ABNT.

É usado em chaminés, torres e onde as áreas não são maiores do que a base do cone de proteção (Fig. 7.2).

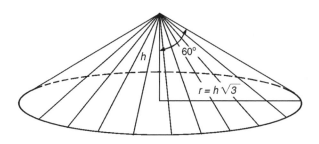

Figura 7.2 Cone de proteção com para-raios comuns.

Campo de proteção de um captor de haste vertical é o volume de um cone tendo por vértice o ponto mais alto do para-raios e cuja geratriz forma um ângulo de 60° com o eixo vertical.

b) Uma alternativa de instalação é a colocação de um número adequado de para-raios na cobertura da edificação a proteger, interligando-se os mesmos cabos, formando, assim, a malha que é ligada à terra. Essa ligação é feita ao anel de aterramento. Ao sistema de proteção realizado deste modo denomina-se "gaiola de Faraday" (Fig. 7.3).

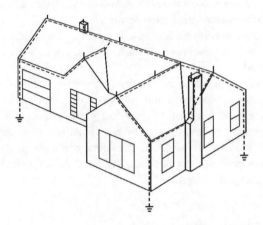

Figura 7.3 Gaiola de Faraday.

7.3 Sistema de Proteção contra Descargas Atmosféricas (SPDA)

O SPDA é um sistema completo destinado a proteger uma construção ou estrutura contra os efeitos das descargas atmosféricas. Tradicionalmente tem sido designado por *para-raios*. É exigência do projeto de segurança aprovado no Corpo de Bombeiros Militar do Estado do Rio de Janeiro.

Consta de:

— um *sistema externo*, ou *para-raios comum* com captores, condutores de descida e aterramento.

Em certos casos poderá existir:

— um *sistema interno*, formado por um conjunto de dispositivos que reduzem os efeitos elétricos e magnéticos da corrente de descarga atmosférica dentro do volume a proteger.

7.3.1 Captor ou ponta/mastro ou haste

São elementos do sistema externo destinado a interceptar as descargas atmosféricas, conforme mencionado no item 7.1. É comum o uso de captor.

É constituído por uma, três ou mais pontas, em geral de aço inoxidável, e, como mostra a Fig. 7.4, é fixado a uma haste ou mastro, o qual é preso a uma base composta de um isolador de porcelana vitrificada para um nível de tensão de 10 kV.

O captor recebe os raios, reduzindo ao mínimo a probabilidade de a estrutura ser atingida diretamente por eles. Deve ter capacidade térmica e mecânica suficiente para suportar o calor gerado no ponto de impacto, bem como os esforços eletromecânicos gerados.

Os elétrons podem mover-se facilmente pelo para-raios, escoando para o solo, seguindo ao longo do condutor e deixando, ainda, cargas positivas nas pontas do captor. A concentração dessa carga positiva e o *poder das pontas* do para-raios fazem com que as cargas positivas ascendam até as nuvens, atraídas por estarem carregadas negativamente. Estabelece-se um fluxo de carga positiva que pode neutralizar a carga negativa da nuvem, impedindo que se estabeleçam condições para o desencadeamento do raio. Desse modo, o para-raios desempenha ordinariamente uma *função preventiva*.

Em geral é enfatizada a *função protetora* do para-raios. Quando ocorrer uma tempestade, repentina e violenta, não haverá tempo nem condições para que o para-raios desempenhe sua *função preventiva*, e poderá ocorrer a descarga elétrica que, com muita probabilidade, seguirá o caminho para a terra passando pelo para-raios, e este desempenhará, então, sua *função protetora*.

7.3.2 Condutor de descida

Ligada à base do mastro, uma cordoalha conduz a corrente elétrica à terra, por meio de um sistema de aterramento que emprega eletrodos enterrados, os quais permitem dispersar a corrente de descarga atmosférica na terra. Em geral o condutor é constituído por um fio, fita ou cabo de cobre.

Os condutores de descida devem ser dispostos de maneira a constituírem, tanto quanto possível, o prolongamento direto dos captores, devendo o comprimento de cada trajeto ser o menor e o mais retilíneo possível.

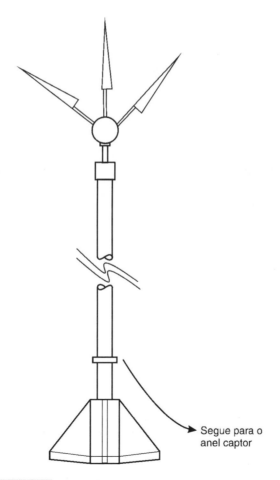

Figura 7.4 Captor de para-raios comum ou *Franklin*.

A NBR 5419:2005 apresenta amplas explicações e detalhes sobre o posicionamento e a instalação dos condutores de descida, abrangendo várias hipóteses.

7.3.3 Haste para suporte do captor

Deve ser de cobre e fixada a um isolador, preso à cobertura. Recomenda-se o comprimento de 5 m, mas, para casas pequenas, o comprimento pode ser reduzido até 2 m. Para a haste de 5 m, o tubo de cobre terá 55 mm de diâmetro, e para 2 m, apenas 30 mm.

Admite-se usar tubo de ferro galvanizado como haste do captor. Para hastes com mais de 3 m, devem-se colocar *estais* ou *espias* para assegurar a estabilidade das hastes.

7.3.4 Braçadeira ou conector

Destina-se a fixar o cabo de descida à haste. Deve ser de bronze ou cobre.

7.3.5 Isoladores

Podem ser de porcelana ou vidro especial para tensão de 10 000 volts. São fixados a barras ou suportes.

7.3.6 Condutor metálico de descida

Como vimos no item 7.3.2, para a ligação do buquê do para-raios à terra, usam-se cordoalhas, fios e cabos. A seção de condutor pode ser obtida na Tabela 7.1.

Tabela 7.1 Seção dos condutores de descida em mm^2

MATERIAL DO CONDUTOR	ALTURA DA CONSTRUÇÃO	
	$\leq$ 20 m	> 20 m
Cabo de cobre	16	35
Cabo de alumínio	25	70
Cabo de aço galvanizado	50	50

Numa primeira aproximação, o número de descidas pode ser obtido pela fórmula:

$$N = \frac{A + 100}{300} \tag{7.1}$$

sendo:

N, o número de descidas.

A, a área coberta da edificação, em metros quadrados.

a) Uma descida para os primeiros 20 m de altura e mais uma descida para todo o aumento de 20 m ou fração. O número de descidas pode ser obtido pela fórmula:

$$N = \frac{h}{20} \tag{7.2}$$

sendo h a altura da edificação, em metros.

b) Uma descida para os primeiros 50 m de perímetro e mais uma descida para todo o aumento de 60 m ou fração. O número de descidas pode ser obtido pela fórmula:

$$N = \frac{P + 10}{60} \qquad (7.3)$$

sendo P o perímetro da edificação, em metros. Resultando N um número fracionário, deverá ser arredondado para o número inteiro imediatamente superior.

Dos três valores de N calculados, prevalecerá sempre o maior. Se, no cálculo do número de descidas, resultar uma distribuição tal que a distância entre elas, considerado o perímetro da edificação, seja menor do que 15 m, será permitida a redução daquelas descidas (até o máximo de duas), de forma a se distanciarem, no máximo, de 15 m.

7.3.6.1 Condutores de descida naturais

Os pilares metálicos da estrutura podem ser utilizados como condutores de descida naturais.

Os elementos da fachada (perfis e suportes metálicos) poderão ser utilizados como condutores de descida naturais, desde que suas seções sejam no mínimo iguais às especificadas para os condutores de descida e com a sua continuidade elétrica no sentido vertical no mínimo equivalente. Em alternativa, admite-se um afastamento não superior a 1 mm entre as superfícies sobrepostas de condutores consecutivos, desde que com área não inferior a 100 cm^2.

As instalações metálicas da estrutura podem ser consideradas condutores de descida naturais (inclusive quando revestidas por material isolante), desde que suas seções sejam no mínimo iguais às especificadas para condutores de descida e com continuidade elétrica no sentido vertical no mínimo equivalente.

Nota. Tubulações metálicas (exceto gás) podem ser admitidas como condutores de descida. As armaduras de aço interligadas das estruturas de concreto armado podem ser consideradas condutores de descida naturais desde que obedecidas condições expostas na NBR 5419:2005, item 5.1.2.5.4.

7.3.6.2 Condutores de descida não naturais

Os condutores de descida devem ser distribuídos ao longo do perímetro do volume a proteger. Se o número mínimo de condutores assim determinado for inferior a dois, devem ser instaladas duas descidas.

Os condutores de descida não naturais devem ser interligados por meio de condutores horizontais, formando anéis. O primeiro deve ser o anel de aterramento e, na impossibilidade deste, um anel até no máximo 4 m acima do nível do solo e os outros a cada 20 m de altura. São aceitos como captores de descarga laterais os elementos condutores expostos, naturais ou não (por exemplo, caixilhos de janelas), desde que se encontrem aterrados ou interligados, com espaço horizontal não superior a 6 m, mantendo-se o espaçamento máximo vertical de 20 m.

Os condutores de descida não naturais devem ser instalados a uma distância mínima de 0,5 m de portas, janelas e outras aberturas e fixados a cada metro de percurso.

Os condutores de descida devem ser retilíneos e verticais, de modo a prover o trajeto mais curto e direto para a terra.

Não são admitidas emendas nos cabos utilizados como condutores de descida.

Os cabos de descida devem ser protegidos contra danos mecânicos até, no mínimo, 2,5 m acima do nível do solo. A proteção deve ser por eletroduto *rígido* de PVC ou metálico, e, neste último caso, o cabo de descida deve ser conectado às extremidades superior e inferior do eletroduto.

7.3.7 Junta móvel para medição

A fim de se proceder periodicamente à medição da resistência ôhmica do solo onde se acham os eletrodos, coloca-se a 2 m de altura ou pouco mais, acima do terreno, uma junta ou desconector que permita desligar o trecho do condutor ao captor e possibilite a ligação de um aparelho *megger* para medição direta da resistência do terreno (Ver Fig. 7.5).

7.3.8 Eletrodo de terra

Na extremidade do condutor são colocados um ou mais eletrodos de cobre, enterrados, de modo a constituírem um aterramento adequado à descarga do raio.

- O tipo de eletrodo, as dimensões e a quantidade dependem das características de condutibilidade do solo.
- A NBR 5419:2005 fixou em 10 ohms o valor aproximado da resistência de terra, em qualquer época do ano. Para edificações situadas em áreas onde existam inflamáveis ou risco de explosão, a resistência não deve ser superior a 1 ohm.

Tabela 7.2 Eletrodos de terra

TIPO DE ELETRODO	MATERIAL	DIMENSÕES MÍNIMAS	POSIÇÃO	PROFUNDIDADE MÍNIMA
Chapas	Cobre	2 mm × 0,25 m²	Horizontal	0,60 m
Tubos	Cobre *copperweld*	25 mm (int.) × 2,40 13 mm (int.) × 2,40	Vertical	Cravado por percussão
Fitas	Cobre	25 mm × 2 mm × 10,00 m	Horizontal	0,60 m
Cabos e cordoalhas	Cobre	53,48 mm², até 19 fios	Horizontal	0,60 m

- Os eletrodos de terra devem estar de acordo com a Tabela 7.2.
- A distância mínima entre os eletrodos de terra deve ser de 3 m. As fitas, quando dispostas radialmente, devem formar ângulo de, no mínimo, 60°.
- Os eletrodos e os condutores devem ficar afastados das fundações, no mínimo, 1 metro.
- Os eletrodos de terra devem ser localizados em solos úmidos, de preferência junto ao lençol freático, evitando-se, entretanto, áreas onde possa haver substâncias corrosivas.
- Em solo seco, arenoso, calcário ou rochoso, onde houver dificuldade de conseguir resistência ôhmica menor do que 10 ohms, é necessária uma compensação por meio de maior distribuição de eletrodos ou fitas, em disposição radial, todos interligados por meio de condutores que circundem a edificação, formando uma rede.
- Não é permitida a colocação de eletrodos de terra sob revestimentos asfálticos, argamassa ou concreto, e em poços de abastecimento d'água e fossas sépticas.

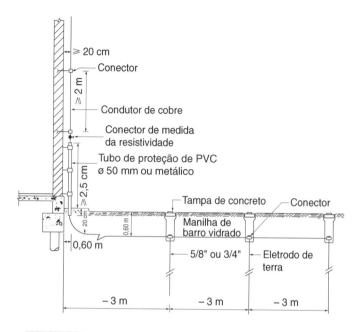

Figura 7.5 Aterramento do para-raios (sugestão Amerion Ltda.).

Se a condutibilidade do solo for suficiente, bastará a colocação de apenas um eletrodo de terra. Em geral, colocam-se três eletrodos. Caso não seja encontrada a resistência ôhmica prevista pela Norma NBR 5419:2005, aumenta-se o número de eletrodos até que isto seja conseguido.

7.3.9 Proteção do condutor de descida

O condutor deve ser protegido por tubulação de PVC reforçado, até a altura de 2 m acima do nível do terreno (Fig. 7.5).

7.4 Resistência de Terra

A Norma NBR 5419:2005 (Proteção de Estruturas contra Descargas Atmosféricas) estabelece o valor máximo para a resistência que o solo pode oferecer à passagem da corrente.

Existem diversos processos para a determinação desta resistência. As firmas que vendem para-raios normalmente dispõem de um aparelho denominado *megger*, com o qual determinam facilmente a resistividade do solo, antes da instalação do aterramento e após a execução do mesmo.

O *megger* é um medidor da resistência, em ohms, diretamente. Compõe-se de um pequeno dínamo acionado manualmente por uma manivela e duas bobinas: uma de potencial e outra de corrente. A força de indução resultante da ação do fluxo magnético dessas bobinas aciona um dispositivo que faz mover um ponteiro cuja posição indica a resistência do circuito intercalado entre os bornes do aparelho.

Para tratar da seleção de eletrodos e cálculo aproximado da resistência de aterramento, apresentamos uma tabela de resistividade para vários tipos de solo (Tabela 7.3) e indicamos as fórmulas aplicáveis a alguns casos típicos para cálculo da resistência de aterramento.

Tabela 7.3 Resistividade dos solos

NATUREZA DOS SOLOS	RESISTIVIDADE (ohms-metro)
Solos alagadiços	de algumas unidades a 30
Solos aráveis, aterros compactos úmidos	50
Argila plástica	50
Areia argilosa	50 a 500
Areia silicosa	200 a 3 000
Saibro, aterros grosseiros	500
Rochas impermeáveis	3 000
Calcário mole	100 a 400
Calcário compacto	1 000 a 5 000

Condutor enterrado horizontalmente

Aplica-se quando o solo não permite a cravação de hastes.

$$R = \frac{2\,\rho}{L} \qquad (7.4)$$

ρ — resistividade do solo em ohms-metros.
L — comprimento da vala onde está enterrado o condutor, em metros.
R — resistência de aterramento do condutor, em ohms.

Hastes de aterramento

$$R = \frac{\rho}{L} \qquad (7.5)$$

L — comprimento da haste, em metros.

Chapas metálicas

$$R = 0,8\,\frac{\rho}{L} \qquad (7.6)$$

L — perímetro da placa, em metros.

7.5 Dimensionamento de um SPDA

Foram estabelecidos quatro diferentes níveis de proteção em função dos quais se chegam às decisões que devem ser tomadas no projeto de um SPDA.

- *Nível I* — Refere-se às construções cuja falha no sistema de proteção pode vir a provocar danos às estruturas adjacentes, tais como as indústrias petroquímicas, de explosivos etc.
- *Nível II* — Refere-se às construções protegidas cuja falha no SPDA pode ocasionar a perda de bens de elevado valor ou provocar pânico nos ocupantes, sem afetar as construções vizinhas. É o caso de teatros, museus, estádios etc.
- *Nível III* — Refere-se às construções de uso comum, como os prédios residenciais e comerciais.
- *Nível IV* — Refere-se às construções onde não é habitual a presença de pessoal. A construção é de material não inflamável, bem como os produtos nela armazenados. Ex.: galpões de concreto para armazenar materiais de construção.

7.6 Métodos de Cálculo da Proteção contra Descargas Atmosféricas

São três os métodos usuais:
— de Franklin;
— de Faraday;
— eletrogeométrico.

7.6.1 Método de Franklin

Considera-se a construção envolvida por um cone cujo ângulo θ da geratriz com a vertical é estabelecido em função do nível de proteção necessário e da altura da construção. A Tabela 7.4 fornece o *ângulo de proteção* θ para alturas de construção até 60 m.

Tabela 7.4 Posicionamento de captores conforme o nível de proteção

NÍVEL DE PROTEÇÃO	h (m) / R (m)	ÂNGULO DE PROTEÇÃO (θ) – MÉTODO FRANKLIN, EM FUNÇÃO DA ALTURA DO CAPTOR (h) (ver nota 1) E DO NÍVEL DE PROTEÇÃO					LARGURA DO MÓDULO DA MALHA (ver nota 2) (m)
		0 – 20 m	21 m – 30 m	31 m – 45 m	46 m – 60 m	> 60 m	
I	20	25	1	1	1	2	5
II	30	35	25	1	1	2	10
III	45	45	35	25	1	2	10
IV	60	55	45	35	25	2	20

R = raio da esfera rolante
1 - Aplicam-se somente os métodos eletrogeométrico, malha ou da gaiola de Faraday.
2 - Aplica-se somente o método da gaiola de Faraday.

Notas:
(1) Para escolha do nível de proteção, a altura é em relação ao solo e, para verificação da área protegida, é em relação ao plano horizontal a ser protegido.
(2) O módulo da malha deverá constituir um anel fechado, com o comprimento não superior ao dobro de sua largura.

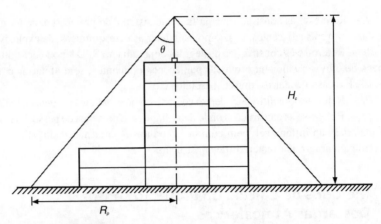

Figura 7.6 Cone de proteção pelo método de Franklin.

Determina-se o cone de proteção pelo raio R_p, dado por:

$$R_p = H_c \cdot \text{tg } \theta \quad (7.7)$$

Em seguida calcula-se o número de condutores de descida N em função do perímetro da construção P (em metros) e da distância máxima entre condutores de descida, dada pela Tabela 7.5:

$$N = \frac{P}{D} \quad (7.8)$$

Tabela 7.5 Espaçamento médio dos condutores de descida não naturais conforme o nível de proteção (NBR 5419:2005)

NÍVEL DE PROTEÇÃO	ESPAÇAMENTO MÉDIO (m)
I	10
II	15
III	20
IV	25

Para chaminés ou torres de altura superior a 25 m e seções transversais quadradas ou hexagonais, o número mínimo de condutores de descida é quatro, e o número mínimo de captores é dois.

7.6.2 Método de Faraday

Considera-se a parte superior da construção envolvida por uma malha de condutores elétricos sem encapamento. A distância entre os condutores é função do nível de proteção desejado e pode ser obtida na Tabela 7.6. O método de Faraday é indicado quando não for aceitável instalar uma torre ou haste grande na cobertura.

Designando-se por:
N_{cm} — número de condutores da malha;
D_m — dimensão do comprimento ou da largura da área plana, em (m);

D_{co} — distância entre os condutores, em (m). Podemos calcular o número de condutores da malha para qualquer dimensão da malha, pela Equação 7.9.

Em geral se empregam hastes verticais captoras com mais de 0,5 m ligadas ao longo da malha de proteção e distanciada de cerca de 8 m.

$$N_{cm} = \frac{D_m}{D_{co}} + 1 \tag{7.9}$$

Tabela 7.6 Distâncias entre os cabos da malha de proteção

NÍVEL	DISTÂNCIA (m)
I	5
II	10
III	10
IV	20

7.6.3 Conceitos e aplicação do modelo eletrogeométrico

7.6.3.1 Conceitos básicos (expostos em 7.1 – Eletricidade atmosférica)

O modelo eletrogeométrico, também designado método da esfera rolante ou fictícia, serve para delimitar o volume de proteção dos captores de um SPDA, sejam eles constituídos de hastes, cabos, ou de uma combinação de ambos. É um critério especialmente útil para estruturas de grande altura ou de formas arquitetônicas complexas, baseado no mecanismo de formação das descargas atmosféricas, como anteriormente descritas.

Nas descargas negativas nuvem/terra, que são as mais frequentes, o raio é precedido por um canal ionizado descendente (líder), que se desloca no espaço em saltos sucessivos de algumas dezenas de metros. À medida que avança, o líder induz na superfície da terra uma carga elétrica crescente de sinal contrário. Com a aproximação do líder, o campo elétrico na terra torna-se suficientemente intenso para dar origem a um líder ascendente (receptor), que parte em direção ao primeiro. O encontro de ambos estabelece o caminho da corrente do raio (corrente de retorno), que então se descarrega através do canal ionizado.

Tabela 7.7 Posicionamento do captor conforme o nível de proteção

NÍVEL DE PROTEÇÃO	R (m)
I	20
II	30
III	45
IV	60

O raio atinge o solo ou uma estrutura no local de onde partiu o líder ascendente e, como este se origina no ponto onde o campo é mais intenso, o trajeto do raio não é necessariamente vertical. Isso fica evidente quando estruturas altas são atingidas lateralmente pelos raios, não obstante estarem protegidos por captores no topo.

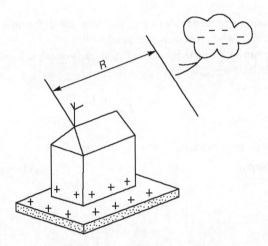

Figura 7.7 Conceito da distância *R*.

Os pontos de maior intensidade de campo elétrico no solo e nas estruturas são geralmente aqueles mais próximos da extremidade do líder descendente. Portanto, a superfície de uma esfera com centro na extremidade do líder e raio igual ao comprimento dos "saltos" antes do seu último salto é o lugar geométrico dos pontos a serem atingidos pela descarga. Estes pontos podem então ser simulados por uma (semi) esfera fictícia, cujo raio seja igual ao comprimento do último trecho a ser vencido pelo líder descendente (comprimento *R*).

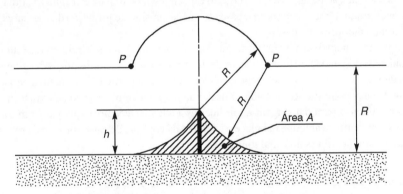

Figura 7.8 Volume de proteção do captor $h < R$.

Tabela 7.8 Distância *R* em função da corrente ($i_{máx}$)

NÍVEL DE PROTEÇÃO	DISTÂNCIA *R* (m)	VALOR DE CRISTA DE $I_{máx}$ (kA)
I	20	3,7
II	30	6,1
III	45	10,6
IV	60	16,5

A distância R entre o ponto de partida do líder ascendente e a extremidade do líder descendente (ver Fig. 7.7) é o parâmetro utilizado para posicionar os captores segundo o modelo eletrogeométrico. Seu valor é dado por:

$$R = 2 \times i_{máx} + 30\,(1 - e^{-i_{máx}})$$

sendo R, em metros, e $i_{máx}$, o valor de crista máximo do primeiro raio negativo, em kA.

7.6.3.2 Aplicação do modelo eletrogeométrico

A Tabela 7.7 prescreve os valores de R em função do nível de protegido exigido. A Tabela 7.8 mostra os valores de crista da corrente do raio $i_{máx}$ conforme o comprimento R.

Volume de proteção de um captor vertical com h < R
Trata-se de uma linha horizontal à altura R do solo e um arco de circunferência de raio R com centro no topo do captor. Em seguida, com centro no ponto de interseção P e raio R, traça-se um arco de circunferência que atinge o topo do captor e o plano do solo. O volume de proteção é definido pela rotação da área A em torno do captor (ver Fig. 7.8).

Volume de proteção de um captor vertical com h > R
Mediante procedimento análogo ao descrito acima, pode-se determinar o volume de proteção para estruturas de grande altura. Neste caso, como ilustrado na Fig. 7.10, verifica-se que a altura eficaz do captor é $h > R$, pois sobre a altura excedente podem ocorrer descargas laterais (ver Fig. 7.9).

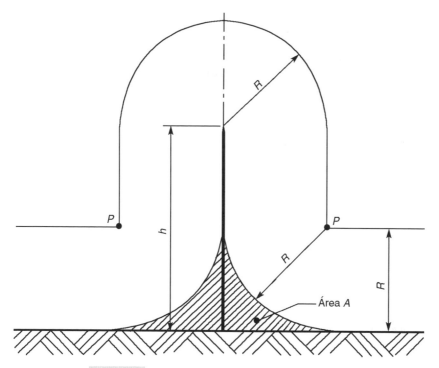

Figura 7.9 Volume de proteção do captor com $h > R$.

Biografia

**FRANKLIN, BENJAMIN
(1706-1790),** político, pesquisador clássico e teórico de eletricidade estática.

Franklin teve uma extraordinária variedade de carreiras. Foi sucessivamente gráfico, editor, diplomata e físico. Como gráfico e trabalhando em Nova Inglaterra durante dois anos demonstrou seu talento como jornalista; com 27 anos publicou o Almanaque do Pobre Richard, que o tornou famoso e próspero. Quando se aproximou dos 40 anos interessou-se por eletricidade, tornando-se o cientista mais famoso de sua época. Franklin teorizou que os efeitos elétricos resultavam da transferência ou do movimento de um "fluido" composto de partículas de eletricidade (hoje poderíamos chamá-lo de elétrons). Segundo sua teoria, um corpo carregado ora ganha ora perde fluido elétrico. Em decorrência dessa ideia de "um fluido", ele enunciou o princípio da lei de conservação da carga: a carga perdida por um corpo pode ser recuperada por outros, com igual carga e simultaneamente. Franklin continuou suas pesquisas sobre isolamento e aterramento, até chegar à conclusão de que seria possível provar que as nuvens eram carregadas de eletricidade. Então em 1750 fez uma experiência usando um arame preso a um papagaio (pipa) para conduzir a eletricidade de uma nuvem de tempestade e carregar um grande capacitor. Assim, ele provou a natureza elétrica das tempestades e se tornou famoso; entretanto outros pesquisadores que tentaram repetir a mesma experiência sem tomar os devidos cuidados morreram eletrocutados.

Foi um dos cinco homens que esboçou a declaração da Independência dos Estados Unidos em 1776.

Edifício Inteligente. Sistemas de Segurança e Centrais de Controle

8

8.1 Edifício Inteligente

8.1.1 Verdades e mistificações

Imaginem que um computador central controle a distância todos os dispositivos da habitação, especifique automaticamente por telefone a manutenção necessária para assegurar todas as funções de vigilância na ausência dos moradores, ou administre os meios de comunicação entre o prédio e o mundo exterior. Há alguns anos, tudo isso pareceria ficção científica, mas hoje é uma bela realidade.

Na opinião dos técnicos e do público em geral, *edifício inteligente* é uma expressão mágica, que estimula a imaginação e faz cada um, a seu modo, supor o que seja.

Ocorre, de início, a indagação: esse edifício "inteligente" opõe-se ao edifício "burro", malprojetado, canhestro, com espaços perdidos, sem uma infraestrutura técnica que assegure eficiência e conforto no trabalho? Certamente não é isso. Sempre houve construções bem concebidas. Voltemos no tempo. Quem visita as catacumbas romanas, construídas há vinte séculos, não se esquece de sua ventilação perfeita, muitos níveis abaixo do solo.

E no passado muitas construções de qualidade foram levantadas e se mostraram satisfatórias a seus ocupantes.

O que mudou? Foi a intensa *informatização,* que permitiu *integrar* os diversos sistemas que compõem as edificações atuais. As construções dos últimos cinquenta anos não deixaram de ter elevadores automáticos, chaves elétricas sensíveis, boias que ligam e desligam bombas de recalque d'água sob condições predeterminadas, sistemas elevatórios de águas servidas nos subsolos, aparelhos de iluminação comandados sem ação direta do homem.

Em nossos dias, com a explosão da tecnologia invasora, dominadora da vida social, vem crescendo assustadoramente o número de processos a serem controlados. Em particular, os edifícios-sede de empresas trazem sempre uma exigência básica: serem tão modernos quanto os congêneres em qualquer parte do mundo. O arquiteto Oscar Niemeyer, em 1960, projetou o edifício da Bloch Editores (Manchete), na Rua do Russell, no Rio de Janeiro, cujas linhas conceituais refletem a mais avançada técnica como local de redações de revistas conhecidas, como também de rádio e televisão.

A partir de 1970, o arquiteto Edison Musa vem implantando em todo o país prédios de muita beleza e tecnologia a mais adequada.

8.1.2 O que é edifício inteligente?

É uma construção concebida para *integrar* as diversas unidades das instalações, a partir de um sistema central, fazendo uso mais completo dos dispositivos de:

- Segurança — pessoas e bens.

- Conforto.
- Economia — consumo de energia, água, esgotos, gás, ar comprimido.
- Comunicação — integração completa em todas as etapas de produção da informação.
- Automação predial.

Supervisão e controle:
- Temperatura.
- Pressão.
- Umidade.
- Hora (tempo).
- Outros dados.

Fomos dos primeiros a alertar sobre a importância do Edifício Inteligente, como se pode observar na entrevista dada ao *Jornal do Commercio* pelo Eng.º Julio Niskier, nos anos de 1990.

Prédio inteligente ganha espaço

Cresce, ainda que timidamente, a demanda por "prédios inteligentes" no Brasil. Já se registra entre as empresas de consultoria e projetos em construção civil pedidos, se não para a completa automação dos edifícios, ao menos do lançamento de bases que suponham a instalação futura de sistemas integrados de automação.

A integração, na verdade, destaca um edifício convencional de um inteligente. A automação existe, em algum nível, na maioria dos edifícios, principalmente em elevadores e sistemas anti-incêndio.

Um edifício inteligente, explica o diretor da Iecil, Julio Niskier, não só possui índice de automação próximo de 100 %, como comunicação integrada entre os diversos sistemas. Ou seja, sistemas elétricos, hidráulicos e de segurança, por exemplo, funcionariam interdependentemente.

Desse modo, explica Niskier, é possível controlar a demanda de energia elétrica, evitar sobrecargas em horários de pico, programar férias e feriados, bem como elaborar sistemas de manutenção. "Com isso", lembra, "poderíamos esquecer a imagem de desperdício, tão comum nos anos 1970, do edifício-sede da Petrobras totalmente aceso durante a noite, quando dizia-se ser mais barato "não desligá-lo".

"Integrados também estariam os sistemas de alarme, de monitoração, através de circuito fechado de TV e controle de acesso por cartões magnéticos, e portas com células fotoelétricas."

Ele confessa que são poucos e altamente selecionados os pedidos de projetos para edifícios inteligentes recebidos pela Iecil. Ainda assim, acredita no potencial de otimização dos custos, segurança, comunicação e conforto para a viabilização de um grande número de construções a médio prazo.

Niskier confia num desenvolvimento saudável desse mercado, a partir da divulgação de informações corretas a respeito dos edifícios inteligentes que possibilitem, inclusive, maior nível de exigência na qualidade. Nesse sentido, considera úteis as novas condições delimitadas com a mudança do Código Brasileiro de Instalações Elétricas de Baixa Tensão, que traz as condições mínimas para o lançamento das bases infraestruturais para uma futura automatização total dos edifícios.

8.2 Sistemas de Alarme contra Roubo

São utilizados para proteger portas e janelas contra intrusos. Existe uma grande variedade de tipos que empregam sensores, isto é, contatos de mola ou fitas metálicas delgadas, dispostos de modo tal que a abertura de uma fresta na porta ou janela estabeleça um contato que acione um sinal sonoro (campainha, cigarra ou sirene) ou um sinal luminoso, ou ambos. Para evitar que o intruso corte a energia pelo lado externo do prédio, impedindo o alarme de funcionar, são fabricados equipamentos eletrônicos que operam com pilhas ou baterias.

Em locais onde existem valores, cofres, arquivos, objetos valiosos, joias etc., dispositivos de alarme de alta eficiência são indispensáveis. Pode vir a ser necessária uma instalação de:

- *Sensores* constituídos por *células fotoelétricas,* que são acionadas pela passagem de uma pessoa bloqueando os raios enviados de uma fonte emitente a um sensor.
- *Televisão* em *circuito fechado,* com a câmara focalizando o local a resguardar. Em entradas de garagem de residências ou nos portões de entrada afastados da casa, têm sido colocadas câmaras em posição tal que não possam ser danificadas ou mesmo roubadas. Do interior da moradia, pode-se ver quem é o visitante.

8.3 Sistemas de Alarme contra Fogo, Fumaça e Gases

8.3.1 Natureza da questão

Todos os dispositivos e instalações contra fogo devem obedecer ao Código de Segurança contra Incêndio e Pânico e legislação complementar atualizada.

As instalações de combate a incêndio, além da parte referente à atuação da água sob a forma de jato ou aspergida pulverizada, nebulizada ou formando espuma, e também da atuação de gases como o CO_2, possuem outra de muita importância, a cargo das instalações elétricas. Trata-se da detecção e localização do foco de incêndio, tão logo o mesmo irrompa, e do alarme e da atuação nos equipamentos de combate direto ao fogo, circunscrevendo sua ação e debelando-o prontamente.

Convém que edifícios de escritórios, bancos, hotéis, hospitais, indústrias, supermercados e grandes lojas possuam uma Central de Alarme que, recebendo as informações de sensores distribuídos de modo adequado, emita sinais sonoros e luminosos, indicando em um painel o local onde o incêndio está começando. Ao mesmo tempo, aciona diversos dispositivos de proteção e combate ao incêndio, sistemas de aspersores de água (*sprinklers*) e de inundação com CO_2. Comanda também dispositivos de desligamento de equipamentos como os de ar condicionado e exaustão, impedindo que a fumaça possa ser conduzida pelos dutos a outros locais. Abre janelas e domos nas coberturas para saída da fumaça. Emite avisos sonoros e luminosos para orientação dos ocupantes, a fim de que saibam que providências tomar e por onde evacuar os locais sem pânico e atropelos.

A Central Automática alerta o zelador e o porteiro, e certos modelos de instalações mais completas informam imediatamente o Corpo de Bombeiros por meio de ligação ao sistema público de alarme de fogo.

Em instalações industriais, é necessário que seja detectada a presença de gases e de fumaças tóxicas, que, embora não representem riscos de incêndio, não devem existir no ambiente acima de dadas concentrações, para que não ocorram danos à saúde e também não venham a poluir a atmosfera exterior.

Em instalações petroquímicas, plataformas marítimas, refinarias e indústrias de derivados de petróleo, a detecção da presença de gases e vapores, que acima de certa concentração podem tornar-se inflamáveis ou explosivos, é de extrema importância. É necessário que sensores de alta sensibilidade e apropriados a cada fluido sejam instalados para detectar, localizar e informar, de modo que automaticamente sejam acionados os sistemas de segurança e de combate às causas que poderiam vir a ensejar o incêndio.

A Fig. 8.1 mostra esquematicamente como a central de alarme de incêndio, recebendo sinais de detectores automáticos ou acionada manualmente, informa o local da ocorrência, faz soar alarme local, aciona o esquema de segurança do prédio e, se necessário, o Corpo de Bombeiros. Além disso, faz operar os equipamentos de proteção contra incêndio e controla os sistemas de ventilação e ar condicionado, desligando-os se a situação o exigir.

8.3.2 Detectores automáticos

São dispositivos que, instalados criteriosamente, localizam o foco de incêndio, transmitindo sinais à central de controle. Os tipos principais de detectores são:

- *Detectores de fumaça por ionização*. Possibilitam uma prévia determinação da erupção do fogo muito antes de as chamas se formarem ou a temperatura se tornar muito elevada. Isso porque possuem uma alta sensibilidade a fumaças, visíveis ou não. Exemplos: detector de fumaça, da Ezalpha. Cada detector protege, em média, uma área de 60 a 80 m^2 (riscos médios) e 15 a 30 m^2 (riscos elevados). Em locais com teto acima de 8 m, a área é de 80 a 120 m^2. Em determinados pontos no interior de dutos de ventilação ou ar condicionado, devem ser instalados detectores de fumaça ionizantes ou com base em células fotoelétricas (Fig. 8.2).
- *Detectores termovelocimétricos*. Dão alarme quando o calor produzido por um foco de incêndio atinge um valor máximo dentro de um determinado intervalo de tempo ou uma elevação de 5, 10 ou mesmo 15 °C por minuto (Fig. 8.3).
- *Detectores térmicos*. São empregados quando as condições ambientais não permitem a utilização de detectores mais sensíveis (Fig. 8.4). Cada detector térmico ou termovelocimétrico protege em média uma área de 36 m^2.

Existem ainda detectores de chamas que são utilizados em locais onde a erupção das chamas possa preceder o surgimento de fumaça ou o aumento de temperatura, e os detectores de gases combustíveis, que monitoram permanentemente a atmosfera de gases e vapores inflamáveis, acionando o sistema de alarme quando os níveis de concentração chegam a valores predeterminados.

São muito utilizados os detectores de gás combustível, de sulfeto de hidrogênio (H_2S) e de monóxido de carbono (CO). Às vezes, coloca-se um indicador visual próximo ao detector, para que as pessoas tomem conhecimento do foco incipiente e seja iniciado o combate efetivo do incêndio antes que ele atinja proporções incontroláveis. A Fig. 8.5 mostra como são ligados os detectores em um laço cujas pontas terminam na central de controle. A Fig. 8.6 apresenta um esquema comparativo dos detectores de proteção de incêndio.

8.3.3 Central de controle de combate a incêndio

A central ou o painel de controle serve para processar os sinais transmitidos pelos detectores, sinalizá-los, analisá-los óptica e acusticamente e realizar o supervisionamento das linhas de detecção ou comando. Aciona diversos sistemas de alarme, de aviso, de combate automático ao incêndio,

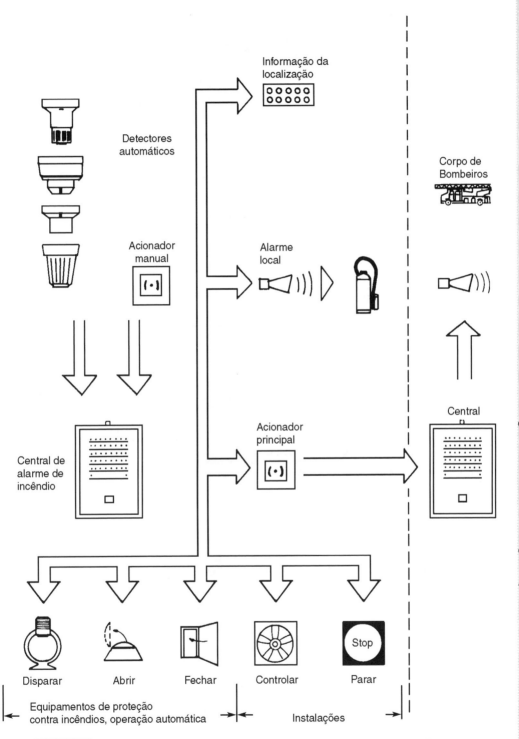

Figura 8.1 Esquema proposto pelo fabricante para uma instalação de detecção, alarme, proteção e combate a incêndios.

Figura 8.2 Detector iônico de fumaça XP95, modelo 55 500. Fabricante Ezalpha.

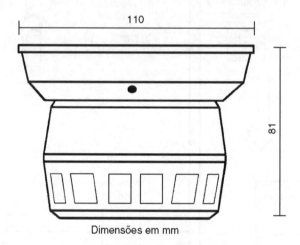

Figura 8.3 Detector termovelocimétrico BD957. Fabricante Siemens.

Figura 8.4 Detector térmico XP95, modelo 55 400. Fabricante Ezalpha.

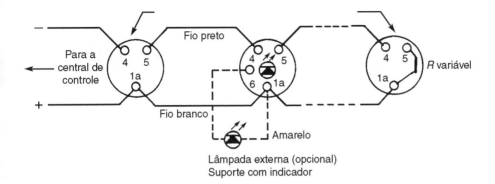

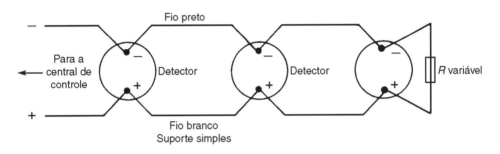

Figura 8.5 Ligações em CC, em paralelo, de detectores de fumaça e termovelocimétricos. Fabricante Siemens.

de aviso ao Corpo de Bombeiros, de desligamento de certos equipamentos, de ligação de bombas de combate a incêndio etc. As centrais eletrônicas mais complexas, envolvendo uma variedade grande de operações de sinalização e controle, além da parte básica essencial de microprocessamento, possuem "módulos", que são uma espécie de gavetas encaixáveis ou unidades *plug-in* (circuitos impressos tipo tomada), cada qual correspondendo a um circuito de detecção (*laço*) com certo número de detectores. Os módulos são projetados para atender aos objetivos que se pretende alcançar com a instalação da central de alarme de incêndio. Os fabricantes fornecem centrais de alarme padronizadas, de diversas capacidades e múltiplas aplicações.

8.3.4 Suprimento de energia

Os sistemas de alarme devem ser abastecidos por duas fontes de energia de operação independente. Qualquer falha numa das duas fontes de suprimento de energia deve ser indicada por um sinal. Cada uma das fontes deve ser capaz de manter o sistema em funcionamento durante pelo menos 30 horas. Na maioria dos casos os requisitos acima mencionados são preenchidos mediante uma fonte proveniente de uma corrente principal AC, com uma corrente apropriada CC (corrente contínua) para o sistema de detecção. Paralelamente a esta, um segundo suprimento provém de uma bateria de capacidade apropriada, que deve ser carregada pelo abastecimento principal.

Os circuitos funcionam em geral em baixa tensão.

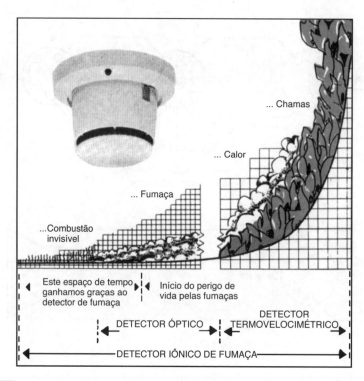

Figura 8.6 Esquema comparativo dos detectores de proteção de incêndio. Fabricante Cerberus.

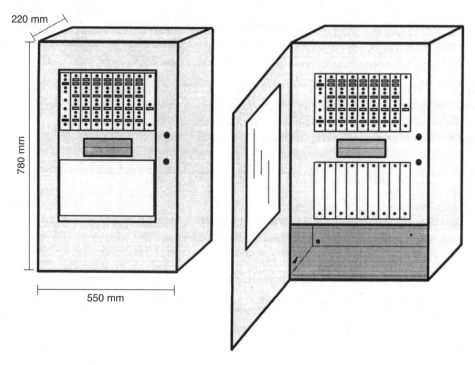

Figura 8.7 Sistema de segurança central contra incêndio, modelo SRS-20C1. Fabricante Siemens.

8.4 Central de Supervisão e Controle

8.4.1 Preliminares

Os sistemas de instalações em edifícios de escritórios, conjuntos comerciais e residenciais de grande porte, estabelecimentos bancários e centros administrativos cada dia se tornam mais complexos, devido à sua variedade, necessidade de eficiência de atendimento e multiplicidade de equipamentos.

Tempos atrás, nos projetos de instalações havia uma preocupação quase exclusiva com o fornecimento de energia para que não faltasse luz e para que as bombas e elevadores não deixassem de funcionar.

Bastava que existissem um quadro sinóptico das instalações e um competente zelador para resolver a maioria dos problemas que viessem a surgir.

Entretanto, as exigências cada dia maiores de conforto e segurança apelam para os sistemas de ar condicionado, água gelada, água quente, detecção de fogo ou fumaça, alarme e combate a incêndio, intercomunicações, bombeamento, exaustão, elevadores, escadas rolantes e outros mais, e exigem controles e providências que não se pode pensar em conseguir empiricamente com a equipe de manutenção usual. Essas instalações devem operar dentro de limites ou parâmetros predeterminados para cada caso, a fim de que não venham a ocorrer paralisações altamente inconvenientes ou mesmo acidentes graves. Os limites devem ser continuamente "checados", o que exigiria um número muito grande de pessoas para realizar essas tarefas. Quando sobrevém uma paralisação numa instalação, às vezes é trabalhosa a tarefa de descobrir onde ocorreu o defeito, saber qual a causa e que providências tomar. Poder-se-ia pensar numa **central de supervisão e controle de operações** que, por circuitos especiais, recebesse dados de sensores capazes de informar sobre a intensidade da corrente, tensão, pressão, temperatura, níveis de água, presença de fumaça ou fogo, falta de energia, nível de monóxido de carbono, umidade, vazões, velocidades de escoamento etc.

Num painel, estes dados poderiam ser traduzidos por sinais luminosos que identificassem a ocorrência e o local da mesma. Esta solução, como se pode perceber, poderia vir a exigir uma fiação imensa, uma vez que de cada ponto a sensorizar sairiam condutores até a central de supervisão. Até recentemente, era a solução adotada, apesar dos inconvenientes com o gasto excessivo em cabos, dutos e mão de obra. Ainda é empregada em edifícios não muito grandes e onde as instalações sejam simples e convencionais. Em prédios com os requisitos modernos de conforto e segurança, a solução mencionada quase se torna inviável devido à variedade enorme de centenas e até milhares de informações que devem ser captadas, e que seria quase impossível de serem reduzidas a elementos de um quadro sinóptico. A operação e a manutenção de uma central nestas condições exigiriam uma equipe dispendiosa de técnicos especializados, além da incalculável fiação, de custo exorbitante.

Modernamente, pode-se adotar uma tecnologia mais funcional, eficiente e econômica, recorrendo-se a processos e sistemas baseados nos resultados alcançados pela microeletrônica. A Johnson Controls, por exemplo, desenvolveu, especificamente para o caso de instalações prediais, um sistema econômico capaz de proporcionar:

- Supervisão de dados dos sensores dos mais variados tipos.
- Medição analógica das grandezas para avaliação e decisão sobre providências a tomar.
- Controle dos componentes do sistema e de suas operações.
- Comando, para cumprimento das tarefas ou medidas que, de acordo com a programação do microcomputador, devam ser adotadas.

Este sistema centralizado eletrônico permite:

- Informações imediatas e rápidas dos regimes de operação do prédio, pela centralização dos controles e possibilidade de adoção com extrema rapidez de providências que podem ir de um simples reparo a uma evacuação do edifício em caso de emergência.
- Uma maior vida útil da instalação e do próprio prédio, pela constatação imediata dos defeitos, evitando portanto avarias de grande monta nos equipamentos.
- Confiabilidade e otimização na operação dos equipamentos e na utilização do prédio, graças ao bom funcionamento de todos os serviços elétricos, hidráulicos, mecânicos, de comunicação e de segurança.

Apresentaremos a seguir algumas informações sobre o sistema proposto pela Siemens S.A. para o controle de instalações prediais, designado por SAPS.

8.4.2 Sistema de automação predial SIEMENS-SAPS

Este sistema, cuja característica principal é a configuração de rede, tem por funções básicas:

- Supervisão de equipamentos com indicação via monitor e impressora de estados e ocorrências. Alarme sonoro em caso de falhas.
- Informações contínuas no monitor dos valores medidos das variáveis analógicas e monitoração de valores limites. A apresentação pode ser em forma de tabelas ou gráficos.
- Comandos automatizados ou manuais, remotos ou locais, de equipamentos elétricos com a correspondente supervisão da ação executada. Possibilidade de realização de tarefas de sequenciamento e intertravamento normalmente executadas por relés auxiliares instalados em CCM, com correspondente economia.
- Priorização dos equipamentos em função da importância do funcionamento, tempo de atuação, condições de alarme. Programação para execução, tanto remota como local.
- Controle de demanda da instalação, com apresentação de valores no monitor ou na impressora via rede de comunicação.
- Execução de controles, necessários para temperaturas, níveis, vazões, pressões etc., especialmente em ar condicionado e sistema de vapor e água quente.
- Com o uso dos *softwares* disponíveis, é possível a elaboração das mais variadas telas (imagens, sinópticos, gráficos, textos, *zoom*).
- O controle pode ser local ou central, em função da prioridade de segurança dos equipamentos operados. A monitoração também pode ser local ou central.
- Programas aplicativos especiais em linguagem de alto nível (Turbo C, Turbo Pascal e STEPS).

Composição do sistema

São disponíveis os seguintes componentes básicos:

- Central de supervisão e controle (SAPS-PC), que tem como tarefa básica reunir e ordenar as informações recebidas, processá-las e executar o gerenciamento de impressão e arquivo. Ela permite a operação de equipamentos por meio do seu teclado.
- Unidade remota controladora (SAPS-MD), que coleta os dados locais, os ordena e transmite para a central, podendo ainda exercer controles locais e transmitir informações a um terminal de vídeo ou impressora local.

- Unidade remota controladora de demanda (SAPS-CD). É usada quando se quer controlar as cargas elétricas em função da demanda contratada. Atua diretamente sobre as cargas, enviando à central as informações preestabelecidas. Opera de forma independente, garantindo a confiabilidade da operação.
- Unidade remota controladora de processos (SAPS-CP). Executa os sequenciamentos e controle no caso de processos maiores, como os de ar condicionado, caldeira de geração de vapor e água quente ou, ainda, estações de tratamento de efluentes. Também atua de forma independente, recebendo da central apenas comando de mudança de parâmetros, como, por exemplo, de *set-points*.
- O terminal local (SAPS-TGI), que possibilita ao operador obter as informações localmente e fazer os ajustes e correções dos parâmetros diretamente nas unidades remotas.

Vemos, na Fig. 8.8, uma representação da configuração do sistema SAPS.

8.4.3 Dados para preparação de um projeto de central de alarme e controle predial

A firma que projeta uma instalação desta natureza não é a mesma que fabrica, vende e instala os materiais e equipamentos, pelos quais vem a ficar responsável. Procede à manutenção e tem condições de executar ampliações e acréscimos quando isto se faz necessário.

Deve ser fornecido à firma o projeto de instalações elétricas e hidráulicas, ar condicionado etc., para que possam ser identificados os pontos a sensorizar, os locais para as *estações remotas* e a central, e as tubulações previstas para as instalações, objeto deste capítulo. A firma especializada poderá indicar a necessidade de outras tubulações e caixas de passagem, que deverão ser colocadas durante a execução de obras de construção civil do prédio.

O autor do projeto de instalações, no memorial descritivo das instalações de segurança e centrais de controle, deverá indicar os *pontos* de sensores ou equipamentos para os quais deverão ser previstas "*entradas*" analógicas ou telemétricas nas estações remotas e na central. Também devem ser caracterizadas as "saídas" destas estações ou da central, isto é, deve-se saber quais os equipamentos ou instalações que devem ser telecomandados.

Apenas como referência, indicamos a seguir algumas "entradas" digitais e analógicas mais comuns em um moderno prédio de escritórios, com ar condicionado central, e outras tantas "saídas" ou comandos "liga-desliga" operados pela central e as estações remotas a ela ligadas.

1 — *Entradas digitais*

a) *Alarme, limites e verificação de estado*
- Falta de fase primária com registro gráfico de tempo da interrupção no primário do transformador.
- Falta de energia em cada fase do sistema de emergência (grupo gerador).
- Falta de fase nos alimentadores dos quadros de distribuição.
- Nível do reservatório de água bruta (máximo e mínimo).
- Nível do reservatório de água filtrada (máximo e mínimo).
- Nível de monóxido de carbono no estacionamento do subsolo.
- Nível máximo, para ligação de bomba de poço.
- Alarme de temperatura de óleo e enrolamentos de transformadores.
- Alarme de água escapando pelo extravasor.
- Alarme de evacuação em caso de incêndio.

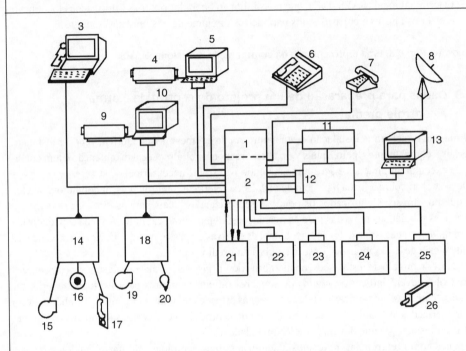

Figura 8.8 Configuração do sistema SAPS e PABX.

- Alarme de tensão mínima na central telefônica.
- Alarme de temperatura máxima na central telefônica.
- Alarmes de temperaturas máxima e mínima em salas de computadores.
- Alarme de umidade em sala de computadores.
- Alarme de temperaturas máxima e mínima da água gelada.
- Alarme de temperatura máxima de água condensada.
- Alarme do nível máximo do tanque de expansão.
- Alarme do nível mínimo das torres de arrefecimento.
- Alarme de defeito nos compressores.
- Alarme de defeito nas bombas.
- Alarme de nível máximo de vapores inflamáveis na sala do gerador.
- Alarme de temperatura e umidade na sala de controle.

b) *Confirmação de telecomando*
- Exaustores.
- Bombas de água potável.
- Bombas de águas servidas.
- Bombas de água gelada potável central.
- Bombas do sistema de água central.
- Bombas de ar condicionado da torre de arrefecimento.
- Compressores.
- *Fan coils* dos equipamentos de ar condicionado.
- Iluminação externa.
- Iluminação da fachada.
- Iluminação (um para cada pavimento).

2 — *Entradas analógicas (telemetria)*
- Tensão de entrada primária da concessionária.
- Tensão secundária em cada um dos transformadores.
- Nível de tensão das baterias do sistema de emergência.
- Temperatura da subestação.
- Temperaturas nos ambientes dos vários andares ou locais escolhidos.

3 — *Saídas digitais*
Correspondem às operações de telecomando com operação "liga-desliga" de equipamentos, grupos de equipamentos e setores de instalações diversas.
- Comandos de iluminação de cada andar ou de recintos de grande importância.
- Acionamento de emergência das bombas de água potável.
- Acionamento de emergência das bombas de águas servidas.
- Acionamento do disjuntor na linha alimentadora em alta-tensão.
- Acionamento de exaustores.
- Acionamento de ventiladores dos conjuntos *fan coils* distribuídos ao longo da instalação de ar condicionado.
- Comando da iluminação externa.
- Comandos da iluminação de cada pavimento.

Biografia

BOLTZMANN, LUDWING EDUARD (1844-1906)

Físico austríaco, criou a física estatística e relacionou a teoria cinética à termodinâmica, além de realizar importantes trabalhos em eletromagnetismo.

Boltzmann cresceu em Wels e Linz, cidades onde seu pai era coletor de impostos. Fez o doutorado em Viena, em 1866, e dedicou-se ao ensino durante sua vida em Graz, Viena, Munique e Leipzig.

Físico teórico, foi contemporâneo em 1860 de grandes modificações na ciência. Acompanhou o nascimento da Segunda Lei da Termodinâmica, da teoria cinética dos gases e da teoria sobre eletromagnetismo de Maxwell. Boltzmann calculou quantas partículas têm uma dada energia, o que depois veio a chamar-se distribuição de Maxwell–Boltzmann. Posteriormente, aplicou a mecânica e a estatística a um grande número de partículas, desenvolveu a teoria cinética e deu definições rigorosas de calor e entropia (a medida da desordem de um sistema).

Durante toda sua vida Boltzmann foi vítima de depressão, e sofreu grande oposição ao seu pensamento. Os estudantes, no entanto, tinham-lhe amizade e o respeitavam. Isso não foi suficiente, e Boltzmann suicidou-se quando de um passeio em um feriado no mar Adriático.

Execução das Instalações. Materiais Empregados e Tecnologia de Aplicação

Em capítulos anteriores, fizemos referência a diversos materiais empregados em instalações elétricas à proporção que o assunto tratado indicava a conveniência de um esclarecimento dessa natureza.

Assim é que tratamos dos tipos de fios e cabos, chaves e disjuntores, reproduzindo figuras e tabelas de catálogos de conceituados fabricantes nacionais e estrangeiros.

Existem alguns outros materiais de uso corrente que foram por várias vezes mencionados, mas a cujo respeito não foram apresentados detalhes ou parênteses explicativos, para que não ocorresse descontinuidade na exposição e porque, em alguns casos, as explicações ou exigências de normas a respeito tornariam essas indicações por demais extensas.

O presente capítulo visa a oferecer dados, referências de normas e indicações sobre diversos desses materiais e a tecnologia da utilização dos mesmos, o que parece válido para o atendimento dos objetivos deste livro.

9.1 Definições gerais

9.1.1 Espaço de construção

Uma das formas mais comuns de instalações de baixa tensão em edifícios é a composta por poços verticais, chamados de "shafts". Esse espaço de construção (ver Fig. 9.1) é o espaço existente na estrutura ou nos componentes de uma edificação, no qual passam os condutores que alimentam as cargas ao longo do prédio, tendo acesso apenas em determinados pontos.

9.1.2 Eletrocalha

É um elemento de linha elétrica fechada e aparente, com cobertura desmontável, podendo ser liso ou perfurado. Esse termo substitui o termo "calha". "Eletrocalha" é usualmente empregada para designar a "bandeja" (que seria, então, uma "eletrocalha sem tampa").

9.1.3 Canaleta

É um elemento construído ou instalado abaixo ou acima do solo, ventilado ou fechado, e no qual não cabe uma pessoa. É usual, também, utilizar o termo "canaleta" para se referir a eletrocalhas sobre paredes, em tetos ou suspensas (ver Fig. 9.3).

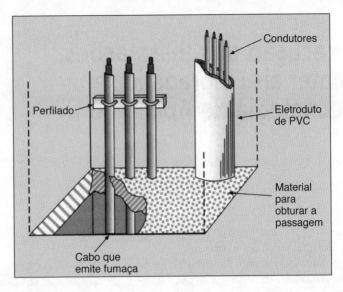

Figura 9.1 Obturação de poços para impedir a propagação de incêndio.

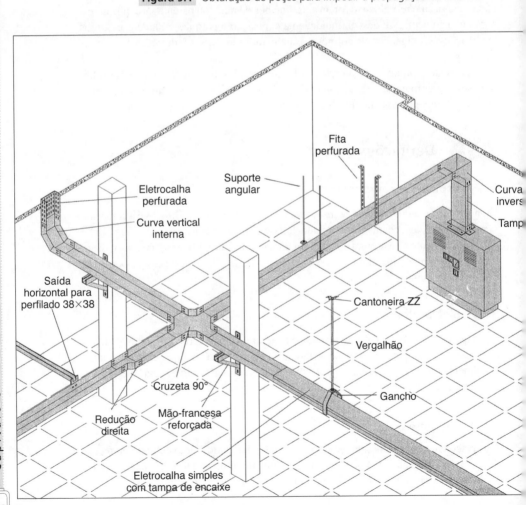

Figura 9.2 Eletrocalhas. Fabricante MOPA.

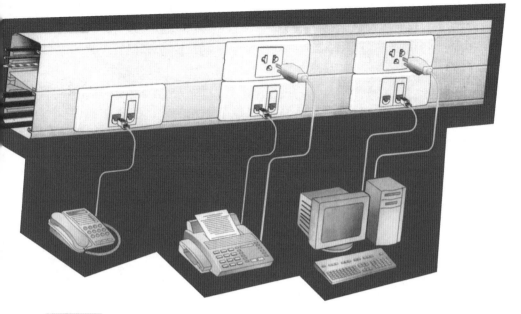

Figura 9.3 Canaleta DLP, solução para instalações aparentes. Fabricante Pial-Legrand.

9.1.4 Bandeja

Possui uma base contínua, com abas e sem tampa, podendo ser ou não perfurada (ver Fig. 9.4).

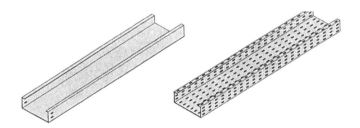

Figura 9.4 Bandeja não perfurada e bandeja perfurada. Fabricante MOPA.

9.1.5 Perfilado

Eletrocalha ou bandeja de dimensões reduzidas (ver Fig. 9.5).

9.1.6 Leito

É um suporte formado por travessas ligadas a duas longarinas longitudinais, sem cobertura. É também conhecido como "escada para cabos" (ver Fig. 9.6).

9.1.7 Prateleira

Possui uma base contínua, engastada ou fixada por um de seus lados e com a outra borda livre (ver Fig. 9.7).

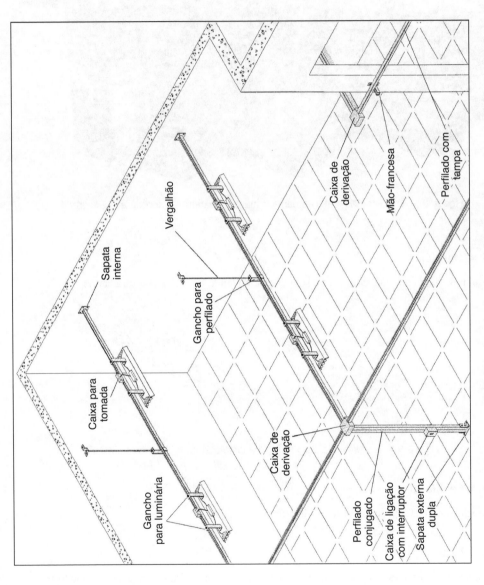

Figura 9.5 Perfilados. Fabricante MOPA.

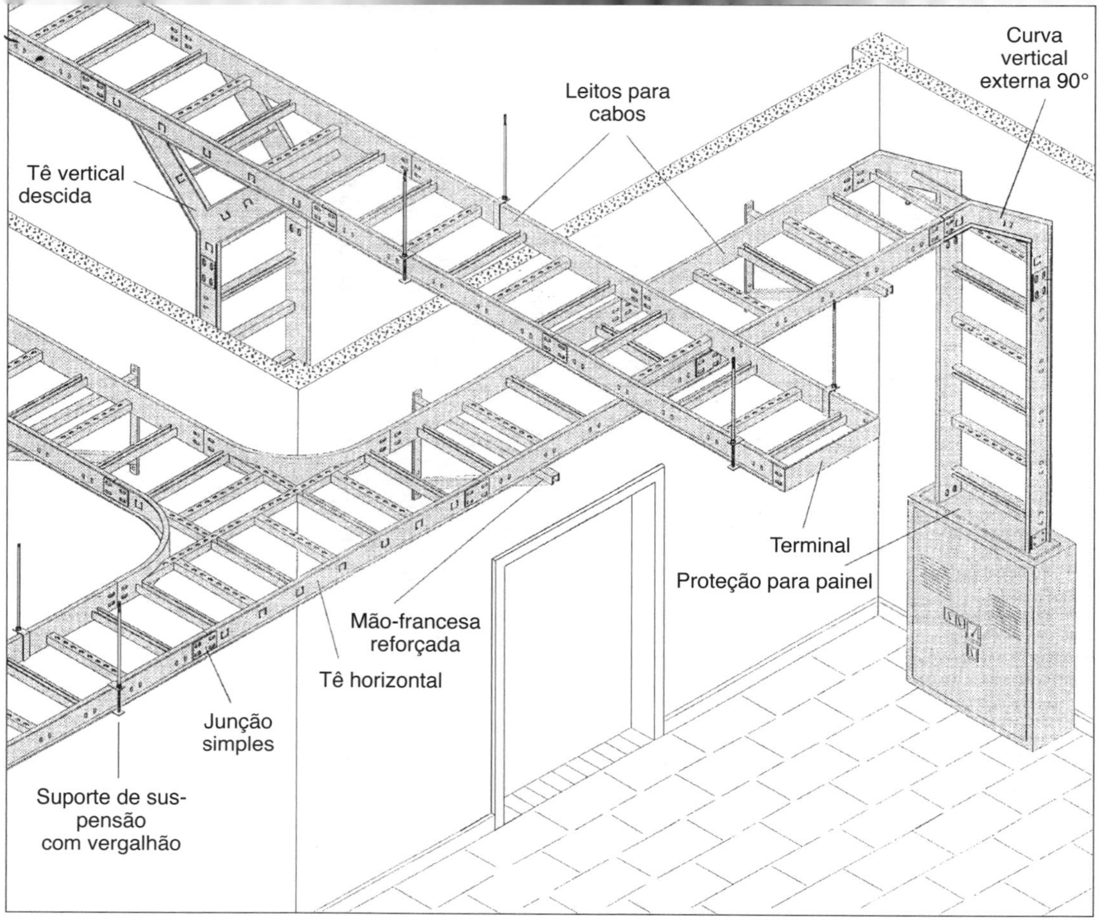

Execução das Instalações. Materiais Empregados e Tecnologia de Aplicação

Figura 9.6 Leito para cabos. Fabricante MOPA.

267

9.2 Condutos

Condutos são canalizações ou dispositivos destinados a conter condutores elétricos. Podemos dividir os condutos em:

a) Eletrodutos.

b) Dutos.

c) Calhas e canaletas (condutos fechados ou abertos).

d) Bandejas ou leitos de cabos (condutos abertos).

e) Molduras, rodapés e alizares.

Estabelece-se que "todos os condutores vivos do *mesmo circuito*, inclusive o neutro (se existir), devem ser agrupados no mesmo conduto" (Norma NBR 5410). A Norma NBR 5410 confirma esse conceito e exige que os eletrodutos ou calhas contenham apenas condutores de um único circuito, *exceto* nestes dois casos:

a) Quando as quatro condições que se seguem forem simultaneamente atendidas:
   * Todos os condutores sejam isolados para a mesma tensão nominal.
   * Todos os circuitos se originem de um mesmo dispositivo geral de comando e proteção, sem a interposição de equipamentos que transformem a corrente elétrica (transformadores, conversores, retificadores etc.).
   * As seções dos condutores-fase estejam dentro de um intervalo de três valores normalizados sucessivos (por exemplo, pode-se admitir que os condutores-fase tenham seções de 4 mm^2, 6 mm^2 e 10 mm^2).
   * Cada circuito seja protegido separadamente contra as sobrecorrentes.

b) Quando os diferentes circuitos alimentarem um mesmo equipamento, desde que todos os condutores sejam isolados para a mesma tensão nominal e que cada circuito seja protegido separadamente contra as sobrecorrentes. Isto se aplica principalmente aos circuitos de alimentação, de telecomando, de sinalização, de controle e/ou de medição de um equipamento controlado a distância.

   A NBR 5410 determina que a instalação em condutos só seja utilizada em estabelecimentos industriais ou comerciais em que a manutenção seja sistemática e executada por "pessoas advertidas ou qualificadas".

9.2.1 Eletrodutos

São tubos destinados à colocação e à proteção de condutores elétricos (ver Fig. 9.8).

9.2.1.1 Finalidades

Os eletrodutos têm por finalidade:
* Proteger os condutores contra ações mecânicas e contra corrosão.
* Proteger o meio ambiente contra perigos de incêndio, provenientes do superaquecimento ou da formação de arcos por curto-circuito.
* Constituir um envoltório metálico aterrado para os condutores (no caso de eletroduto metálico), o que evita perigos de choque elétrico.
* Funcionar como condutor de proteção, proporcionando um percurso para a terra (no caso de eletrodutos metálicos).

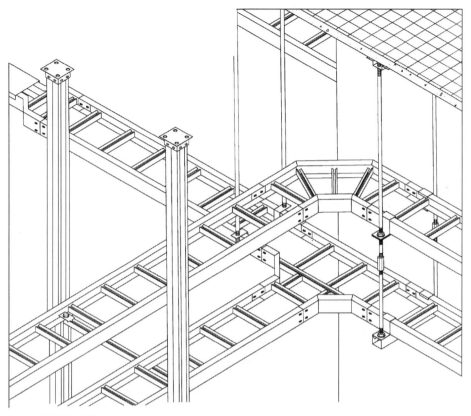

Figura 9.7 Sistema modulado de distribuição com prateleiras para cabos elétricos.

9.2.1.2 Classificação

Os eletrodutos podem ser:

- Rígidos.
- Flexíveis.

9.2.1.3 Material

Quanto ao material de que são constituídos os eletrodutos rígidos, dividem-se em eletrodutos de:

- Aço-carbono.
- Alumínio (usado nos Estados Unidos).
- PVC.
- Plástico com fibra de vidro.
- Polipropileno.
- Polietileno de alta densidade.

9.2.1.4 Proteção contra corrosão

Quanto à proteção dos eletrodutos de aço contra corrosão, ela pode ser constituída por:
- Cobertura de esmalte a quente.
- Galvanização ou banho de zinco a quente.
- Cobertura externa de composto asfáltico ou plástico.
- Proteção interna e(ou) externa adicional de tinta epóxica.

9.2.1.5 Modalidades de instalação e tipos usados

Os eletrodutos podem ser instalados:

- Em lajes e alvenaria: eletrodutos rígidos metálicos ou de plásticos rígidos.
- Enterrados no solo: eletrodutos rígidos não metálicos ou de aço galvanizado.
- Enterrados, porém embutidos em lastro de concreto: eletrodutos rígidos não metálicos ou metálicos galvanizados ou revestidos de epóxi.
- Aparentes, fixados por braçadeiras a tetos, paredes ou elementos estruturais: eletrodutos rígidos metálicos ou de PVC rígido.
- Aparentes, em prateleiras ou suportes tipo "mão-francesa": rígidos metálicos e de PVC.
- Aparentes, em locais onde a atmosfera contiver gases ou vapores agressivos: PVCs rígidos, como, por exemplo, os eletrodutos Tigre da Cia. Hansen Industrial, ou metálicos com pintura epóxica.
- Ligação de ramais de motores e equipamentos sujeitos a vibrações: eletrodutos flexíveis metálicos (*conduítes*) formados por uma fita enrolada em hélice. Podem ser revestidos por uma camada protetora de material plástico quando se teme a agressividade de agentes poluentes ou líquidos agressivos.

9.2.2 Eletrodutos rígidos

Os eletrodutos rígidos são vendidos em varas de 3 m de comprimento, rosqueadas nas extremidades e com uma luva em uma das extremidades. São fabricados nos seguintes tipos:

- Eletroduto rígido de aço galvanizado para alta-tensão. Fabricante Apolo (ver Tabela 9.1).
- Eletroduto de PVC rígido antichama, classe B. Fabricante Tigre (ver Tabela 9.2).
- Eletroduto rígido de aço-carbono, séries pesado e extra, de acordo com a NBR 5597:2007 (ver Tabela 9.3).
- Eletroduto rígido de PVC, tipo rosqueável, de acordo com a NBR 15465:2008 (ver Tabela 9.4).

As tabelas a seguir apresentam dimensões dos eletrodutos rígidos de várias especificações quanto a espessura e peso.

9.2.3 Número de condutores em um eletroduto

No interior de eletrodutos rígidos são permitidos apenas condutores e cabos isolados, não sendo permitida a utilização de condutores à prova de tempo WP e cordões flexíveis.

Na Tabela 9.5 estão discriminadas as áreas dos eletrodutos rígidos de aço-carbono, tipo pesado, permissíveis para utilização pelos condutores.

Tabela 9.1 Eletrodutos rígidos de aço galvanizado para alta- e baixa tensões. Fabricante Apolo

| Tamanho nominal || Galvanizados atendem às normas NBR 5598:2009 e NBR 5597:2007 |||
mm	polegada	Diâmetro externo (mm) × Espessura da parede (mm)	Peso NBR 5598:2009 (kg/vara)	Peso NBR 5597:2007 (kg/vara)
15	1/2	21,30 × 2,25	3,42	3,44
20	3/4	26,70 × 2,25	4,40	4,45
25	1	33,40 × 2,65	6,46	6,55
32	1 1/4	42,20 × 2,65	8,35	8,45
40	1 1/2	48,00 × 3,00	10,71	10,82
50	2	59,90 × 3,00	13,61	13,78
65	2 1/2	75,50 × 3,35	19,12	—
80	3	88,20 × 3,35	22,48	23,12
100	4	113,35 × 3,75	33,02	33,56

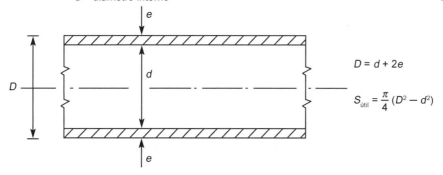

Figura 9.8 Diâmetros a considerar em um eletroduto.

Exemplo 9.1

Qual deverá ser o diâmetro do eletroduto para conter nove cabos unipolares de cobre de 1,5 mm² de seção nominal, com isolação de PVC, Pirastic Antiflam 450/750 V da Prysmian?

Solução

Na Tabela 4.17, da Prysmian, vemos que o cabo referido tem um diâmetro externo nominal de 3,0 mm. Os nove cabos ocuparão uma área de

$$9 \times \left(\frac{\pi \times 3^2}{4}\right) = 63,6 \text{ mm}^2$$

Como são nove os cabos, a seção útil de que pode ser ocupada é de 40 % (Tabela 9.5), de modo que a seção deverá ser no mínimo de

$$(63,6 \times 100) \div 40 = 159 \text{ mm}^2$$

Vemos na Tabela 9.5 que o eletroduto de aço-carbono, tipo pesado, com diâmetro nominal de 21 mm, tem uma área útil de 221,6 mm^2 e, portanto, $0,40 \times 221 \approx 88$ mm^2 de área que pode ser ocupada pelos cabos. O de 17 mm de diâmetro nominal seria insuficiente, pois a área útil é de 134,7 mm^2, e necessitamos de 159 mm^2. Verifica-se, no entanto, que para chegarmos a este resultado bastaria consultar a Tabela 9.5, na coluna de *3 cabos ou mais 40 %*, e chegaríamos a 88 mm^2 de ocupação.

Tabela 9.2 Eletrodutos de PVC rígidos antichama classe B. Fabricante Tigre

Referência de rosca	Diâmetro nominal	DIMENSÕES			S* (aprox.) mm^2
		Di (aprox.) mm	e mm	L mm	
3/8	16	12,8	1,8	3 000	128,7
1/2	20	16,4	2,2	3 000	211,2
3/4	25	21,3	2,3	3 000	356,3
1	32	27,5	2,7	3 000	593,9
1 1/4	40	36,1	2,9	3 000	1 023,5
1 1/2	50	41,4	3,0	3 000	1 346,1
2	60	52,8	3,1	3 000	2 189,6
2 1/2	75	67,1	3,8	3 000	3 536,2
3	85	79,6	4,0	3 000	4 976,4
Não previsto pela EB-744					
4	110	103,1	5,0	3 000	8 348,5

Tabela 9.3 Eletrodutos rígidos de aço-carbono (NBR 5597:2007)

Tamanho nominal (mm)	Diâmetro externo (mm)	Espessura de parede (mm)	Massa* teórica (kg/m)
10	17,1	2,00	0,72
15	21,3	2,25	0,96
20	26,7	2,25	1,31
25	33,4	2,65	1,97
32	42,2	3,00	2,85
40	48,3	3,00	3,31
50	60,3	3,35	4,66
65	73,0	3,75	6,26
80	88,9	3,75	7,71
90	101,6	4,25	10,04
100	114,3	4,25	11,34
125	141,3	5,00	16,61
150	168,3	5,30	21,04

*Massa sem luva e sem revestimentos protetor.

Tabela 9.4 Eletrodutos de PVC rígido, tipo rosqueável (NBR 15465:2008) – Referência de rosca NBR NM ISSO 7-1:2000

Diâmetro nominal		Diâmetro externo afastamentos		Afastamentos na espessura da parede ± δ −0	Classe A		Classe B*	
DN (mm)	-- (polegada)	de (mm)	± δ (mm)	(mm)	Espessura da parede e (mm)	Massa aprox. por metro M (kg/m)	Espessura da parede e (mm)	Massa aprox. por metro M (kg/m)
16	3/8	16,7	± 0,3	+ 0,4	2,0	0,140	1,8	0,120
20	1/2	21,1	± 0,3	+ 0,4	2,5	0,220	1,8	0,150
25	3/4	26,2	± 0,3	+ 0,4	2,6	0,280	2,3	0,240
32	1	33,2	± 0,3	+ 0,4	3,2	0,450	2,7	0,400
40	1 1/4	42,2	± 0,3	+ 0,5	3,6	0,650	2,9	0,540
50	1 1/2	47,8	± 0,4	+ 0,5	4,0	0,820	3,0	0,660
60	2	59,4	± 0,4	+ 0,5	4,6	1,170	3,1	0,860
75	2 1/2	75,1	± 0,4	+ 0,5	5,5	1,750	3,8	1,200
85	3	88,0	± 0,4	+ 0,6	6,2	2,300	4,0	1,500

*A classe B é usualmente a mais encontrada nas construções.

Tabela 9.5 Áreas dos eletrodutos rígidos de aço-carbono, tipo pesado, permissíveis para utilização pelos condutores, segundo critério da NBR 5 410

Dimensão do eletroduto			Cabos sem cobertura de chumbo		
Diâmetro nominal		Área útil (mm²)	1 Cabo 53 %	2 Cabos 31 %	3 Cabos ou mais 40 %
Polegada	mm				
3/8	17	134,7	71	41	53
1/2	21	221,6	117	68	88
3/4	27	386,9	205	119	154
1	33	619,8	328	192	247
1 1/4	42	1 028,7	545	318	411
1 1/2	48	1 404,6	744	435	561
2	60	2 255,3	1 195	699	902
2 1/2	73	3 367,8	1 784	1 044	1 347
3	89	5 201,4	2 756	1 612	2 080
4	102	6 804,1	3 606	2 109	2 721

EXEMPLO 9.2

Num mesmo eletroduto devem passar cabos unipolares de Sintenax Antiflam Prysmian, sendo 6 de seção nominal de 4 mm² (diâmetro externo máximo com isolação = 6,9 mm); 6 de seção nominal de 6 mm² (diâmetro externo máximo com isolação = 7,3 mm). Qual deverá ser o diâmetro do eletroduto?

Solução

Seção dos cabos:

$$6 \times \left(\frac{\pi \times 6,9^2}{4} \right) = 224,35 \text{ mm}^2$$

$$6 \times \left(\frac{\pi \times 7,3^2}{4} \right) = 251,12 \text{ mm}^2$$

Seção total = 475,47 mm².

Como são mais de três cabos, a área ocupada pelos cabos deverá ser, no máximo, 40 % da seção do eletroduto. Logo, a seção do eletroduto será:

$$(475,47 \times 100) \div 40 = 1189 \text{ mm}^2$$

Na Tabela 9.5 vemos que para esta área total teremos que usar um eletroduto pesado de 48 mm (1) de diâmetro nominal.

A Tabela 4.17 apresenta as dimensões totais de condutores isolados Prysmian dos tipos Pirastic Ecoflam e Pirastic-Flex Antiflam.

9.2.4 Acessórios dos eletrodutos metálicos

Os eletrodutos interligam caixas de derivação, das quais voltaremos a tratar neste capítulo. Para emendar os tubos, mudar a direção e fixá-los às caixas, são empregados os acessórios descritos a seguir:

- **Luvas.** São peças cilíndricas rosqueadas internamente com rosca paralela, usadas para unir dois trechos de tubo, ou um tubo a uma curva. Quando se requer estanqueidade, usam-se luvas com rosca cônica BSP (British Standards Pipe) ou NPT (National Pipe Threads).

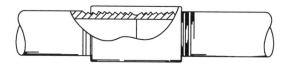

Figura 9.9 Colocação de luva, mostrando que as pontas dos dois eletrodutos devem se ajustar.

- **Buchas.** São peças de arremate das extremidades dos eletrodutos rígidos, destinadas a impedir que, ao serem puxados os condutores durante a enfiação, a isolação seja danificada por eventuais rebarbas na ponta do eletroduto. Ficam na parte interna das caixas (Fig. 9.10).
- **Porcas.** São *arruelas* rosqueadas internamente e que, colocadas externamente às caixas, completam, com as buchas, a fixação do eletroduto à parede da mesma (Figs. 9.11 e 9.12).
- **Curvas.** Para diâmetros de 1/2" 3/4" e 1", pode-se curvar o eletroduto metálico a frio em ângulo de deflexão menor que 90° e com o cuidado para que o trecho curvo não fique inaceitavelmente amassado. Para diâmetros maiores que 1", devem-se usar curvas pré-fabricadas, embora em instalações aparentes se usem também estas curvas nos diâmetros menores.

Para raios de curvatura bastante grandes, podem-se curvar tubos de diâmetro maior que 1".
Não são permitidos trechos de tubulação entre caixas ou equipamentos com comprimentos maiores que 15 m.
Quando se colocam curvas, este espaçamento fica reduzido de 3 m para dada curva de 90°.

Exemplo 9.3

Qual o comprimento que poderá ter um trecho de tubulação contendo duas curvas de 90°?

Tabela 9.6 Seção e diâmetros de fios e cabos Superastic. Fabricante Prysmian

Seção do condutor tipo fio Superastic 750 V BWF Antiflam®			
Seção nominal (mm²)	Diâmetro nominal do condutor (mm)	Espessura nominal isolação (mm)	Diâmetro externo nominal (mm)
1,5	1,4	0,7	2,8
2,5	1,7	0,8	3,4
4	2,2	0,8	3,9
6	2,7	0,8	4,4
10	3,5	1,0	5,6

(Continua)

Tabela 9.6 Seção e diâmetros de fios e cabos Superastic. Fabricante Prysmian
(Continuação)

Seção do condutor tipo cabo Superastic 750 V BWF Antiflam®			
Seção nominal (mm²)	Diâmetro nominal do condutor (mm)	Espessura nominal isolação (mm)	Diâmetro externo nominal (mm)
10	c 3,8	1,0	5,9
16	c 4,8	1,0	6,9
25	c 6,0	1,2	8,5
35	c 7,0	1,2	9,5
50	c 8,1	1,4	11,0
70	c 9,7	1,4	13,0
95	c 11,5	1,6	15,0
120	c 12,8	1,6	16,5
150	c 14,3	1,8	18,0
185	c 15,9	2,0	20,0
240	c 18,4	2,2	23,0
300	c 20,6	2,4	26,0
400	c 23,1	2,6	28,5
500	c 25,1	2,8	32,0

c – Condutor redondo compacto.

Bucha   Bucha de baquelite   Bucha isolada   Bucha com terminal

Figura 9.10 Buchas para eletrodutos. Fabricante Wetzel.

Solução

Cada curva reduz 3 metros. Portanto, teremos $15 - (2 \times 3) = 9$ metros. Quando o ramal de eletroduto passar obrigatoriamente através de áreas inacessíveis, impedindo assim o emprego de caixas de derivação, a distância pode ser aumentada, desde que se proceda da seguinte forma:

- Calcula-se a distância máxima permissível (levando-se em conta o número de curvas de 90° necessárias).
- Para cada 6,00 m ou fração de aumento nesta distância, utiliza-se um eletroduto de diâmetro ou tamanho nominal imediatamente superior ao do eletroduto que normalmente seria empregado para o número e o tipo dos condutores.
- O número máximo de curvas entre duas caixas é 3.

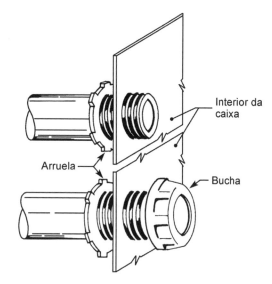

ucha
umínio, nas
tolas de:
8" a 4"
tão, nas bito-
s de:
8" a 3"

Luva
alumínio, nas
bitolas de:
1/2" a 2"

Arruela
alumínio, nas
bitolas de:
3/8" a 4"
latão, nas bito-
las de:
3/8" a 4"

Interior da caixa

Arruela

Bucha

Figura 9.11 Bucha, luva e arruela. Fabricante Wetzel.

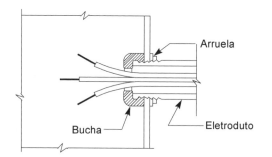

Arruela

Bucha

Eletroduto

Figura 9.12 Fixação de eletroduto com bucha e arruela. O aperto final deve ser dado com a arruela (contraporca).

EXEMPLO 9.4

A Fig. 9.13 mostra um ramal de tubulação de 22,2 m entre duas caixas A e B, no qual não há acessibilidade para a colocação de caixas intermediárias. O diâmetro nominal calculado para o eletroduto sem curvas é de 1". Dimensionar o trecho AB, levando em conta que no mesmo serão necessárias três curvas de 90°.

Solução

Comprimento total = 22,2 m
Número de curvas: 3
Distância máxima permitida, considerando as três curvas:

$$15 - 3(3) = 6 \text{ m}$$

Mas o comprimento total é de 22 m, de modo que teremos, para a distância calculada:

$$22 - 6 = 16 \text{ metros.}$$

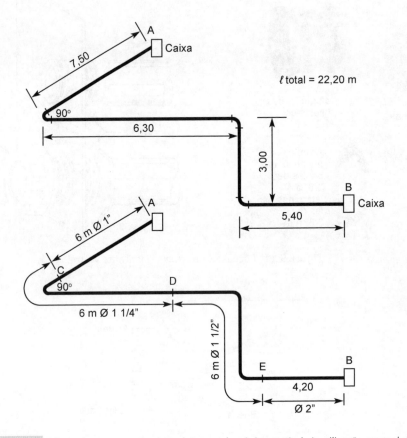

Figura 9.13 Dimensionamento de eletrodutos em locais inacessíveis à utilização normal de caixas de enfiação, usando-se, portanto, curvas.

Haverá 16 ÷ 6 = 2,66 "aumentos" de 6 metros. Assim, no trecho AB teremos que utilizar eletroduto de 2".

9.2.5 Conexões não rosqueadas

Existem luvas, curvas e buchas que dispensam o rosqueamento do eletroduto para sua adaptação. Há dois tipos principais:

- As peças possuem parafusos para aperto contra o eletroduto. Para sua instalação, bastam chave de fenda e arco de serra. Exemplo: Conexões Unidut da Daisa, de liga de alumínio com 9 a 13 % de silício, em bitolas de 1/2" a 6".
- As peças adaptam-se por encaixe e pressão (ver Fig. 9.14).

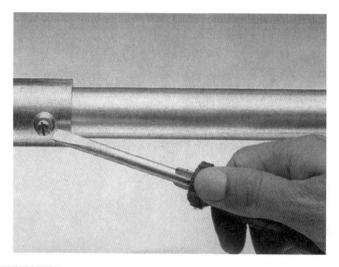

Figura 9.14 Conexão com parafuso em vez de rosca. Fabricante Daisa.

9.2.6 Eletrodutos metálicos flexíveis

Também designados por conduítes, esses eletrodutos não podem ser embutidos nem utilizados nas partes externas das edificações, em localizações perigosas e de qualquer forma expostos ao tempo. Devem constituir trechos contínuos, não devendo ser emendados por luvas ou soldas. Necessitam ser firmemente fixados por abraçadeiras a, no máximo, cada 1,30 m e a uma distância de, no máximo, 30 cm de cada caixa de passagem ou equipamento. Em geral são empregados na instalação de motores ou de outros aparelhos sujeitos à vibração ou que tenham necessidade de ser deslocados de pequenos percursos ou em ligações de quadros de circuitos.

Para se fixar um conduíte em um eletroduto, usa-se *o boxe reto interno* (Fig. 9.15a), e para fixá-lo a uma caixa, usa-se o boxe reto externo (Fig. 9.15b) ou boxe curvo (Fig. 9.15c).

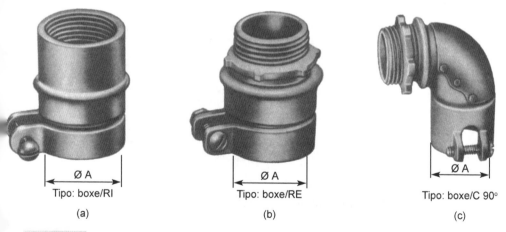

Figura 9.15 Boxe reto interno (a), externo (b) e curvo (c) em liga de alumínio. Fabricante Wetzel.

Os conduítes flexíveis podem ser curvados, mas o raio deverá ser maior que 12 vezes o seu diâmetro externo.

Os conduítes, como os eletrodutos rígidos, podem ser fixados a paredes, tetos ou outros elementos estruturais por meio de abraçadeiras.

Na Fig. 9.16 vemos as abraçadeiras de ferro modular galvanizadas tipo "unha", tipo "dupla" e "reforçada".

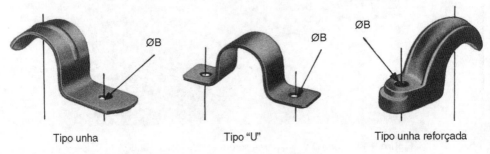

Figura 9.16 Abraçadeiras de ferro modular, galvanizadas.

9.2.7 Eletrodutos plásticos flexíveis (TIGREFLEX)

A Tigre desenvolveu uma linha completa de eletrodutos flexíveis produzidos nas bitolas DN 16, DN 20, DN 25, DN 32, na cor amarela, como diferencial. Esse material é fornecido em rolos de 25 a 30 m. A linha é complementada por um conjunto de caixas de embutir e luvas de pressão que se interligam aos tubos pelo sistema de simples encaixe.

9.2.8 Eletrodutos plásticos flexíveis (KANAFLEX)

Kanalex é um dos dutos de grande diâmetro muito usado em nossos dias, devido à sua grande flexibilidade e fácil aplicação em locais onde existam obstáculos a seu encaminhamento (ver Fig. 9.18).

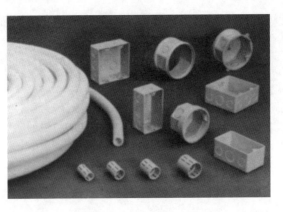

Figura 9.17 Eletrodutos flexíveis, caixas e luvas Tigreflex (plásticos). Fabricante Tigre.

9.3 Instalação em Dutos

Os dutos são tubos destinados à condução de cabos, em geral, quando estes devam ficar enterrados. Podem ser de cerâmica vitrificada, de PVC rígido ou flexível, ou de outros materiais resistentes e impermeáveis.

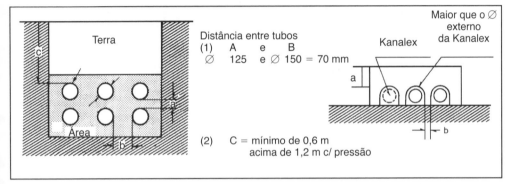

Figura 9.18 Instalação do duto flexível Kanalex. Fabricante Kanaflex.

Um conjunto de dutos envolvido por concreto constitui um "leito de dutos". A fiação dos dutos realiza-se através de caixas de enfiação ou passagem. Estas caixas devem ser instaladas nas mudanças de direção.

Designam-se com o nome de *dutos para barramento* (*bus-duct*) os dutos metálicos retangulares nos quais o fabricante fornece, fixados em blocos isolantes, barramentos nus em substituição a cabos isolados. Este sistema de instalações pré-fabricadas, também designadas por *bus-ways*, é empregado em indústrias, principalmente nos Estados Unidos.

Os dutos metálicos devem ser aterrados, e deve ser mantida a continuidade dos mesmos em todas as emendas.

9.4 Instalação em Calhas e Canaletas

As calhas e as canaletas (calhas pequenas) podem ser abertas ou fechadas, com ou sem ventilação direta (ver Figs. 9.19, 9.20 e 9.21):
- De concreto ou alvenaria com reboco impermeável.
- De chapa dobrada ou liga de alumínio fundido, colocadas em lajes ou alvenaria.

Podem ter tampa ou cobertura em:
- Placas de concreto pré-moldado, quando a calha for de concreto ou alvenaria, fechada.
- Placas de ferro fundido, ou chapas de aço doce devidamente pintadas com tinta antiferruginosa.
- Placas do material da própria calha, simplesmente colocadas ou aparafusadas.
- Grades para permitir melhor ventilação.

Os cabos colocados em calhas devem ter isolamento que não fique comprometido por umidade ou água que eventualmente infiltre pela junção com a tampa. Não devem ser colocados em locais onde, pelo piso, possa escorrer líquido agressivo decorrente de algum processo ou operação industrial.

Nas calhas, podem ser colocados cabos ou eletrodutos contendo cabos. Para impedir o contato de algum líquido com os cabos, podem-se usar prateleiras no interior da canaleta e sempre prever a possibilidade de drenagem da canaleta.

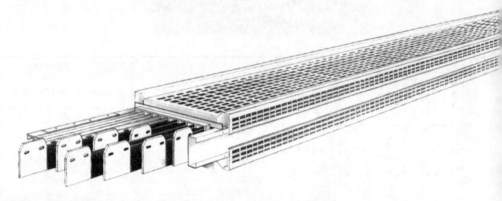

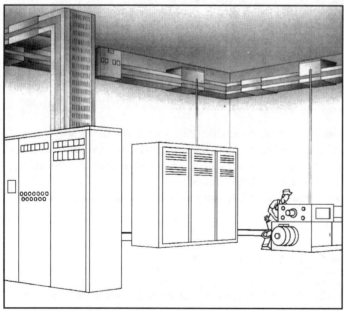

Figura 9.19 Canalizações elétricas Canalis de 1 000 a 4 300 A, modelo KG, e de 1 000 a 3 800 A, modelo KL, para transporte e distribuição de correntes de grande intensidade, tipo *bus-duct*. Fabricante Télémécanique.

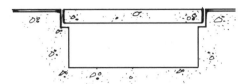

Figura 9.20 Calha de concreto com tampa de concreto.

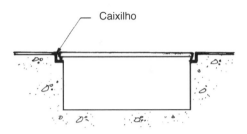

Figura 9.21 Calha de concreto com tampa metálica.

Calhas de piso

Em prédios de escritórios e comerciais com especificações de instalações de elevado padrão, são empregadas calhas de piso com tampa aparafusada ou justaposta, constituídas por dutos da seção retangular, com aberturas para enfiação e derivação de trechos em trechos (Figs. 9.22 e 9.23).

Alguns fabricantes designam o sistema como *canaletas* (Sistema SIK, da Siemens; Sistema X, da Pial Legrand; Canaletas Dutoplast) ou como *dutos*.

Figura 9.22 Colocação de calhas de piso na laje, antes de sua concretagem.

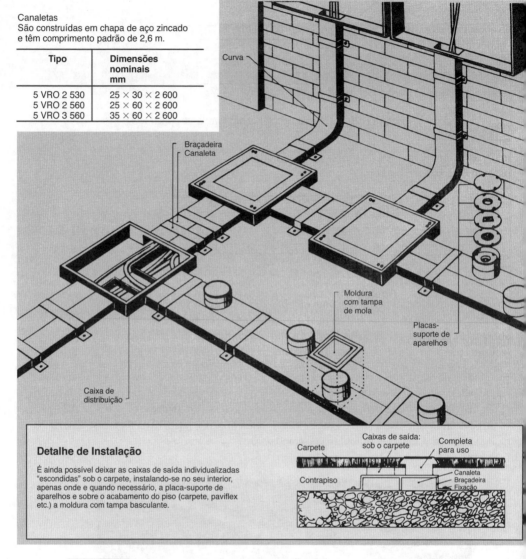

Figura 9.23 Sistema SIK da Siemens de canaletas de piso com caixas de saída simples para tomadas de piso.

Tabela 9.7 Canaletas para tomadas de piso e outras aplicações

Dimensões nominais (mm)		Seção total	Seção a ser utilizada (40 %)
30	25	750 mm^2	300 mm^2
60	25	1 500 mm^2	600 mm^2
60	35	2 100 mm^2	840 mm^2

O Sistema SIK permite a execução no piso de uma linha geral de alimentação com até quatro sistemas independentes (fiação elétrica, telefonia, intercomunicação e telex), separados rigidamente entre si por divisões formando canaletas distintas. As canaletas e caixas (Fig. 9.24) em chapa de aço galvanizado são montadas diretamente sobre a laje e embutidas no contrapiso (enchimento). Nas caixas de distribuição é mantida a separação intersistemas, a qual é feita por acessórios de material isolante (pontes de cruzamento e cantoneiras de separação). As saídas individualizadas (caixas de onde saem os fios para os aparelhos) são montadas diretamente sobre as canaletas. Elas possuem tampa cega, que evita a penetração de corpos estranhos durante a concretagem. Após a colocação do carpete, instala-se a placa-suporte de aparelhos e, em seguida, a moldura com tampa basculante para fazer o acabamento da caixa com o carpete. No caso de se querer "eliminar um ponto de saída", basta retirar a moldura com tampa de mola e substituí-la por uma tampa cega recoberta por um pedaço do material de acabamento do piso.

Ao se pretender, por exemplo, modificar um ponto de saída elétrico de tomada monofásica para tomada monofásica com polo de terra, basta trocar a placa-suporte de aparelhos, que é fixada por dois parafusos.

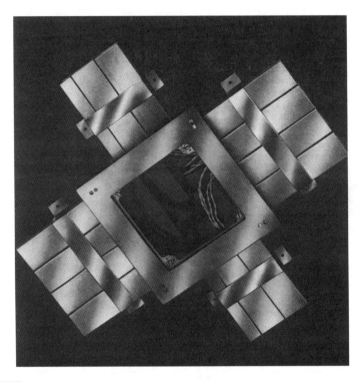

Figura 9.24 Caixa 5 VRO 2.300, sistema SIK da Siemens cruzamento em X com três sistemas, usando caixa de saída múltipla.

Exemplo 9.5

Quais deverão ser as dimensões da canaleta de piso para conter 30 cabos unipolares de cobre de 1,5 mm^2 de seção nominal, com isolação de PVC, Pirastic Antiflam 450/750 V da Prysmian?

Solução

Na Tabela 4.17, da Prysmian, vemos que o cabo referido tem um diâmetro externo nominal de 3,0 mm.

Os 30 cabos ocuparão uma área de

$$30 \times \left(\frac{\pi \times 3^2}{4}\right) = 211,9 \text{ mm}^2$$

Vemos na Tabela 9.7 que a canaleta de 25 mm × 30 mm tem uma seção total de 750 mm² e, portanto, 300 mm² de área a ser ocupada pelos cabos e que é suficiente para os 30 cabos.

A Télémécanique fabrica canalizações elétricas Canalis, no interior das quais já vêm instalados os condutores ou barramentos, para alimentação de aparelhos de iluminação, motores e quadros de distribuição. Os tipos principais de canalizações Canalis são:

a) KB4 40 A. Compõe-se de um perfil de aço galvanizado em forma de U, no qual é colocado, contra uma face lateral, um cabo isolado de seção chata com dois ou três condutores + terra. O cabo apresenta, com intervalos regulares, derivações embutidas em aberturas retangulares. O perfil comporta, na parte inferior, perfurações em forma de "botoeiras", que permitem a ligação dos elementos entre si e a suspensão dos aparelhos de iluminação (Fig. 9.25). Os conectores para derivações são para 10 A e 380 V.

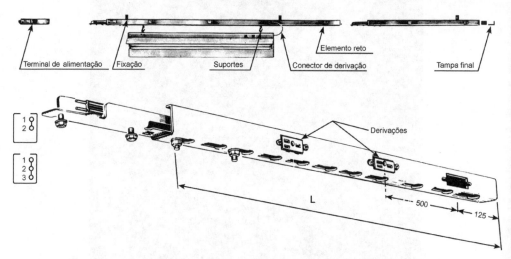

Figura 9.25 Canalizações elétricas KB4 40 A Canalis, da Télémécanique, para iluminação de prédios industriais, administrativos e comerciais.

b) KU1 a KU7, de 160 A a 700 A — três a quatro condutores + terra.
   Cofres: de 63 A a 315 A.

São usados para instalações industriais de média potência. Podem ser considerados como *bus-ducts* de pequena e média capacidades. A derivação do duto para uma ramificação se faz em um cofre, no qual são colocados fusíveis Diazed até 63 A e NH acima de 63 A.

A Fig. 9.26 mostra um exemplo de aplicação dos equipamentos descritos.

c) KL, de 1 000 A a 3 800 A — três ou quatro condutores mais terra.
d) KG, de 1 000 A a 4 300 A — três a quatro condutores + terra ou tripolar + neutro + terra.

Figura 9.26 Aplicação das canalizações Canalis. Fabricante Télémécanique.

Conforme a intensidade da corrente, o barramento pode ser constituído por uma, duas, três ou quatro barras por fase. Para derivações são adaptados cofres, com dispositivos fusíveis de proteção tipo NH (ver Fig. 9.27). Este modelo corresponde aos *bus-ducts* para grande capacidade de condução de corrente.

Exemplo 9.6

Uma canaleta perfurada mede 60 mm de largura. Pergunta-se:

a) Quantos cabos unipolares Pirastic Antiflam Prysmian, de 25 mm^2, podem ser colocados?
b) Quantos cabos unipolares da mesma especificação (16 mm^2) podem ser instalados?
c) Se forem instalados cinco cabos unipolares de 50 mm^2, qual a área que sobrará para a colocação de cabos de seção inferior a 16 mm^2?

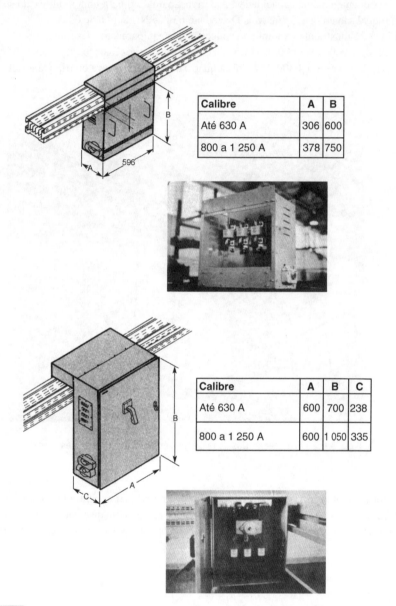

Figura 9.27 Canalizações elétricas Canalis de 1 000 a 4 300 A, modelo KG para transporte e distribuição de correntes de grandes intensidades, vendo-se os cofres de distribuição. Fabricante Télémécanique.

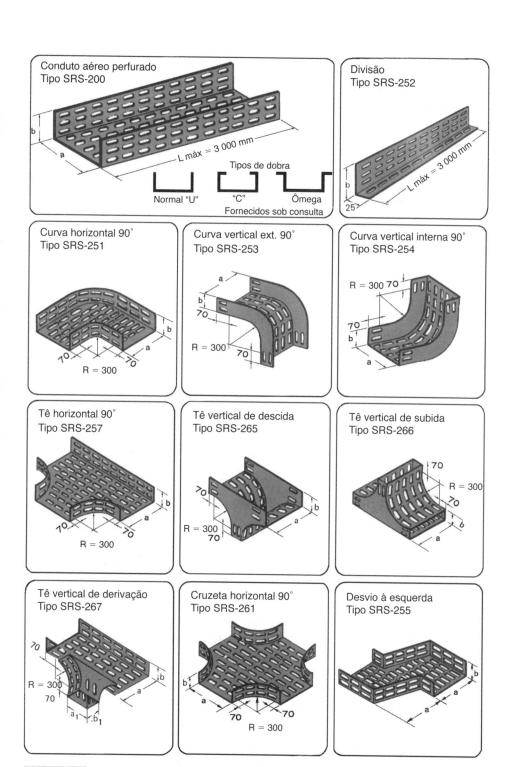

Figura 9.28 Condutos perfurados em chapas de aço para sustentação e condução de cabos de energia elétrica e telefonia em indústrias, ferrovias, túneis, centrais elétricas e em edificações onde se façam necessários o suporte e a condução de cabos atingindo distâncias consideráveis. Fabricante Sisa.

Solução

a) O cabo unipolar Pirastic Antiflam Prysmian, de 25 mm², possui um diâmetro nominal externo de 8,5 mm (ver Tabela 4.17). O número de cabos de apenas uma camada será dado pela largura dividida pelo diâmetro externo:

$$\frac{60}{8,5} = 7,06$$

Portanto, sete cabos.

b) O cabo unipolar Pirastic Antiflam Prysmian, de 16 mm², tem um diâmetro externo nominal de 6,5 mm (ver Tabela 4.17).

Na Tabela 9.7, vemos que a área permissível, no caso do duto de 60 mm de largura, é de 840 mm². Vejamos a área da seção do cabo.

$$S = \frac{\pi\, D_e^2}{4} = \frac{\pi \times 6,5^2}{4} = 33,17 \text{ mm}^2$$

O número máximo de cabos será

$$\frac{840}{33} = 25,32$$

Portanto, 25 cabos de 16 mm².

c) Temos cinco cabos unipolares de 50 mm². O diâmetro externo deste cabo (Pirastic Antiflam Prysmian) é de 11 mm.

$$S = \frac{\pi \times 11^2}{4} = \frac{379,94}{4} = 94,98 \text{ mm}^2$$

$$94,98 \times 5 = 474,9 \text{ mm}^2$$

De acordo com a Tabela 9.7, a área que sobrará para a colocação de outros cabos será, para o caso do duto de 60 mm:

$$840 - 474,9 = 365,1 \text{ mm}^2$$

9.5 Molduras, Rodapés e Alizares

A NBR 5410 prevê a utilização destes elementos para passagem de condutores. Estabelece as seguintes recomendações:

- Não devem ser usados em locais úmidos ou sujeitos a lavagens frequentes.
- Não devem ser imersos na alvenaria nem recobertos por papel de parede, tecido ou qualquer outro material, devendo sempre permanecer aparentes.
- Os de madeira só são admitidos em locais em que é desprezível a probabilidade de presença de água. Os de plástico são admitidos nestes locais e também onde haja possibilidade de quedas verticais de gotas de água, por condensação da umidade, por exemplo.
- Devem possuir tampas ou coberturas com boa fixação.
- As ranhuras devem ter dimensões tais que os cabos possam alojar-se facilmente.
- Nas mudanças de direção os ângulos das ranhuras devem ser arredondados.
- Uma ranhura só deverá conter cabos de um mesmo circuito, os quais devem ser isolados.
- Os cabos devem ser contínuos, sendo as emendas e derivações realizadas em caixas especiais.
- As molduras, rodapés e alizares não devem apresentar qualquer descontinuidade ao longo do comprimento que possa comprometer a proteção mecânica dos cabos.

| 308.01 | 308.00 | 308.90 | 308.91 | 308.92 | 308.93 | 308.94 |

Canaletas

308.00 20 x 10 x 2 200 mm c/tampa articulada
308.01 20 x 10 x 2 200 mm c/tampa separada

Mata-juntas para canaletas

309.90 cotovelo 90°
309.91 cotovelo interno
309.92 cotovelo externo
309.93 T
309.94 luva

Figura 9.29 Sistema X Pial Legrand de canaletas de sobrepor, em PVC.

A Pial Indústria e Comércio Ltda. fabrica o *sistema X* de sobrepor, constituído por dutos ou canaletas de pequenas dimensões que são aplicados às paredes, junto aos rodapés, alizares e molduras, como se pode observar na Fig. 9.29.

9.6 Espaços Vazios e Poços para Passagem de Cabos

Espaços vazios são os espaços entre tetos e soalhos, exceto os tetos falsos desmontáveis e as paredes constituídas por elementos ocos (lajotas, blocos de concreto), mas que não são projetados para, por justaposição, formar condutos para a passagem de instalações elétricas.

Podem ser utilizados cabos isolados em eletrodutos ou cabos uni ou multipolares nos espaços de construção ou poços (*shafts*) sob qualquer forma normalizada de instalação desde que:

a) Possam ser enfiados ou retirados sem intervenção nos elementos de construção do prédio.

b) Os eletrodutos utilizados sejam estanques e não propaguem a chama.

c) Os cabos instalados diretamente, isto é, sem eletrodutos, nos espaços de construção ou poços, atendam às prescrições da NBR 5410 referentes às instalações abertas.

A área ocupada pela instalação, com todas as proteções incluídas, deve ser igual ou inferior a 25 % da seção do espaço de construção ou poço utilizado. Os poços de elevadores não devem ser utilizados para a passagem de instalações elétricas, com exceção dos circuitos de controle do elevador.

9.7 Instalações sobre Isoladores

A instalação de condutores sobre isoladores (ver Figs. 9.30 e 9.31) dentro de edificações deve ser limitada a locais de serviço elétrico (como barramentos) e a utilizações industriais específicas (por exemplo, para a alimentação de equipamentos para elevação e transporte de carga), *sendo proibida em locais residenciais*, comerciais e de acesso a pessoas inadvertidas, de um modo geral.

A NBR 5410 permite que nas instalações sobre isoladores sejam utilizados os seguintes materiais:

- Barras ou tubos.
- Cabos nus ou isolados.
- Cabos isolados reunidos em feixe.

Para o dimensionamento de barramentos nus instalados sobre isoladores, devem ser obedecidas as seguintes prescrições:

a) Os tubos ou barras devem ser instalados de forma que as tensões provenientes dos esforços eletrodinâmicos sejam menores do que a metade da tensão de ruptura do material de que sejam constituídos.

b) A distância entre barras, tubos ou grupos de barras ou tubos correspondentes a diferentes fases e entre estes e as estruturas de montagem deve ser tal que, quando ocorrerem as flechas máximas provenientes dos esforços eletrodinâmicos, os valores das distâncias não sejam inferiores a 6 cm para tensões até 300 V e 10 cm para tensões superiores.

c) Quando em paralelo, as barras do feixe devem conservar entre si espaçamento igual ou superior à sua espessura. Este espaçamento deve ser feito por meio de calços do mesmo material e de forma quadrangular.

Figura 9.30 "Roldanas" de porcelana branca.

Figura 9.31 *Cleats* de porcelana sem vidração.

Quando forem usados cabos nus sobre isoladores, deverão ser obedecidas as seguintes prescrições:

a) Os cabos nus devem ser instalados a pelo menos 10 cm das paredes, tetos ou outros elementos condutores.
b) Se os condutores tiverem que atravessar paredes ou solos, isso deverá ser feito por meio de buchas de passagem ou de dutos de material isolante; neste último caso, utiliza-se um duto por condutor, e a distância entre os condutores deve ser igual à adotada para os condutores fora da travessia.
c) A distância mínima entre cabos nus de polaridade diferente deve atender aos valores da Tabela 9.8.

Tabela 9.8 Afastamento mínimo entre cabos nus de polaridades diferentes

Vão (m)	Afastamento mínimo entre cabos nus (m)
Menor ou igual a 4	0,15
Entre 4 e 6	0,20
Entre 6 e 15	0,25
Maior que 15	0,35

9.8 Instalações em Linhas Aéreas

As linhas aéreas são linhas exteriores aos prédios, executadas para operar em caráter permanente ou temporário.

A NBR 5410 prescreve: "Os condutores devem ser isolados."

Fica, ainda, definido que os condutores, em vãos de até 15 m, devem ter uma seção superior a 4 mm^2, e, em vãos superiores a 15 m, uma seção superior a 6 mm^2. Podem também ser empregados condutores de menor seção, desde que presos a fio ou cabo mensageiro, com resistência mecânica adequada. Em qualquer caso, o espaçamento dos suportes deve ser igual ou inferior a 30 m.

Quando forem instaladas diversas linhas de diferentes tensões em diferentes níveis de uma mesma posteação:

a) Os circuitos devem ser dispostos por ordem decrescente de suas tensões de serviço, a partir do topo dos postes.

b) Os circuitos para telefonia, sinalização e semelhantes devem ficar em nível inferior ao dos condutores de energia.

c) A instalação dos circuitos em postes ou em outras estruturas deve ser feita de modo a permitir o acesso aos condutores mais altos com facilidade e segurança, sem intervir com os condutores situados em níveis mais baixos.

d) Os *afastamentos verticais mínimos* entre circuitos devem ser:
- 1,00 m entre circuitos de alta-tensão (15 kV e 34,5 kV) e de baixa tensão.
- 0,80 m entre circuitos de alta-tensão (até 15 kV) e de baixa tensão.
- 0,60 m entre circuitos de baixa tensão.
- 0,60 m entre circuitos de baixa tensão e circuitos de telefonia, sinalização e congêneres.

As alturas mínimas dos cabos em relação ao solo deverão ser de:

- 5,50 m, em locais acessíveis a veículos pesados.
- 4,00 m, em entradas de garagens residenciais, estacionamentos ou outros locais não acessíveis a veículos pesados.
- 3,50 m em locais acessíveis apenas a pedestres.
- 4,50 m, em áreas rurais (cultivadas ou não).

Os cabos devem ficar fora do alcance de janelas, sacadas, escadas, saídas de incêndio, terraços ou locais análogos. Deverão ser instalados das maneiras relacionadas a seguir:

a) A uma distância horizontal ou superior a 1,20 m de qualquer abertura na fachada.

b) Acima do nível superior de janelas.

c) A uma distância vertical igual ou superior a 2,50 m, acima do solo quando houver sacadas, terraços ou varandas.

d) A uma distância vertical igual ou superior a 0,50 m, abaixo do piso de sacadas, terraços ou varandas.

Se a linha aérea passar sobre uma zona acessível da edificação, deve ser obedecida a altura mínima de 3,50 m. As emendas e derivações devem ser feitas a distâncias iguais ou inferiores a 0,30 m dos isoladores.

Como suporte para os isoladores, podem ser utilizadas paredes de edificações, não sendo permitida a utilização de árvores, canalizações de qualquer espécie ou elementos de para-raios.

Os vãos devem ser calculados em função da resistência mecânica dos condutores e das estruturas de suporte, não devendo os condutores ficar submetidos, nas condições consideradas mais desfavoráveis de temperatura e vento, a esforços de tração maiores do que a metade da respectiva carga de ruptura. Além disso, os vãos não devem exceder:

a) 10 m em cruzetas ao longo de paredes.

b) 30 m nos demais casos.

9.9 Caixas de Embutir, Sobrepor e Multiuso

As caixas em instalações elétricas podem ter várias finalidades, conforme sejam usadas como:
- Caixa de enfiação ou passagem.
- Caixa para interruptor ou tomada em parede (Fig. 9.32).
- Caixa para centro de luz no teto.
- Caixa para botão de campainha ou ponto de telefone.
- Caixas para tomadas de piso (Fig. 9.33).

Em instalações embutidas, usam-se caixas de chapa de aço. As usadas para interruptores, tomadas, botão de campainha e ponto de telefone são estampadas, esmaltadas, ao passo que a caixa para centro de luz, quando colocada na laje de concreto, é octogonal, de fundo móvel, e não é estampada. As caixas mencionadas possuem "orelhas" com furos para fixação de tomadas, interruptores ou aparelho de iluminação, conforme o caso.

Figura 9.32 Caixas de ferro estampado chapa nº 18, de 4" 3 4" e 4" 3 2", zincadas a fogo. Fabricante Lorenzetti.

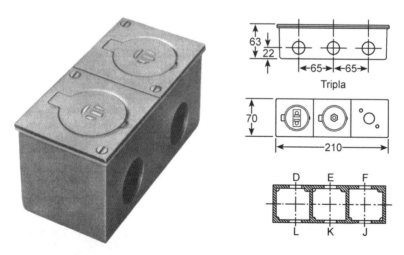

Figura 9.33 Caixas dupla e tripla de piso em alumínio injetado, para tomada de piso, telefone ou campainha. Tampa em latão forjado. Fabricante Peterco.

As caixas estampadas podem ser de:
- 4" × 4" ou 5" × 5" com furos de 1/2", 3/4" e 1".
- 4" × 2", com furos de 1/2" e 3/4".
- 3" × 3" × 1 1/2", octogonais, com furos de 1/2" e 3/4".

Existem tampas de ferro para caixa de 4" × 4" com abertura retangular para colocação de um interruptor ou tomada, e com abertura quadrada, para colocação de dois desses dispositivos.

Sobre as caixas são adaptados os "espelhos" ou "placas" de baquelite, bronze, alumínio, que rematam com a parede e permitem a atuação sobre interruptores, tomadas, botões etc. (Fig. 9.34).

Algumas caixas de embutir de 4" × 2" e 4" × 4" de plástico reforçado possuem orelhas de fixação metálica.

A Tabela 9.9 apresenta uma recomendação prática para o número máximo de cabos que pode passar nas caixas.

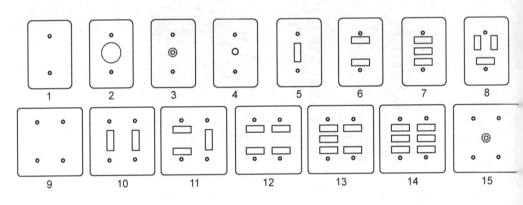

Figura 9.34 Espelhos para caixas embutidas.

Tabela 9.9 Número máximo de cabos que podem entrar (ou sair) de uma caixa, de modo a se poder fazer adequadamente a enfiação e a colocação de interruptor, tomada ou botão

Tipo de caixa formato e designação		Número máximo de cabos (mm)				Emprego
		1,5	2,5	4	6	
Retangular	4" × 2"	5	5	4	0	Interruptor e tomada
Octogonal	3" × 3"	5	5	4	0	Botão de campainha, ligação ou junção
Octogonal (fundo móvel)	4" × 4"	11	11	9	5	Ligação ou junção, centro de luz
Quadrada	4" × 4"	11	11	9	5	Interruptor, tomada e ligação
Quadrada	5" × 5"	20	16	12	10	Ligação

9.10 Caixas de Distribuição Aparentes (Conduletes)

Em instalações aparentes largamente usadas em indústrias, depósitos e estabelecimentos comerciais de vulto, utilizam-se caixas de passagem em geral de alumínio injetado.

Essas caixas ainda hoje são designadas genericamente por *conduletes*. Possuem partes rosqueadas para adaptação de eletrodutos e tampa aparafusável. São muito usadas as caixas da Peterco-Lumens (Fig. 9.35), as da Blinda Eletromecânica Ltda. e as da Metalúrgica Wetzel S.A. (ver Fig. 9.36). Conforme esclarece o catálogo da Wetzel, os *conduletes* de sua fabricação podem também ser embutidos e empregados em instalações residenciais.

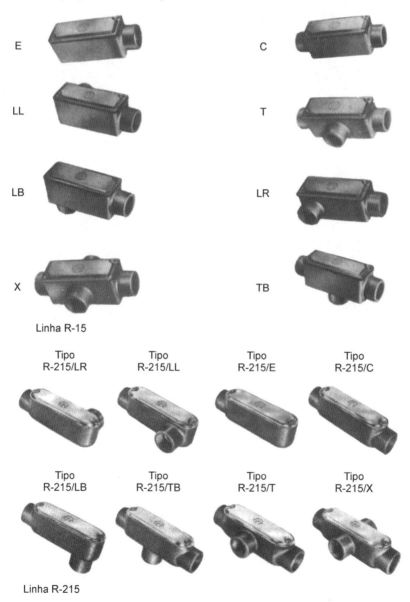

Figuras 9.35 Caixas de distribuição aparentes *petroletes*. Fabricante Peterco-Lumens.

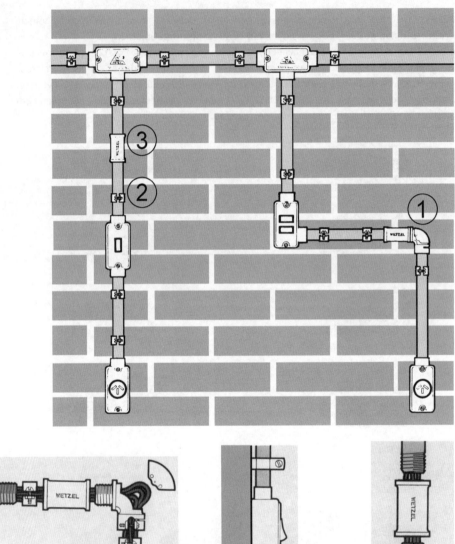

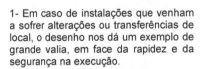

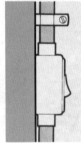

1- Em caso de instalações que venham a sofrer alterações ou transferências de local, o desenho nos dá um exemplo de grande valia, em face da rapidez e da segurança na execução.

2- Na fixação das instalações são aplicadas as abraçadeiras Wetzel tipo "D", desenvolvidas para dar total segurança e perfeito alinhamento.

3- Luva Wetzel para eletrodutos um acessório perfeito para conectar extremidades de tubulação fornecida em alumínio silício, de 1/2" a 3".

Figura 9.36a Caixas e conexões. Fabricante Wetzel.

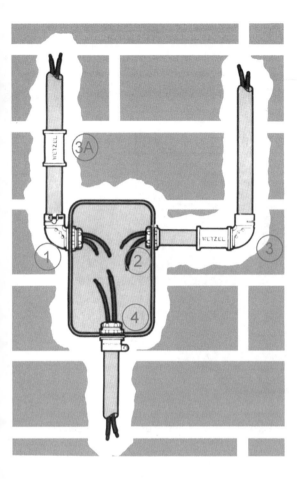

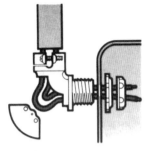

1- Conector curvo para boxe Wetzel: permite fazer curvas facilmente e com muita segurança. Com a retirada da tampa, os fios deslizam livremente. Em seguida, basta introduzi-los no outro sentido e puxar, obtendo curvas rápidas e perfeitas sem prejudicar ou descascar os fios. Neste caso, o tubo não precisa ter roscas.

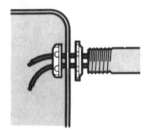

2- Buchas e arruelas Wetzel: permitem fixar qualquer tubulação nas caixas, conforme mostra o desenho. A arruela fixa o tubo, a bucha não deixa os fios descascarem e servem também como contraporca no aperto da fixação do tubo.

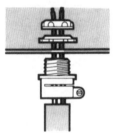

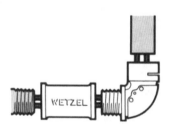

- A luva Wetzel permite conectar extremidades e tubulações, quer em trechos retos (3 A), quer m caso de curvas ou contornos. Considerando ue a tubulação tem a mesma bitola das peças e cessórios para eletrodutos, faz-se obrigatória a plicação da luva como mostra o desenho.

4- Em todas as instalações elétricas, principalmente nas caixas medidoras, as centrais elétricas exigem a aplicação destas peças, disponíveis nas bitolas 3/8" a 4". No desenho, uma informação sobre a aplicação do conector reto para boxe. Na aplicação do conector reto, não há necessidade de rosca nos tubos, o que não acontece com as buchas e arruelas. Ver ilustração.

Figura 9.36b Caixas e conexões. Fabricante Wetzel.

9.11 Quadros Terminais de Comando e Distribuição

Exercem uma função de grande importância nas instalações elétricas. Diversos fabricantes oferecem ao usuário modelos variados, dos quais apresentamos alguns exemplos.

Figura 9.37 Quadro de distribuição para uso como quadro de luz e energia. Pode ser equipado com disjuntores termomagnéticos monofásicos, bifásicos ou trifásicos. Fabricante Cemar.

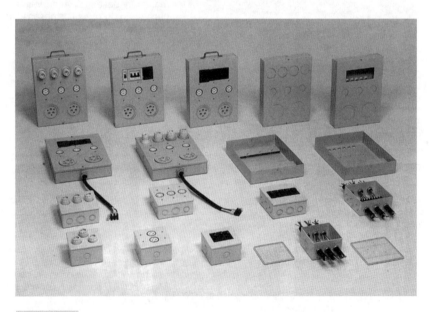

Figura 9.38 Caixas multiuso. Podem ser utilizadas como miniquadros de comando, centros de distribuição para disjuntores, caixas de passagem, derivação de fios e caixas de fusíveis. Fabricante Cemar.

Biografia

HENRY, JOSEPH (1797-1878)

Físico norte-americano e pioneiro na pesquisa do eletromagnetismo. Era estranho que nenhum americano depois de Franklin, durante 75 anos, se destacara no estudo da eletricidade. Henry, então, estabeleceu como seu grande objetivo avançar nesse campo.

Nasceu e cresceu em Albany, no Estado de Nova York, e, como não tinha recursos para estudar, aos 15 anos engajou-se como aprendiz de relojoeiro, mas o negócio faliu. Durante um ano escreveu peças de teatro e representava nelas. Por acaso, lendo um livro sobre ciência o rumo de sua vida modificou. Na Academia de Albany, todo o seu tempo disponível era dedicado à pesquisa em eletricidade. Sua pesquisa deu-lhe bastante reputação, o que lhe assegurou um lugar no New Jersey College (que depois tornou-se Princenton) em 1832, quando passou a lecionar diversas disciplinas. A partir de 1825, dedicou-se à fabricação de um eletromagneto, usando enrolamento de fio fino e isolado.

Em 1830 descobriu a indução "eletromagnética", a conversão do magnetismo em eletricidade. Faraday, por sua vez, chegou ao mesmo resultado pouco tempo depois.

Henry é considerado "o incubador da ciência norte-americana". Em sua homenagem, a unidade de autoindutância é o Henry (H).

Exemplo de Projeto de Instalação Elétrica

O projeto de instalações elétricas é o nosso objetivo final. Deve ser claro (simbologia bem definida), completo (tubulação, enfiação e quadros), compartimento de medição aprovado pela concessionária local, com memória de cálculo e memorial descritivo (materiais a serem aplicados na execução).

10.1 Elaboração de Projeto

Os diversos assuntos apresentados ao longo dos capítulos anteriores cristalizam-se na elaboração do projeto de instalações elétricas. Conforme repetidas vezes foi mencionado, o autor do projeto deve procurar, inicialmente, tomar conhecimento e obter as normas, prescrições e regulamentos pertinentes ao fornecimento de energia elétrica da concessionária na região em que a edificação venha a ser construída.

Para dar início ao seu trabalho, o projetista de instalações deverá ter em mãos os seguintes documentos:

- Projeto de arquitetura (escala 1:50 ou 1:100), com as plantas dos pavimentos, cortes e planta de situação.
- Plantas de fôrmas da estrutura adotada pelo calculista: concreto armado, alumínio, ferro, madeira.
- No caso de ar condicionado central, desenhos do sistema de dutos, com indicação dos pontos de consumo de energia elétrica.
- Descrição dos motores e da casa de máquinas dos elevadores. O fabricante contratado fornece uma planilha com essas informações, incluindo o dimensionamento dos cabos elétricos e suas proteções.

No desenvolvimento do projeto e de acordo com a complexidade da edificação, haverá necessidade de termos os dados referentes ao centro de processamentos de dados, cozinhas, paisagismo.

10.2 Elementos Constitutivos de um Projeto

Um *projeto de instalações elétricas* compreende; de forma geral, o desenvolvimento das atividades descritas nos itens a seguir.

10.2.1 Memorial descritivo

Descrição sucinta das instalações a serem executadas e justificativa, quando necessário, das opções adotadas.

As especificações compreendem:

- Descrição dos materiais a serem empregados.
- Normas e métodos de execução dos serviços.
- Indicação dos serviços a executar.

Esses elementos, muitas vezes, são agrupados de modo conciso e com a clareza necessária.

10.2.2 Plantas ou projeto propriamente dito

Dependendo do projeto arquitetônico, as plantas ou desenhos de instalação poderão constar de:

- Subsolo (ou subsolos).
- Térreo ou pilotis.
- Pavimentos de uso comum.
- Andares de estacionamento.
- Pavimento-tipo.
- Pavimentos diferentes do tipo.
- Cobertura ou telhado.
- Esquema vertical.
- Subestação (se for o caso).
- Local de medidores.
- Quadros de carga e diagramas unifilares.

10.2.3 Memorial de cálculo para o local de medição

A apresentação dos cálculos das cargas instaladas, e demandadas, das seções de condutores, das capacidades dos fusíveis, disjuntores e equipamentos do local de medição poderá vir a ser exigida pela concessionária do fornecimento de energia, conforme estabelecerem suas normas e regulamentos para ligação do ramal.

10.2.4 Orçamento

- Relação dos materiais, com seus quantitativos.
- *Custo do material*. Obtido multiplicando-se o preço unitário pela quantidade de cada item constante da "listagem".
- *Custo da mão de obra*. Pode ser determinado pela consideração:
  a) da composição de preços de serviços parciais, utilizando coeficientes de *boletins de custos* e aplicando os valores dos salários das diversas categorias profissionais envolvidas no serviço;
  b) dos efetivos de profissionais eletricistas necessários para a realização das várias etapas dos serviços, acompanhando o ritmo previsto para a execução da construção.
- Custo das despesas correspondentes a leis sociais e encargos trabalhistas.
- Margem de "eventuais" para materiais e mão de obra.
- Impostos e taxas estaduais e municipais.
- Despesas financeiras.

- Passagens para condução de operários e transporte de material para a obra.
- Despesas com o próprio projeto. Ao final da obra, é necessário atualizá-lo, dando origem ao projeto como construído (*as built*), em face de modificações usualmente introduzidas no processo de execução.
- Despesas indiretas, como despachante, cópias heliográficas, fotocópias etc.
- Lucro ou taxa de honorários profissionais. Vem a ser uma porcentagem sobre o custo orçado, variável segundo o volume de serviços, o valor do contrato, a pressão de competição e o interesse em realizar a obra.

O preço final resulta da soma dos itens anteriormente apresentados.

10.3 Projeto de um Prédio de Apartamentos

A metodologia apresentada a seguir refere-se à sequência de projeto de um edifício com um apartamento por andar, cinco pavimentos, térreo, garagem no subsolo e uma cobertura.

Parte do cálculo do térreo (referente ao apartamento do porteiro) já foi exposta no Exercício 3.4 (Cap. 3), não sendo necessário desenvolvê-lo nesta seção.

Salientamos, ainda, que este projeto está de acordo com a NBR 5410, em suas recomendações específicas (ver item 3.5).

Observamos que, nos cálculos a seguir, utilizamos um fator de agrupamento médio de 0,8 ($f = 0,8$), já que as correntes máximas dos circuitos nem sempre são coincidentes.

10.3.1 Dados iniciais

- Alimentação com 3 F-N, 127/220 V.
- Planta de arquitetura em escala 1:50.
- Iluminação incandescente (cos $\varphi = 1$).
- Tomadas de uso geral (cos $\varphi = 0,8$).
- Tomadas de uso específico previstas para:
  - *Boiler* (apartamento-tipo), 3 000 W; cos $\varphi = 1$
  - Torneira elétrica (cozinha [apartamento-tipo e apartamento térreo]), 3 000 W; cos $\varphi = 1$
  - Chuveiro elétrico (1 unidade do apartamento térreo), 4 000 W; cos $\varphi = 1$
  - Máquina de lavar, 770 VA; cos $\varphi = 0,8 \rightarrow 616$ W
    1 unidade no apartamento térreo
    1 unidade em cada apartamento-tipo
  - Ar-condicionado de janela de 1 cv /1 HP $\rightarrow$ 1 430 VA; cos $\varphi = 0,8 \rightarrow 1$ 144 W
    1 unidade no apartamento térreo
    4 unidades no apartamento-tipo (1.º ao 5.º)

10.3.2 Pavimento-tipo (1.º ao 5.º)

10.3.2.1 Apartamento-tipo

Devemos lembrar que as Tabelas 10.1 e 10.2 referem-se às condições *mínimas* impostas pela NBR 5410. No presente projeto, algumas dependências estão com potências acima das potências máximas das tabelas mencionadas (Tabela 10.3).

Tabela 10.1 Memória de cálculo (iluminação)

Potência instalada Iluminação (condições mínimas) (Para cada 6 m² = 100 VA; cada 4 m² = 60 VA)		
Circulação Sacada Banheiros (3) Cozinha WC Área de serviço	A < 6 m² ———— 100 VA em cada dependência	
Sala	20,81 m² = 6 m² + 4 m² + 4 m² + 4 m² + 2,81 m² = 100 VA + 60 VA + 60 VA + 60 VA = 280 VA	
Quarto n.º 1	7,75 m² = 6 m² + 1,75 m² = 100 VA	= 100 VA
Quarto n.º 2	11,00 m² = 6 m² + 4 m² + 1 m² = 100 VA + 60 VA	= 160 VA
Quarto n.º 3	10,56 m² = 6 m² + 4 m² + 0,56 m² = 100 VA + 60 VA	= 160 VA
Varanda	7,04 m² = 6 m² + 1,04 m² = 100 VA	= 100 VA
Sala de jantar	6,72 m² = 6 m² + 0,72 m² = 100 VA	= 100 VA

Potência instalada:

Potência instalada de iluminação .... = 2 140 W

Potência instalada de tomadas de uso geral .... 6 400 × 0,8 = 5 120 W

Potência instalada de tomadas de uso especial .... = 11 192 W

TOTAL..18 452 W

Densidade elétrica:

$$\text{Densidade elétrica} = \frac{18\,452\ \text{W}}{88,66\ \text{m}^2} = 208\ \text{W/m}^2$$

Divisão em circuitos:

Ver Tabela 10.4.

Tabela 10.2 Memória de cálculo (tomadas)

Potência instalada tomadas de uso geral (TUGs) (condições mínimas)			
Circulação Banheiros (3) WC Sacada Área de serviço	$S < 6\ m^2$	1 TUG de 100 VA na circulação, s. jantar, sacada e WC 1 TUG de 600 VA nos banheiros e área de serviço	
Cozinha	$\dfrac{9,40}{3,5} = 2,6 \rightarrow 3$	TUGs	3×600 VA
Sala	$\dfrac{19,4}{5} = 3,88 \rightarrow 4$	TUGs	4×100 VA
Quarto n.º 1	$\dfrac{11,2}{5} = 2,24 \rightarrow 3$	TUGs	3×100 VA
Quarto n.º 2	$\dfrac{13,8}{5} = 2,76 \rightarrow 3$	TUGs	3×100 VA
Quarto n.º 3	$\dfrac{13,6}{5} = 2,72 \rightarrow 3$	TUGs	3×100 VA
Varanda	$\dfrac{12,9}{5} = 2,58 \rightarrow 3$	TUGs	3×100 VA
Sala de jantar	$\dfrac{6,72}{5} = 1,34 \rightarrow 2$	TUGs	2×100 VA

Tabela 10.3 Memória de cálculo (apartamento-tipo)

Dependência	Dimensões		Potência de iluminação (VA)	Tomadas de uso geral (TUGs)		Tomadas de uso específico (TUEs)	
	Área (m²)	Perím. (m)		Quant.	Potência (VA)	Discriminação	Potência (W)
Sala	20,81	19,4	300	4	400	Ar-condicionado de janela	1 144
Sacada	3,35	10,0	120	1	100	—	—
Quarto n.º 1	7,75	11,20	100	3	300	Ar-condicionado de janela	1 144
Quarto n.º 2	11,00	13,80	200	3	300	Ar-condicionado de janela	1 144
Quarto n.º 3	10,56	13,60	200	3	300	Ar-condicionado de janela	1 144
Varanda	7,04	12,90	120	3	300	—	—
Circulação	4,35	8,80	100	1	100	*Boiler*	3 000
Sala de jantar	6,72	10,80	160	3	300	—	—
Banheiro n.º 1	4,64	9,00	200*	1	600	—	—
Banheiro n.º 2	3,84	8,00	200*	1	600	—	—
Banheiro n.º 3	2,00	6,60	100	1	600	—	—
Cozinha	5,50	9,40	100	3	1 800	Torneira elétrica	3 000
Área de serviço	3,25	7,60	100	1	600	Máq. de lavar	616
WC	1,2	4,60	140*	1	100	—	—
Total	88,66	—	2 140	—	6 400	—	11 192

* { 1 ponto de luz no teto
{ 1 arandela

Tabela 10.4 Divisão dos circuitos (apartamento-tipo)

Circuitos terminais (CTs)	U (V)	P (VA)	$I'_n = \dfrac{P}{V}$ (A)	f	$I'_n = \dfrac{I_B}{f}$	S (mm²) Vivos	S (mm²) PE	I_p (A)	Discriminação
1	127	1 040	8,20	0,8	10,20	1,5	1,5	10	Ilum. (sala, sacada, quartos 1, 2 e 3, e varanda)
2	127	1 100	8,60	0,8	10,80	1,5	1,5	10	Ilum. (sala de jantar, banheiros 1, 2 e 3, cozinha, área de serviço, WC e circ.)
3	220	3 000	13,60	0,8	17,10	2,5	2,5	15	TUE (torneira cozinha)
4	127	1 200	9,40	0,8	11,80	2,5	2,5	15	TUG (cozinha)
5	127	1 000	7,90	0,8	9,80	2,5	2,5	15	TUG (cozinha, sala de jantar e WC)
6	127	1 200	9,40	0,8	11,80	2,5	2,5	15	TUE (banheiro 3, área de serv.)
7	127	770	6,10	0,8	7,60	2,5	2,5	15	TUE (máquina de lavar)
8	127	1 400	11,00	0,8	13,70	2,5	2,5	15	TUG (sala, quarto 1, banheiro 1, sacada)
9	127	900	7,10	0,8	8,80	2,5	2,5	15	TUG (quartos 2 e 3, varanda)
10	127	700	5,50	0,8	6,80	2,5	2,5	15	TUG (circ., banheiro 2)
11	220	3 000	13,60	0,8	17,10	2,5	2,5	15	TUE (*boiler*)
12	127	1 430	11,20	0,8	14,10	2,5	2,5	15	TUE ar-condicionado (sala)
13	127	1 430	11,20	0,8	14,10	2,5	2,5	15	TUE ar-condicionado (quarto 1)
14	127	1 430	11,20	0,8	14,10	2,5	2,5	15	TUE ar-condicionado (quarto 2)
15	127	1 430	11,20	0,8	14,10	2,5	2,5	15	TUE ar-condicionado (quarto 3)
16	127	1 000	—	—	—	—	—	—	Reserva
17	127	1 000	—	—	—	—	—	—	Reserva
18	127	1 000	—	—	—	—	—	—	Reserva
Total	—	24 030	—	—	—	—	—	—	—

10.3.2.2 *Pavimento-tipo* (circuitos de serviço)

Tabela 10.5 Memória de cálculo de iluminação pavimento-tipo (serviço)

Potência instalada	Iluminação
Circulação	6 m²
	100 VA = 100 VA
Hall	A < 6 m² → 100 VA
Escada	A < 6 m² → 100 VA

Tabela 10.6 Cálculo de tomadas do pavimento-tipo (serviço)

Potência instalada	Tomadas de uso geral (TUGs) (perímetro dividido por 5 m)		
Circulação	$\dfrac{10,8\ m}{5,0\ m} = 2,1$	→ 2 TUGs	2 × 100 VA
Hall	$\dfrac{6,2\ m}{5,0\ m} = 1,2$	→ 1 TUG	1 × 100 VA
Escada	$\dfrac{10,40\ m}{5,0\ m} = 2,08$	→ 2 TUGs	2 × 100 VA

10.3.2.3 *Térreo* (circuitos de serviço)

Tabela 10.7

Potência instalada	Iluminação	
Fachada	13,55 m² = 6 m² + 4 m² + 3,55 m² = 100 VA + 60 VA + 60 VA	= 220 VA
Rampa da garagem	22,11 m² = 6 m² + 4 m² + 4 m² + 4 m² + 4 m² + + 0,11 m² = 100 VA + 60 VA + 60 VA + 60 VA + 60 VA	= 340 VA
Circulação	12,92 m² = 6 m² + 4 m² + 2,92 m² = 100 VA + 60 VA	= 160 VA
Escada	6,12 m² = 6 m² + 0,12 m²	= 100 VA
Circ. elevador	A < 6 m² → 100 VA	= 100 VA

Tabela 10.8

Potência instalada	Tomadas de uso geral (TUGs)	
Rampa da garagem	$\dfrac{10,05\ m}{5,0\ m} = 2,01$	2 × 100 VA
Circulação	$\dfrac{11,75\ m}{5,0\ m} = 2,35$	2 × 100 VA
Fachada	$\dfrac{7,80\ m}{5,0\ m} = 1,56$	1 × 100 VA
Escada	$\dfrac{10,6\ m}{5,0\ m} = 2,12$	2 × 100 VA
Circ. elevador	$\dfrac{13,45\ m}{5,0\ m} = 2,6$	2 × 100 VA

10.3.2.4 *Subsolo* (circuitos de serviço)

Tabela 10.9

Potência instalada	Iluminação	
Estacionamento	$45,04 \text{ m}^2 = 6 \text{ m}^2 + 9 \times 4 \text{ m}^2 + 3,04 \text{ m}^2$ $= 100 \text{ VA} + 540 \text{ VA}$	$= 640 \text{ VA}$
Casa de bombas	$6,12 \text{ m}^2 = 6 \text{ m}^2 + 0,12 \text{ m}^2$ $= 100 \text{ VA}$	$= 100 \text{ VA}$
Banheiro	$A < 6 \text{ m}^2 = 100 \text{ VA}$	$= 100 \text{ VA}$
Circ. elevadores	$7,88 \text{ m}^2 = 6 \text{ m}^2 + 1,88 \text{ m}^2$ $= 100 \text{ VA}$	$= 100 \text{ VA}$
Acesso à rampa	$14,19 \text{ m}^2 = 6 \text{ m}^2 + 4 \text{ m}^2 + 4 \text{ m}^2 + 0,19 \text{ m}^2$ $= 100 \text{ VA} + 60 \text{ VA} + 60 \text{ VA}$	$= 200 \text{ VA}$

Tabela 10.10

Potência instalada	Tomadas de uso geral (TUGs)	
Estacionamento	$\dfrac{30,6 \text{ m}}{5,0 \text{ m}} = 6,12$	$6 \times 100 \text{ VA}$
Casa de bombas	$\dfrac{10,6 \text{ m}}{5,0 \text{ m}} = 2,12$	$2 \times 100 \text{ VA}$
Banheiro	$\dfrac{5,6 \text{ m}}{3,5 \text{ m}} = 1,6$	$1 \times 600 \text{ VA}$
Acesso à rampa	$\dfrac{17,30 \text{ m}}{5,0 \text{ m}} = 3,46$	$3 \times 100 \text{ VA}$

10.3.2.5 *Cobertura* (circuitos de serviço)

Tabela 10.11

Potência instalada	Iluminação	
Casa de máquinas	$7,02 \text{ m}^2 = 6,0 \text{ m}^2 + 1,02 \text{ m}^2$ $= 100 \text{ VA}$	$= 100 \text{ VA}$
Casa de bombas de incêndio	$A < 6 \text{ m}^2 \rightarrow 100 \text{ VA}$	$= 100 \text{ VA}$
Escada	$A < 6 \text{ m}^2 \rightarrow 100 \text{ VA}$	$= 100 \text{ VA}$

Tabela 10.12

Potência instalada	Tomadas de uso geral	
Casa de máquinas	$\dfrac{10,6 \text{ m}}{5,0 \text{ m}} = 2,12$	$2 \times 100 \text{ VA}$
Casa de bombas de incêndio	$\dfrac{5,6 \text{ m}}{5,0 \text{ m}} = 1,12$	$1 \times 100 \text{ VA}$

Tabela 10.13 Divisão dos circuitos (QDL serviço)

Circuitos de serviço (CS)	U (V)	P (VA)	$I_B = \dfrac{P}{V}$ (A)	f	$I_B = \dfrac{I_B}{f}$	S (mm²) Vivos	PE	I_p (A)	Discriminação
S_1	127	900	7,1	0,8	8,9	1,5	1,5	15	Ilum. circ. (térreo)
S_2	127	900	7,1	0,8	8,9	1,5	1,5	15	Ilum. (subsolo e térreo)
S_3	127	800	6,3	0,8	7,9	2,5	2,5	15	TUGs (térreo)
S_4	127	900	7,1	0,8	8,9	1,5	1,5	15	Ilum. (estacion. SS)
S_5	127	1 100	8,7	0,8	10,8	2,5	2,5	15	TUGs (subsolo)
S_6	127	400	3,1	0,8	3,9	1,5	1,5	15	Ilumin. (cobertura)
S_7	127	1 300	10,2	0,8	12,8	2,5	2,5	15	TUGs (cobertura)
S_8	127	1 000	7,9	0,8	9,8	2,5	2,5	15	TUGs (pav.-tipo)
V	127	1 300	10,2	0,8	12,8	1,5	1,5	15	Ilum. escada (SS, térreo, pav.-tipo)
V_1	127	900	7,1	0,8	8,9	1,5	1,5	15	Ilum. circ. (SS, térreo, pav.-tipo)
M	127	500	3,9	0,8	4,9	1,5	1,5	15	*Hall* (térreo, pav.-tipo)
S_9	127	1 000	—	—	—	—	—	—	Reserva
TOTAL	—	11 000	—	—	—	—	—	—	—

Potência total instalada de circuitos de serviço (watts):

Pot. ilum...6 800 W

Pot. tomadas...............................4 200 × 0,8 = 3 360 W

Pot. total ....10 160 W

10.3.3 Esquema vertical

Cálculo dos condutores e dos eletrodutos.

Nos dimensionamentos a seguir, considera-se que os condutores são de PVC 70° e estão instalados embutidos na alvenaria. A queda de tensão máxima será de 2 %.

a) QGLF/Serv. → Q.F. da bomba de recalque d'água:
l (m) = 15,5 m

Bomba de recalque d'água 1 HP ——1 144 W; $I = \dfrac{1144}{\sqrt{3} \times 220 \times 0,8} = 3{,}8$ A que corresponde ao condutor de 1,5 mm².

Pelo critério de queda de tensão (Tabela 4.20), sendo a alimentação trifásica $U = 220$ V e uma perda admissível de 2 % nos condutores:

1 144 W × 15,5 × $\dfrac{\sqrt{3}}{2}$ = 15 356 W × m, que correspondem a um condutor de 1,5 mm². Adota-se como a seção mínima 2,5 mm² (NBR 5410), porém usamos 4 mm².

Então, 4 × 2,5 mm² (3F + N) + 1 × 2,5 mm² (T)
Sendo eletrodutos de PVC rígido, temos, na Tabela 4.15, que o diâmetro será de 20 mm.

b) QDL/Serv. → QDL/Porteiro:
Pot. inst. port. = 13 520 W; I = 35,6 A → 6,0 mm²
l(m) = 4,5 m

$$13\ 520 \times 4{,}5 \times \frac{\sqrt{3}}{2} = 52\ 690\ \text{W} \times \text{m} \rightarrow 2{,}5\ \text{mm}^2$$

Logo, o condutor adotado é o de 6 mm², e o eletroduto, de 25 mm.

c) QGLF/Serv. → QDL/Serv.:
l(m) = 4,0 m
$\sum [P(\text{watts})]$ = Pot. inst. port. + Pot. inst. circ. serv. = 13 520 + 10 160 = 23 680 W

Da Tabela 4.20: 23 680 W × 4,0 m × 0,866 = 82 027 W × m → 4,0 mm²; $I = \dfrac{23\,680}{\sqrt{3} \times 220} = 62{,}3$ A

→ 16 mm² (Tabela 4.5a). Logo, o condutor adotado é o 16 mm², e o eletroduto, de 32 mm.

d) PC → QGLF/Serv.:
l(m) = 2,5 m
$\sum [P(\text{watts})]$ = Q.F. bomba-d'água + QDL/Port. + Circ. serv. = 1 144 W + 13 520 W + 10 160 W = 24 824 W; I = 65 A → 16 mm²
24 824 W × 2,5 × 0,866 m = 53 743 W × m → 2,5 mm²
Então: Condutor: 16 mm²
          Eletroduto: 32 mm

e) PC → QDL 1.º pavimento:
l(m) = 15 m
$\sum [P(\text{watts})]$ = 18 452 W; I = 48,6 A → 10 mm²
$\sum [P(\text{watts})] \times l$ = 18 452 W × 15 × 0,866 m = 239 691 W × m → 10 mm²

Pela Tabela 4.15, achamos o eletroduto de 25 mm de diâmetro.

f) PC → QDL 2.º pavimento:
l(m) = 18,15 m

$\sum [P(\text{watts})]$ = 18 452 W

⟶ { Condutores: 16 mm²
Eletroduto: 32 mm }

g) PC → QDL 3.º pavimento:
l(m) = 21,3 m

$\sum [P(\text{watts})]$ = 18 452 W

⟶ { Condutores: 16 mm²
Eletroduto: 32 mm }

h) PC → QDL 4.º pavimento:
l(m) = 24,45 m

$\sum [P(\text{watts})]$ = 18 452 W

⟶ { Condutores: 25 mm²
Eletroduto: 40 mm }

i) PC → QDL 5.º pavimento:
l(m) = 27,6 m

$\sum [P(\text{watts})]$ = 18 452 W

⟶ { Condutores: 25 mm²
Eletroduto: 40 mm }

j) PC → Q.F. bomba de incêndio:
5 HP → 5,4 kVA, que como fator de potência para o
projeto (cos φ = 0,8) corresponde a 4 320 W
l(m) = 33,5 m

$\sum [P(\text{watts})]$ = 4 320 W

⟶ { Condutores: 6 mm²
Eletroduto: 25 mm }

l) PC → Q. chamadas ext. elevadores:
l(m) = 32,5 m
$\sum [P(\text{watts})]$ = 3 000 W

⟶ { Condutores: 4 mm²
Eletroduto: 20 mm }

m) PC → Q.F. elevadores:
$\sum [P(\text{watts})]$ = 4 320 W
l(m) = 33 m

⟶ { Condutores: 6 mm²
Eletroduto: 25 mm }

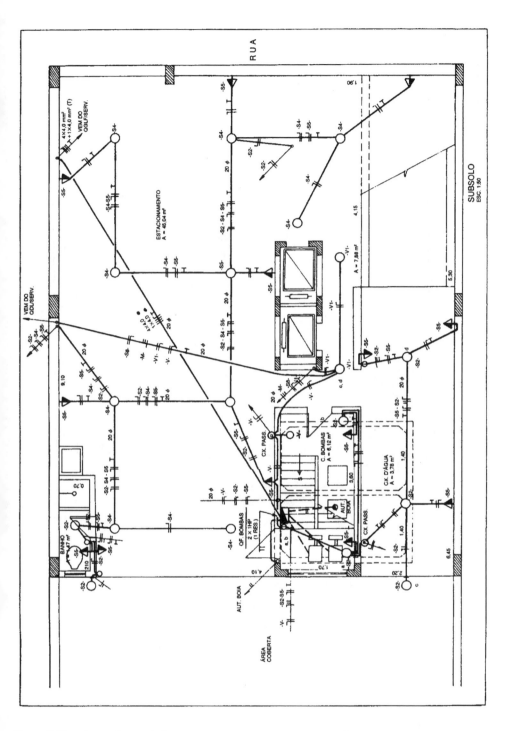

Notas: 1) Eletrodutos e fios sem indicação serão, respectivamente, $S = 1,5$ mm^2 e ϕ 16 mm (1/2").
2) Pontos de luz e tomadas sem designação terão a potência de 100 W.
3) Para o diâmetro do eletroduto, usar a Tabela 4.15 (Cap. 4).
4) Os circuitos de iluminação terão, no mínimo, fios de 1,5 mm^2.
5) Os circuitos de tomada serão enfiados com fios de 2,5 mm^2, no mínimo.
6) A representação 20 ϕ = diâmetro de 20 mm. A representação $1 \times 4,0\bullet$ = 1 cabo de 4 mm^2.

Figura 10.1 Planta do subsolo.

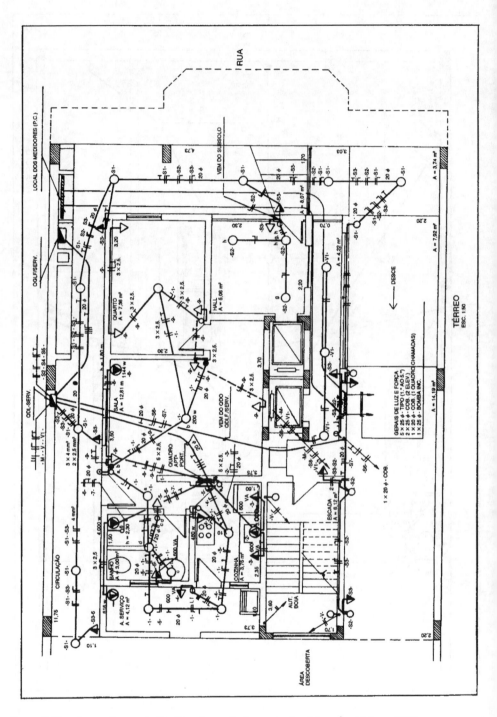

Notas: 1) Eletrodutos e fios sem indicação serão, respectivamente, $S = 1,5$ mm^2 e ϕ 16 mm (1/2″).
2) Pontos de luz e tomadas sem designação terão a potência de 100 W.
3) Para o diâmetro do eletroduto, usar a Tabela 4.15 (Cap. 4).
4) Os circuitos de iluminação terão, no mínimo, fios de 1,5 mm^2.
5) Os circuitos de tomada serão enfiados com fios de 2,5 mm^2, no mínimo.
6) A representação 20 ϕ = diâmetro de 20 mm. A representação $1 \times 4,0$• = 1 cabo de 4 mm^2.

Figura 10.2 Planta do térreo.

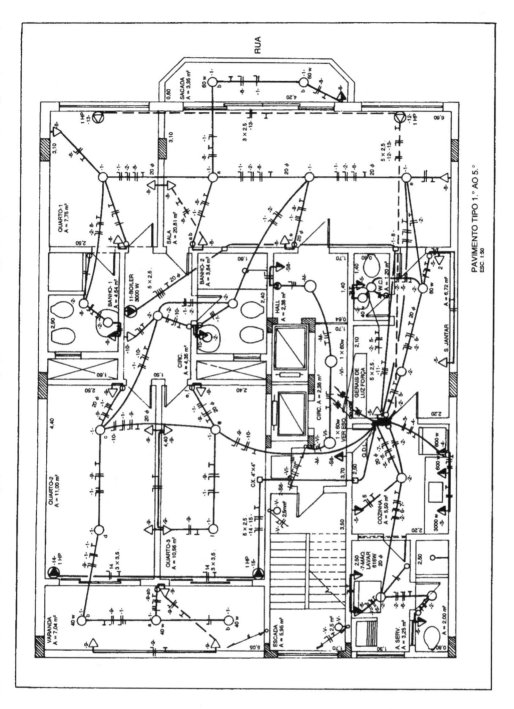

Notas: 1) Eletrodutos e fios sem indicação serão, respectivamente, $S = 1,5$ mm^2 e ϕ 16 mm (1/2").
2) Pontos de luz e tomadas sem designação terão a potência de 100 W.
3) Para o diâmetro do eletroduto, usar a Tabela 4.15 (Cap. 4).
4) Os circuitos de iluminação terão, no mínimo, fios de 1,5 mm^2.
5) Os circuitos de tomada serão enfiados com fios de 2,5 mm^2, no mínimo.
6) A representação 20 ϕ = diâmetro de 20 mm. A representação 1 × 4,0• = 1 cabo de 4 mm^2.

Figura 10.3 Planta do pavimento-tipo.

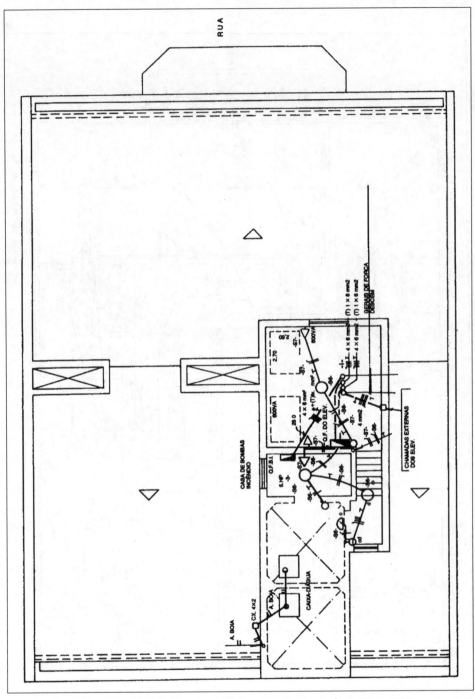

Notas: 1) Eletrodutos e fios sem indicação serão, respectivamente, $S = 1,5$ mm^2 e ϕ 16 mm (1/2").
2) Pontos de luz e tomadas sem designação terão a potência de 100 W.
3) Para o diâmetro do eletroduto, usar a Tabela 4.15 (Cap. 4).
4) Os circuitos de iluminação terão, no mínimo, fios de 1,5 mm^2.
5) Os circuitos de tomada serão enfiados com fios de 2,5 mm^2, no mínimo.
6) A representação 20 ϕ = diâmetro de 20 mm. A representação 1 $\times$ 4,0• = 1 cabo de 4 mm^2.

Figura 10.4 Planta da cobertura.

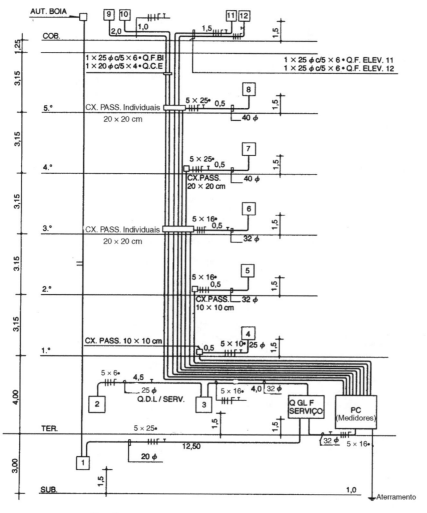

Quadros

Número	Descrição	Potências	Distâncias
1	QF Bomba-d'água	1 HP	15,5 m
2	QDL Porteiro	13 520 W	4,4 m
3	QDL Serviço	23 680 W	4,0 m
4	QDL 1.º Pavimento	18 452 W	1,15 m
5	QDL 2.º Pavimento	18 452 W	18,15 m
6	QDL 3.º Pavimento	18 452 W	21,3 m
7	QDL 4.º Pavimento	18 452 W	24,45 m
8	QDL 5.º Pavimento	18 452 W	27,6 m
9	QF Bombas Inc.	5,0 HP	33,5 m
10	Q. Cham. Ext. Elev.	3 000 W	32,5 m
11	QF. Elevador	5 HP	33 m
12	QF. Elevador	5 HP	33 m

Figura 10.5 Esquema vertical.

Tabela 10.14 Quadro de carga do QDL de serviço

		Luz (VA)				Tomadas (VA)						Carga					Cabos (mm²)				
CIRC.	40	60	1×100	2×100	3×100	1×100	2×100	3×100	1×600	2×600	TUE	Watts	HP/CV	Fase-A	Fase-B	Fase-C	Neutro	Terra	Alimentação	Disjuntor	Observações
S1		9										900		900			1,5	1,5	1,5	15 A-1 P	Ilum. (térreo)
S2		9										900			900		1,5	1,5	1,5	15 A-1 P	Ilum. (SS e térreo)
S3					8							640		640			2,5	2,5	2,5	15 A-1 P	TUG (térreo)
S4		9										900			900		1,5	1,5	1,5	15 A-1 P	Ilum. (SS)
S5						118						880			880		2,5	2,5	2,5	15 A-1 P	TUG (SS)
S6		4										400		400			1,5	1,5	1,5	15 A-1 P	Ilum. (cobertura)
S7						1		2				1 040				1 040	2,5	2,5	2,5	15 A-1 P	TUG (cobertura)
S8						8						800					2,5	2,5	2,5	15 A-1 P	TUG (pav.-tipo)
V		139										1 300		1 300	800		1,5	1,5	1,5	15 A-1 P	Ilum. (escada)
VI		9										900			900		1,5	1,5	1,5	15 A-1 P	Ilum. (circulação)
M		5										500			500		1,5	1,5	1,5	15 A-1 P	Hall (térreo, pav.-tipo)
S9				Reserva								1 000		1 000			—	—	—	15 A-1 P	Reserva
P												13 250		4 507	4 507	4 507	4,0	4,0	4,0	40 A-3 P	Apart. porteiro
												23 680		7 747	8 087	7 847	4,0	4,0	4,0	70 A-3 P	Geral

(QDL de serviço)

Tabela 10.15 Quadro de carga do QDL do apartamento-tipo

QDL (Apartamento-tipo)

Circ.	\[Luz\] 40	60	1×100	2×100	3×100	\[Tomadas\] 1×100	2×100	3×100	1×600	2×600	TUE	Watts	HP/CV	FASE-A	FASE-B	FASE-C	Neutro	Terra	Alimentação	Disjuntor	Observações
1	3	2	8									1 040		1 040			1,5	1,5	1,5	10 A-1 P	Iluminação
2	1	1	10									1 100			1 100		1,5	1,5	1,5	10 A-1 P	Iluminação
3											1	3 000			1 500	1 500	2,5	2,5	2 × 2,5	15 A-2 P	TUE (cozinha)
4									1			960		960			2,5	2,5	2,5	15 A-1 P	TUG (cozinha)
5							2		1			800			800		2,5	2,5	2,5	15 A-1 P	TUG (coz. sala jantar e WC)
6									1			960				960	2,5	2,5	2,5	15 A-1 P	TUG (banh. área serviço)
7											1	616		616			2,5	2,5	2,5	15 A-1 P	TUE (máq. lavar)
8				8					1			1 120				1 120	2,5	2,5	2,5	15 A-1 P	TUG (sala, quarto 1, banh. 1, sacada)
9				9								720		720			2,5	2,5	2,5	15 A-1 P	TUG (quartos 2 e 3, varanda)
10				1					1			560			560		2,5	2,5	2,5	15 A-1 P	TUG (cir. banh. 2)
11											1	3 000		1 500		1 500	2,5	2,5	2 × 2,5	15 A-2 P	Boiler
12											1		1 HP		1 144		2,5	2,5	2,5	15 A-1 P	Ar-condicionado
13											1		1 HP	1 144			2,5	2,5	2,5	15 A-1 P	Ar-condicionado
14											1		1 HP			1 144	2,5	2,5	2,5	15 A-1 P	Ar-condicionado
15											1		1 HP		1 144		2,5	2,5	2,5	15 A-1 P	Ar-condicionado
16				Reserva								1 000		1 000			—	—	—	15 A-1 P	Reserva
17				Reserva								1 000			1 000		—	—	—	15 A-1 P	Reserva
18				Reserva								1 000			1 000		—	—	—	15 A-1 P	Reserva
Total												16 876	4 HP	6 980	7 248	7 244	10,0	10,0	3 × 10,0	70 A-3 P	1.º pavimento
																	16,0	16,0	3 × 16,0	70 A-3 P	2.º pavimento
																	16,0	16,0	3 × 16,0	70 A-3 P	3.º pavimento
																	25,0	25,0	3 × 25,0	70 A-3 P	4.º pavimento
																	25,0	25,0	3 × 25,0	70 A-3 P	5.º pavimento

Tabela 10.16 Quadro de carga do QDL do apartamento do porteiro

N.º Circ.	Luz (VA) 40	60	1 × 100	2 × 100	3 × 100	Tomadas (VA) 1 × 100	2 × 100	3 × 100	1 × 600	2 × 600	TUE	Carga Watts	HP/CV	Fase-A	Fase-B	Fase-C	Cabos (mm²) Neutro	Terra	Alimentação	Disjuntor	Observações
1			6	1								800		800			1,5	1,5	1,5	10 A-1 P	Iluminação
2											1	3 000			1 500	1 500	2,5	2,5	2 × 2,5	15 A-2 P	TUE (cozinha)
3							2					960			960		2,5	2,5	2,5	15 A-1 P	TUG (cozinha)
4							2					960			960		2,5	2,5	2,5	15 A-1 P	TUG (coz., área serv.)
5						1			1			560			560		2,5	2,5	2,5	15 A-1 P	TUG (banh. entrada)
6											1	4 000		2 000		2 000	4,0	4,0	2 × 4,0	25 A-2 P	TUE (chuv. elétrico)
7											1	616		616			2,5	2,5	2,5	15 A-1 P	TUE (máq. lavar)
8											1		1 HP			1 144	2,5	2,5	2,5	15 A-1 P	Ar-condicionado
9						6						480			480		2,5	2,5	2,5	15 A-1 P	TUG (sala e quarto)
10						Reserva						1 000		1 000			—	—	—	15 A-1 P	
Total												12 376	1 HP	4 416	4 460	4 644	4,0	4,0	4,0	40 A-3 P	Geral

QDL (apartamento do porteiro)

Tabela 10.17 Quadro de carga do QGLF de serviço

N.º Circ.	Luz (VA) 40	60	1 × 100	2 × 100	3 × 100	Tomadas (VA) 1 × 100	2 × 100	3 × 100	1 × 600	2 × 600	TUE	Carga Watts	HP/CV	Fase-A	Fase-B	Fase-C	Cabos (mm²) Neutro	Terra	Alimentação	Disjuntor	Observações
1												23 680		7 100	8 290	8 290	4,0	4,0	4,0	70 A-3 P	QDL de serviço
2													1 HP	1 144			4,0	4,0	4,0	15 A-1 P	QF de bomba d'água
Total												24 824	1 HP	8 244	8 290	8 290	4,0	4,0	4,0	80 A-3 P	Geral

QGLF de serviço

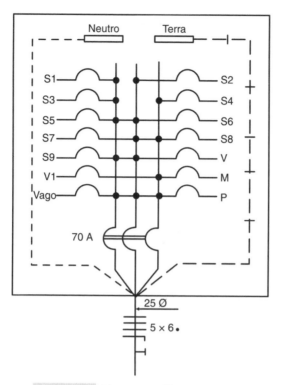

Figura 10.6 Diagrama unifilar QDL serviço.

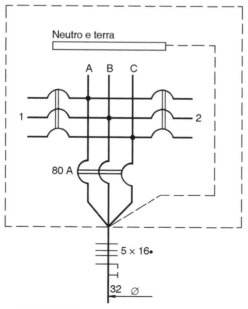

Figura 10.7 Diagrama unifilar QGLF serviço.

10.3.4 Cálculo da demanda do projeto

Demanda do apartamento-tipo (D_{AP})

Apartamento-tipo:
Potência instalada: 18 452 W

Iluminação e tomadas ....7 260 W
1 *boiler* ....3 000 W
1 torneira elétrica ....3 000 W
4 aparelhos de ar condicionado tipo janela ....4 cv
1 máq. lavar..616 W

Iluminação e tomadas:
$d_1 = 1 (0,86 + 0,75 + 0,66 + 0,59 + 0,52 +0,45 +0,40) + 0,26 (0,35)$
$d_1 = 4,23 + 0,091 = 4,321$ kW

Aquecimento:
$d_2 = 6,0 \times 0,75 = 4,5$ kW2

Ar-condicionado tipo janela:
$d_3 = 4 \times 1,0 = 4,0$ cv

Motor elétrico:
$d_5 = 0,77 \times 1,0 = 0,77$ kVA
$D_{AP} = d_1 + d_2 + 1,5 d_3 + d_5 = 4,3 + 4,5 +1,5(4) + 0,77 = 15,57$ kVA

$$\boxed{D_{AP} = 15,57 \text{ kVA}}$$

10.3.4.1 Demanda de serviço

Potência instalada:
Apartamento do porteiro: 13 520 W
Circuitos de serviço: 10 160 W
Q. chamadas ext.: 3 000 W
Bomba de recalque d'água: 1 HP
Bomba de incêndio: 5 HP
Q.F. elevador: 2×5 HP

TOTAL ....25 680 W + 16 HP

Iluminação e tomadas:
Pot. ilum. port. = 4 760 W
d_1 serv. = d_1 port. + d_1 circ. serviço + d_1 Q. cham. ext.
d_1 port. = $(0,86 + 0,75 + 0,66 + 0,59) + 0,76(0,52) = 3,25$ kW
d_1 circ. serv. = $10\ 160 \times 0,86 = 8,73$ kW
d_1 Q. cham. ext. = $3,0 \times 0,86 = 2,58$ kW
$d_1 = 14,56$ kW

Aquecimento:

d_2 (kW) = 7 × 0,75 = 5,25 kW

Ar-cond. tipo janela (incluída na potência apart. porteiro)

d_3 = 1,0 × 1 = 1 cv

Motores elétricos:

Máq. lavar apart. porteiro (incluída na potência apart. porteiro): 770 VA

Bomba-d'água: 1 HP

Bomba de incêndio: 5 HP

Q.F. elevador: 2 × 5 HP

Total: 770 VA + 16 HP

16 HP → 13,44 kVA

d_5 (kVA) = (13,44 + 0,77) × 0,8 = 11,36 kVA

Logo,

$D_{SERV.}$ (kVA) = 14,56 + 5,25 + 1,5(1) + 11,36 = 32,67 kVA

$$\boxed{D_{SERV.} = 32,67 \text{ kVA}}$$

Agrupamento:

Cálculo da carga total dos apartamentos:

Iluminação e tomadas:

5 × (7 260 W) = 36 300 W

d_1 = 1 × 5,16 + (36,3 − 10) 0,24 = 11,47 kW

Aquecimento:

d_2 = d (*boiler*) + d (torneira)

= (5 × 3 × 0,62) + (5 × 3 × 0,62) = 18,6 kW

Ar-condicionado tipo janela:

d_3 = 5 × 4 × 0,85 = 17 cv

Motores elétricos:

d_5 = 5 × 0,77 × 0,8 = 3,08 kVA

Logo,

D_{AG} = 11,47 + 18,6 + 1,5(17) + 3,08 = 58,65 kVA

$$\boxed{D_{AG} = 58,65 \text{ kVA}}$$

Sendo a alimentação do medidor de serviço derivada antes da proteção geral, então:

$$\boxed{D_{PG} = D_{AG} = 58,65 \text{ kVA}}$$

10.3.4.2 Demanda do ramal de entrada

Iluminação e tomadas:
Apartamento-tipo: 5 × 7 260 W = 36 300 W
Serviço:
Ap. porteiro = 4 760 W
Circ. serv. = 10 160 W
Q. cham. ext. = 3 000 W

$d_1 = 5{,}16 + (36{,}3 - 10{,}0)(0{,}24) + 3{,}25 + 8{,}73 + 2{,}58 = 26{,}03$ kW

Aquecimento:

d_2 (kW) $= 18{,}6 + 5{,}25 = 23{,}85$ kW

Ar-condicionado tipo janela:

d_3 (cv) $= [(5 \times 4 \text{ cv} \times 0{,}85) + 1]\,0{,}85 = 15{,}3$ cv

Motores:

d_5 (kVA) $= [(6 \times 0{,}77) + 13{,}44]\,0{,}7 = 12{,}64$ kVA

Logo,

$D_{\text{RAMAL ENTRADA}} = 26{,}03 + 23{,}85 + 1{,}5(15{,}3) + 12{,}64 = 85{,}42$ kVA

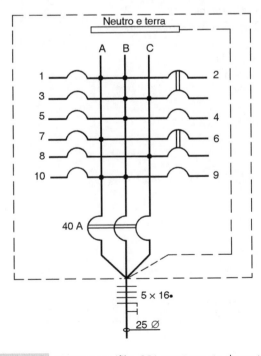

Figura 10.8 Diagrama unifilar QDL apartamento do porteiro.

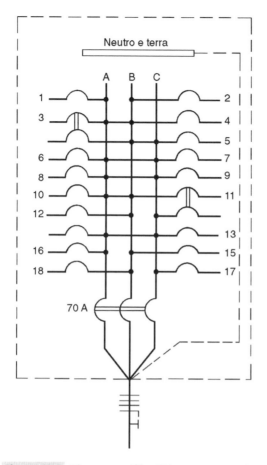

Figura 10.9 Diagrama unifilar QDL apartamento-tipo.

Figura 10.10 Vista frontal de um quadro de luz e força, sem as portas. Note-se fiel reprodução dos desenhos de montagem dos diagramas unifilares projetados. Fabricante Thomeu.

10.3.4.3 Dimensionamento da proteção (Tabela 14.3)

Proteção geral: $D = 58,65$ kVA
$41,4$ kVA $< D \leq 60,0$ kVA
Condutores: 4×70 mm^2 + (T) 35 mm^2
(PVC 70 °C)

Base fusível: 200 A

Elo fusível: 200 A
Ramal de entrada: $D = 85,42$ kVA
$78,6$ kVA $< D \leq 90,8$ kVA

Condutores: 4×120 mm^2 + (T) 70 mm^2
(PVC 70 °C)

Base fusível: 400 A

Elo fusível: 300 A

Tabela 10.18 Relação de materiais para instalação elétrica

Item	Especificações	Unid.	Quant.
1	Arruela ½"	pç.	430
2	Arruela ¾"	pç.	278
3	Arruela 1"	pç.	26
4	Arruela 1 ¼"	pç.	12
5	Arruela 1 ½"	pç.	8
6	Bucha para eletroduto de ½"	pç.	430
7	Bucha para eletroduto de ¾"	pç.	278
8	Bucha para eletroduto de 1"	pç.	26
9	Bucha para eletroduto de 1 ¼"	pç.	12
10	Bucha para eletroduto de 1 ½"	pç.	8
11	Eletroduto de PVC rígido (16 mm)	m	1 300
12	Eletroduto de PVC rígido (20 mm)	m	502
13	Eletroduto de PVC rígido (25 mm)	m	105
14	Eletroduto de PVC rígido (32 mm)	m	40
15	Eletroduto de PVC rígido (40 mm)	m	52
16	Luva para eletroduto PVC rígido (16 mm)	pç.	118
17	Luva para eletroduto PVC rígido (20 mm)	pç.	233
18	Luva para eletroduto PVC rígido (25 mm)	pç.	75
19	Luva para eletroduto PVC rígido (32 mm)	pç.	23
20	Luva para eletroduto PVC rígido (40 mm)	pç.	28
21	Curva 90° para eletroduto PVC rígido (16 mm)	pç.	210
22	Curva 90° para eletroduto PVC rígido (20 mm)	pç.	75
23	Curva 90° para eletroduto PVC rígido (25 mm)	pç.	27

(Continua)

Tabela 10.18 Relação de materiais para instalação elétrica (*Continuação*)

Item	Especificações	Unid.	Quant.
24	Curva 90° para eletroduto PVC rígido (32 mm)	pç.	9
25	Curva 90° para eletroduto PVC rígido (40 mm)	pç.	12
26	Caixa de ferro esmalt. octogonal 3" × 3" (75 × 75)	pç.	42
27	Caixa de ferro esmalt. octogonal, fundo móvel 4" × 4" (100 × 100)	pç.	184
28	Caixa de ferro esmaltada 4" × 2" (100 × 50)	pç.	235
29	Caixa de ferro esmalt. 4" × 4" (100 × 100)	pç.	40
30	Tampa de redução 4 × 4 p/4 × 2	pç.	23
31	Fio com isolação PVC, bitola 1,5 mm^2	m	5 993
32	Fio com isolação PVC, bitola 2,5 mm^2	m	1 291
33	Fio com isolação PVC, bitola 4,0 mm^2	m	300
34	Cabo com isolação PVC, cobert. PVC, 6,0 mm^2	m	550
35	Cabo com isolação PVC, cobert. PVC, 10 mm^2	m	86
36	Cabo com isolação PVC, cobert. PVC, 16 mm^2	m	220
37	Cabo com isolação PVC, cobert. PVC, 25 mm^2	m	286
38	Fita isolante	Rolo de 20 m	1
39	Fita isolante amarela	Rolo	1
40	Fita isolante verde	Rolo	1
41	Fita isolante vermelha	Rolo	1
42	Interruptor, 1 seção (simples), 10 A	pç.	34
43	Interruptor conj. com tomada (4 × 4)	pç.	6
44	Interruptor duas seções (4 × 4)	pç.	41
45	Tomada simples 10 A	pç.	183
46	Conj. interruptor 3 W + tomada + interruptor simples	pç.	1
47	Conj. interruptor duplo + tomada	pç.	7
48	Interruptor paralelo	pç.	2
49	Tomada 1 HP	pç.	21
50	Tomada 3 000 W	pç.	11
51	Tomada 4 000 W	pç.	1
52	Minuteria	pç.	5
53	Cigarra	pç.	6
54	Campainha	pç.	6
55	Automático de boia	pç.	3
56	Caixas de passagem 20 × 20 cm	pç.	1
57	Caixas de passagem 10 × 10 cm	pç.	2
58	Caixas de passagem 30 × 20 cm	pç.	1

(*Continua*)

Tabela 10.18 Relação de materiais para instalação elétrica (*Continuação*)

Item	Especificações	Unid.	Quant.
59	Caixas de passagem 40 × 20 cm	pç.	1
60	Quadro de distribuição em chapa de ferro, com porta e fechadura, barramento trifásico e neutro, com disj. geral 3 P × 70 A; 2 chaves parciais 1 P × 10 A; 14 chaves parciais 1 P × 15 A; 2 chaves parciais 2 P × 15 A	pç.	5
61	Idem, com chave geral 3 P × 70 A; 1 chave parcial 3 P × 40 A; 12 parciais 1 P × 15 A	pç.	1
62	Idem, com disj. geral 3 P × 40 A; 1 parcial 2 P × 25 A; 1 parcial 2 P × 15 A; 7 parciais 1 P × 15 A	pç.	1
63	Idem, com disj. geral 3 P × 80 A; 1 parcial 3 P × 70 A; 1 parcial 1 P × 15 A	pç.	1

Biografia

D'ALEMBERT, JEAN LE ROND (1717-83), matemático francês, descobriu o princípio de Alembert na mecânica.

D'Alembert, como é conhecido, tem esse nome devido à Igreja de St. Jean Le Rond, em cujos degraus foi encontrado quando bebê. Ele, provavelmente, era filho ilegítimo de uma mulher da sociedade parisiense, Mme. de Tencin, e do cavaleiro Destouches; este último custeou sua educação, enquanto era criado por um vidraceiro e sua mulher. D'Alembert estudou leis, mas depois estudou medicina, até chegar à matemática. Suas primeiras pesquisas esclareceram o conceito de limite, no Cálculo, e ele introduziu a ideia de diferentes ordens de infinitos.

Em 1741 foi admitido na Academia de Ciências e publicou seu Tratado de Dinâmica, que inclui o princípio de D'Alembert. Uma ampla variedade de novos problemas pôde ser tratada, tais como a equação geral da onda (1747). Aproximou-se de Euler, Lagrange e Laplace, aplicando o cálculo à Mecânica Celeste, e assim determinou o movimento de três corpos celestes em seu movimento gravitacional simultâneo.

Unidades e Conversões de Unidades

O desenvolvimento e a consolidação da cultura metrológica vêm se constituindo em uma estratégia permanente das organizações, uma vez que resulta em ganhos de produtividade, qualidade dos produtos e serviços, redução de custos e eliminação de desperdícios. A construção de um senso de cultura metrológica não é tarefa simples, requer ações duradouras de longo prazo e depende não apenas de treinamentos especializados, mas de uma ampla difusão dos valores da qualidade em toda a sociedade.

Nesse sentido, este capítulo foi desenvolvido em consonância com o "Quadro Geral de Unidades de Medida", publicado em 2007 pelo INMETRO/SENAI, de acordo com a Resolução CONMETRO nº 12/88.

11.1 Unidades Básicas do Sistema Internacional de Unidades – SI

Comprimento: metro (m)
Massa: quilograma (kg)
Tempo: segundo (s)
Corrente elétrica: ampère (A)
Temperatura termodinâmica: kelvin (K)
Quantidade de matéria: mol (mol)
Intensidade luminosa: candela (cd)

11.2 Prefixos no Sistema Internacional (os mais usuais)

Nome	Símbolo	Fator pelo qual a unidade é multiplicada
yotta	Y	10^{24} = 1 000 000 000 000 000 000 000 000
zetta	Z	10^{21} = 1 000 000 000 000 000 000 000
exa	E	10^{18} = 1 000 000 000 000 000 000
peta	P	10^{15} = 1 000 000 000 000 000
tera	T	10^{12} = 1 000 000 000 000
giga	G	10^{9} = 1 000 000 000
mega	M	10^{6} = 1 000 000

(Continua)

Continuação

Nome	Símbolo	Fator pelo qual a unidade é multiplicada
quilo	k	$10^3 = 1\ 000$
hecto	h	$10^2 = 100$
deca	da	10
deci	d	$10^{-1} = 0,1$
centi	c	$10^{-2} = 0,01$
mili	m	$10^{-3} = 0,001$
micro	μ	$10^{-6} = 0,000\ 001$
nano	n	$10^{-9} = 0,000\ 000\ 001$
pico	p	$10^{-12} = 0,000\ 000\ 000\ 001$
femto	f	$10^{-15} = 0,000\ 000\ 000\ 000\ 001$
atto	a	$10^{-18} = 0,000\ 000\ 000\ 000\ 000\ 001$
zepto	z	$10^{-21} = 0,000\ 000\ 000\ 000\ 000\ 000\ 001$
yocto	y	$10^{-24} = 0,000\ 000\ 000\ 000\ 000\ 000\ 000\ 001$

11.3 Unidades Elétricas e Magnéticas

Corrente elétrica	ampère	A
Carga elétrica (quantidade de eletricidade)	coulomb	C
Tensão elétrica (diferença de potencial)	volt	V
Gradiente de potencial (intensidade de campo elétrico)	volt por metro	V/m
Resistência elétrica	ohm	Ω (é também unidade de *reatância* e de *impedância* em elementos de circuito percorridos por corrente alternada)
Resistividade	ohm $\times$ metro	$\Omega \times$m
Condutância	siemens	S (é também unidade de *admitância* e *susceptância* em elementos percorridos por corrente alternada)
Condutividade	siemens por metro	S/m
Capacitância	farad	F
Indutância	henry	H
Potência aparente	volt $\times$ ampère	VA
Potência reativa	volt $\times$ ampère reativo	var
Indução magnética	tesla	T
Fluxo magnético	weber	Wb
Intensidade de campo magnético	ampère por metro	A/m
Relutância	ampère por weber	A/Wb

11.4 Tabela de Fatores de Conversão

Multiplicar a grandeza expressa em	Por	Para obter a grandeza expressa em
Acre	0,02471	Are
Are	100	Metro quadrado
Atmosfera	76	Centímetros de coluna de mercúrio
Atmosfera	10,333	Quilograma-força por m^2
Atmosfera	14,70	Libra por polegada quadrada
Atmosfera	33,9	Pé de altura d'água
Cavalo-vapor (HP)	1,014	Cavalo-vapor (métrico)
Cavalo-vapor (cv)	0,736	Quilowatt
Cavalo-vapor (cv)	33,000	Pé · libra por minuto
Cavalo-vapor (cv)	550	Pé · libra por segundo
Centiare	1,0	Metro quadrado
Centímetro	0,3937	Polegada
Centímetro cúbico	$2,642 \times 10^{-4}$	Galões americanos
Centímetro cúbico	$3,531 \times 10^{-5}$	Pé cúbico
Centímetro cúbico	$6,102 \times 10^{-2}$	Polegada cúbica
Centímetro cúbico	$1,308 \times 10^{-6}$	Jarda cúbica
Centímetro quadrado	$1,076 \times 10^{-3}$	Pé quadrado
Centímetro quadrado	0,1550	Polegada quadrada
Centímetro por segundo	0,032 81	Pé por segundo
Dina	$1,02 \times 10^{-3}$	Grama-força
Galão americano	3,785	Centímetro cúbico
Galão americano	3,785	Litro
Galão americano	$3,785 \times 10^{-3}$	Metro cúbico
Galão americano	0,1337	Pé cúbico
Galão americano	231	Polegada cúbica
Galão americano	$4,951 \times 10^{-3}$	Jarda cúbica
Galão americano p/minuto	0,063 08	Litro por segundo
Galão americano p/minuto	$2,228 \times 10^{-3}$	Pé cúbico por segundo
Grama-força	980,7	Dina
Jarda	91,44	Centímetro
Jarda	0,9144	Metro
Jarda	3,0	Pé
Jarda	36,0	Polegada
Jarda cúbica	764,6	Litro
Jarda cúbica	0,7646	Metro cúbico
Jarda cúbica por minuto	12,74	Litro por segundo

(Continua)

Continuação

Multiplicar a grandeza expressa em	Por	Para obter a grandeza expressa em
Jarda cúbica por minuto	0,45	Pé cúbico por segundo
Jarda quadrada	0,8361	Metro quadrado
Libra	0,4536	Quilograma
Libra	444,8	Dina
Libra de água	0,016 02	Pé cúbico
Libra de água	27,68	Polegada cúbica
Libra por pé	1,488	Quilograma-força por metro
Libra por pé cúbico	0,016 02	Grama por cm^3
Libra por pé cúbico	16,02	Quilograma-força por m^3
Libra por pé cúbico	$5,787 \times 10^{-4}$	Libra por polegada cúbica
Libra por pé quadrado	4,882	Quilograma-força por m^2
Libra por polegada	178,6	Grama por centímetro
Libra por polegada cúbica	27,68	Grama por cm^3
Libra por polegada cúbica	$2,768 \times 10^{-4}$	Quilograma por m^3
Libra por polegada quadrada	0,07	Quilograma-força por cm^2
Libra por polegada quadrada	2,307	Pé de altura d'água
Libra por polegada quadrada	2,036	Polegada de mercúrio
Litro	0,2642	Galão americano
Litro	0,035 31	Pé cúbico
Litro	61,02	Polegada cúbica
Litro	0,2642	Galão americano
Litro	$1,308 \times 10^{-3}$	Jardas cúbicas
Litro por minuto	$4,503 \times 10^{-3}$	Galão por segundo
Litro por minuto	$5,885 \times 10^{-4}$	Pé cúbico por segundo
$Log_{10} N$	2,303	$Log_e N$
$Log_e N$	4,343	$Log_{10} N$
Metro	3,281	Pé
Metro	39,37	Polegada
Metro	1,094	Jarda
Metro cúbico	1057	Quarto (líquido)
Metro cúbico	264,2	Galão americano
Metro cúbico	35,31	Pé cúbico
Metro cúbico	61.023	Polegada cúbica
Metro cúbico	1,308	Jarda cúbica
Metro por minuto	1,667	Centímetro por segundo
Metro por minuto	0,06	Quilômetro por hora
Metro por minuto	0,037 28	Milha por hora
Metro por minuto	3,281	Pé por minuto
Metro por minuto	0,054 68	Pé por segundo

(Continua)

Continuação

Multiplicar a grandeza expressa em	Por	Para obter a grandeza expressa em
Metro por segundo	3,6	Quilômetro por hora
Metro por segundo	0,06	Quilômetro por segundo
Metro por segundo	2,237	Milha por hora
Metro por segundo	0,037 28	Milha por minuto
Metro por segundo	196,8	Pé por minuto
Metro por segundo	3,281	Pé por segundo
Metro quadrado	$2,471 \times 10^{-4}$	Acre
Metro quadrado	$3,861 \times 10^{-7}$	Milha quadrada
Metro quadrado	10,76	Pé quadrado
Metro quadrado	1,196	Jarda quadrada
Mícron	1×10^{-4}	Centímetro
Milha	$1,609 \times 10^{5}$	Centímetro
Milha	1,609	Quilômetro
Milha	1760	Jarda
Milha quadrada	2,590	Quilômetro quadrado
Milha por hora	1,609	Quilômetro por hora
Milha por hora	26,82	Metro por minuto
Milha por hora	0,8684	Nó por hora
Milha por hora	88	Pé por minuto
Milha por hora	1,467	Pé por segundo
Milha por minuto	2,682	Centímetro por segundo
Milha por minuto	1,609	Quilômetro por minuto
Milha por minuto	0,8684	Nó por minuto
Milímetro	0,039 39	Polegada
Milímetro quadrado	$1,550 \times 10^{-3}$	Polegada quadrada
Newton	101,972	Grama-força
Nó	1,853	Quilômetro
Nó	1,152	Milha
Pé	30,48	Centímetro
Pé	0,3048	Metro
Pé	12	Polegada
Pé cúbico	$2,832 \times 10^{4}$	Centímetro cúbico
Pé cúbico	7,481	Galão americano
Pé cúbico	28,32	Litro
Pé cúbico	0,028 32	Metro cúbico
Pé cúbico	1728	Polegada cúbica
Pé cúbico	0,038 04	Jarda cúbica
Pé cúbico por minuto	472	Centímetro cúbico por segundo
Pé cúbico por minuto	0,1247	Galão por segundo

(Continua)

Continuação

Multiplicar a grandeza expressa em	Por	Para obter a grandeza expressa em
Pé cúbico por minuto	62,4	Libra de água por minuto
Pé cúbico por minuto	0,4720	Litro por segundo
Pé cúbico por segundo	448,8	Galão americano por minuto
Pé cúbico por segundo	28,32	Litro por segundo
Pé cúbico por segundo	374	Galão imperial por minuto
Pé de altura d'água	0,0295	Atmosfera
Pé de altura d'água	304,8	Quilograma por m^2
Pé de altura d'água	62,5	Libra por pé quadrado
Pé de altura d'água	0,8826	Polegada de mercúrio
Pé por minuto	0,5080	Centímetro por segundo
Pé por minuto	0,018 29	Quilômetro por hora
Pé por minuto	0,3048	Metro por minuto
Pé por minuto	0,011 36	Milha por hora
Pé por minuto	0,016 67	Pé por segundo
Pé por segundo	30,48	Centímetro por segundo
Pé por segundo	1,097	Quilômetro por hora
Pé por segundo	18,29	Metro por minuto
Pé por segundo	0,6818	Milha por hora
Pé por segundo	0,011 36	Milha por minuto
Pé por segundo	0,5921	Nó por hora
Pé quadrado	929	Centímetro quadrado
Pé quadrado	0,0929	Metro quadrado
Pé quadrado	144	Polegada quadrada
Polegada	2,540	Centímetro
Polegada cúbica	0,017 32	Quarto (líquido)
Polegada cúbica	$4,329 \times 10^{-3}$	Galão americano
Polegada cúbica	$1,639 \times 10^{-2}$	Litro
Polegada cúbica	$1,639 \times 10^{-5}$	Metro cúbico
Polegada cúbica	$5,787 \times 10^{-4}$	Pé cúbico
Polegada quadrada	6,452	Centímetro quadrado
Polegada quadrada	645,2	Milímetro quadrado
Quilograma-força	980 665	Dina
Quilograma-força	2,205	Libra
Quilograma-força	$1,102 \times 10^{-3}$	Tonelada curta
Quilograma-força por metro	0,67 20	Libra por pé
Quilômetro	0,6214	Milha
Quilômetro	3,281	Pé
Quilômetro	1,094	Jarda
Quilômetro por hora	27,78	Centímetro por segundo

(Continua)

Continuação

Multiplicar a grandeza expressa em	Por	Para obter a grandeza expressa em
Quilômetro por hora	16,67	Metro por minuto
Quilômetro por hora	0,6214	Milha por hora
Quilômetro por hora	0,5396	Nó por hora
Quilômetro por hora	54,68	Pé por minuto
Quilômetro por hora	0,9113	Pé por segundo
Quilômetro quadrado	241,1	Acre
Quilômetro quadrado	0,3861	Milha quadrada
Quilômetro quadrado	$10,76 \times 10^{-6}$	Pé quadrado
Quilômetro quadrado	$1,196 \times 10^{-6}$	Jarda quadrada
Quilowatt	1,341	Cavalo-vapor
Quilowatt	101,99	kgm por segundo
Quilowatt	737,6	Pé-libra por segundo
Quilowatt	0,239	Quilocalorias por segundo
Tonelada curta	907,2	Quilograma
Tonelada curta	2000	Libra
Tonelada longa	1016	Quilograma
Tonelada longa	2240	Libra
Tonelada métrica	1000	Quilograma
Tonelada métrica	2205	Libra

11.5 Equivalências Importantes

$1\ t/m^2$	$= 0,0914\ t/pé^2$	$1\ t/pé^2$	$= 10,936\ t/m^2$
$1\ kgf/m^2$	$= 0,0624\ lb/pé^2$	$1\ lb/pé^3$	$= 16,02\ kg/m^3$
$1\ l/m^2$	$= 0,0204\ gal/pé^2$	$1\ gal/pé^2$	$= 48,905\ l/m^2$
$1\ kgm$	$= 7,233\ lb \times pé$	$1\ lb \cdot pé$	$= 0,1382\ kgm$
$1\ cv$	$= 0,9863\ HP$	$1\ HP$	$= 1,0139\ cv$
$1\ kg/cv$	$= 2,235\ lb/HP$	$1\ lb/HP$	$= 0,447\ kg/cv$
$1\ kcal = Cal$	$= 3,968\ Btu$	$1\ Btu$	$= 0,252\ kcal = 0,252\ Cal$ $= 2,928 \times 10^{-4}\ quilowatt\text{-}hora$
$1\ kcal/m^2$	$= 0,369\ Btu/pé^2$	$1\ Btu/pé^2$	$= 2,713\ kcal/m^2$
$1\ kcal/m^2/h/°C$	$= 0,206\ Btu/pé^2/h/°F$	$1\ Btu/pé^2/h/°F$	$= 4,88\ kcal/m^2/h/°C$
$1\ kcal/m^3$	$= 0,1123\ Btu/pé^3$	$1\ Btu/pé^3$	$= 8,899\ kcal/m^3$
$1\ kcal/kgf$	$= 1,8\ Btu/lb$	$1\ Btu/lb$	$= 0,555\ kcal/kgf$
1 atmosfera	$= 1,0335\ kg/cm^2$	1 atmosfera	$= 14,7\ lb/polegada^2$
1 atmosfera	$= 76\ cm$ de Hg a 0 °C	1 atmosfera	$= 29,92$ polegada de Hg a 32 °F
1 atmosfera	$= 10,347$ m de água a 15 °C	1 atmosfera	$= 33,947$ pés de água a 62 °F
1 atmosfera	$= 0,01\ kgf/mm^2$ $= 1,0\ kgf/cm^2$	1 pé de água	$= 0,434\ lb/polegada^2$

(Continua)

Continuação

1 HP	= 42,44 Btu/min = 33 000 lb × pé/min = 10,7 kcal/min = 0,7457 quilowatt = 76 kgm/segundo = 1,014 cv
1 HP × hora	= 2547 Btu = $1,98 \times 10^6$ lb × pé = $2,684 \times 10^6$ joule = 641,7 kcal = $2,737 \times 10^5$ kgm
1 joule	= $1,0 \times 10^7$ erg = 0,101972 kgm = $2,39 \times 10^{-4}$ kcal = 0,7376 lb × pé = $9,486 \times 10^{-4}$ Btu
1 watt-hora	= 3,415 Btu = 2655 lb × pé = 0,8605 kcal = 367,1 kgm

11.6 Alfabeto Grego

α	A		alfa	ν	N		ni
β	B		beta	ξ	Ξ		csi
γ	Γ		gama	o	O		ômicron
δ	Δ		delta	π	Π		pi
ε	E		epsílon	ρ	P		rô
ζ	Z		dzeta	ζ	σ	Σ	sigma
η	H		eta	τ	T		tau
θ	ϑ	Θ	teta	υ	Υ		ípsilon
ι	I		iota	φ	φ	Φ	fi
κ	K		capa	χ	X		qui
λ	Λ		lambda	ψ	Ψ		psi
μ	M		mi	ω	Ω		ômega

Fonte: Enciclopédia Delta Universal

Biografia

MAXWELL, JAMES CLERK (1831-79), físico inglês, produziu a teoria cinética dos gases.

Maxwell estudou na Academia de Edinburgh, uma severa instituição onde chegou com 16 anos. Cedo desenvolveu um método de desenhar eclipses, usando pinos e fios para gerar uma série de curvas originais. O trabalho foi publicado pela Royal Society de Edinburgh em 1846. Em 1850, foi para o Trinity College, em Cambridge. Lecionou posteriormente no Marischal College, em Aberdeen, onde se casou com a filha do diretor. Morreu moço, aos 48 anos, de câncer.

Maxwell foi o mais hábil teórico do século XIX. Iniciou pesquisas sobre a visão das cores em 1849, mostrando como todas as cores podem ser derivadas das cores primárias – vermelho, verde e azul. Isso o levou, em 1861, a produzir o primeiro filme fotográfico colorido usando um processo das três cores.

Sua monumental pesquisa sobre eletromagnetismo permitiu-lhe desenvolver um modelo de fenômenos eletromagnéticos com o uso do conceito de campo com vórtices análogos (redemoinhos) no fluido que representavam a intensidade magnética, com células representando a corrente elétrica. Maxwell introduziu a elasticidade no modelo, e mostrou que ondas transversais poderiam ser propagadas nos termos das bem conhecidas constantes eletromagnéticas. Calculou que as ondas poderiam mover-se numa velocidade muito próxima da velocidade da luz. Sem hesitação, concluiu que a luz compõe-se de ondas eletromagnéticas transversas num meio hipotético (o éter).

Em 1864 desenvolveu as equações fundamentais do eletromagnetismo (as equações de Maxwell), e pôde mostrar como as ondas eletromagnéticas possuem componentes elétricas e magnéticas.

Em resumo, Maxwell representou no campo do eletromagnetismo aquilo que NEWTON e EINSTEIN nos deixaram como herança em mecânica.

Bibliografia

Normas e Regulamentos

AGÊNCIA NACIONAL DE ENERGIA ELÉTRICA (ANEEL). *Direitos e deveres do consumidor de energia elétrica*: Resolução normativa n.º 414 - condições gerais de fornecimento de energia elétrica.

AGÊNCIA NACIONAL DE ENERGIA ELÉTRICA (ANEEL). Resolução normativa n.º 414, de 9 de setembro de 2010 (revista).

AGÊNCIA NACIONAL DE TELECOMUNICAÇÕES (ANATEL). Resolução n.º 426, de 9 de dezembro de 2005.

ASSOCIAÇÃO BRASILEIRA DE NORMAS TÉCNICAS (ABNT). NBR 5060:2011. *Guia para instalação e operação de capacitores de potência*: procedimento. Rio de Janeiro: ABNT, 2011.

ASSOCIAÇÃO BRASILEIRA DE NORMAS TÉCNICAS (ABNT). NBR 5282:1998. *Capacitores de potência em derivação para sistema de tensão nominal acima de 1000 V*: especificação. Rio de Janeiro: ABNT, 1998.

ASSOCIAÇÃO BRASILEIRA DE NORMAS TÉCNICAS (ABNT). NBR 5410:2004 (versão corrigida em 2008). *Instalações elétricas de baixa tensão*. Rio de Janeiro: ABNT, 2008.

ASSOCIAÇÃO BRASILEIRA DE NORMAS TÉCNICAS (ABNT). NBR 5413:1992. *Iluminância de interiores*. (Em revisão.) Rio de Janeiro: ABNT, 1992.

ASSOCIAÇÃO BRASILEIRA DE NORMAS TÉCNICAS (ABNT). NBR ISO 5419:2009. *Brocas helicoidais*: termos, definições e tipos. Rio de Janeiro: ABNT, 2009.

ASSOCIAÇÃO BRASILEIRA DE NORMAS TÉCNICAS (ABNT). NBR 5444:1989. *Símbolos gráficos para instalações elétricas prediais*. Rio de Janeiro: ABNT, 1989.

ASSOCIAÇÃO BRASILEIRA DE NORMAS TÉCNICAS (ABNT). NBR 5461:1991. *Iluminação*. Rio de Janeiro: ABNT, 1991.

ASSOCIAÇÃO BRASILEIRA DE NORMAS TÉCNICAS (ABNT). NBR 5597:2006 (versão corrigida em 2007). *Eletroduto de aço-carbono e acessórios, com revestimento protetor e rosca NPT*: requisitos. Rio de Janeiro: ABNT, 2007.

ASSOCIAÇÃO BRASILEIRA DE NORMAS TÉCNICAS (ABNT). NBR 5598:2009. *Eletroduto de aço-carbono e acessórios, com revestimento protetor e rosca BSP*: requisitos. Rio de Janeiro: ABNT, 2009.

ASSOCIAÇÃO BRASILEIRA DE NORMAS TÉCNICAS (ABNT). NBR 12.479:1992. *Capacitores de potência em derivação, para sistema de tensão nominal acima de 1000 V*. Rio de Janeiro: ABNT, 1992.

ASSOCIAÇÃO BRASILEIRA DE NORMAS TÉCNICAS (ABNT). NBR 12.519:1992. *Símbolos gráficos de elementos de símbolos, símbolos qualificativos e outros símbolos de aplicação geral*. Rio de Janeiro: ABNT, 1992.

ASSOCIAÇÃO BRASILEIRA DE NORMAS TÉCNICAS (ABNT). NBR 13.301:1995. *Redes telefônicas internas em prédios*. Rio de Janeiro: ABNT, 1995.

ASSOCIAÇÃO BRASILEIRA DE NORMAS TÉCNICAS (ABNT). NBR 13.822:1997. *Redes telefônicas em edificações com até cinco pontos telefônicos*: projeto. Rio de Janeiro: ABNT, 1997.

ASSOCIAÇÃO BRASILEIRA DE NORMAS TÉCNICAS (ABNT). NBR 17.094-1:2008. *Máquinas elétricas girantes*: motores de indução – Parte 1: trifásicos. Rio de Janeiro: ABNT, 2008.

ASSOCIAÇÃO BRASILEIRA DE NORMAS TÉCNICAS (ABNT). NBR 17.094-2:2008. *Máquinas elétricas girantes*: motores de indução – Parte 2: monofásicos. Rio de Janeiro: ABNT, 2008.

ASSOCIAÇÃO BRASILEIRA DE NORMAS TÉCNICAS (ABNT). NBR 17.240:2010. *Sistemas de detecção e alarme de incêndio*. Rio de Janeiro: ABNT, 2010.

ASSOCIAÇÃO BRASILEIRA DE NORMAS TÉCNICAS (ABNT). NBR IEC 60.439-1:2003. *Conjuntos de manobra e controle de baixa tensão*: Parte 1 – conjuntos com ensaio de tipo totalmente testados (TTA) e conjuntos com ensaio de tipo parcialmente testados (PTTA). Rio de Janeiro: ABNT, 2003.

ASSOCIAÇÃO BRASILEIRA DE NORMAS TÉCNICAS (ABNT). NBR IEC 60.439-2:2007. *Conjuntos de manobra e controle de baixa tensão*: Parte 2 – requisitos particulares para linhas elétricas pré-fabricadas (sistemas de barramentos blindados). Rio de Janeiro: ABNT, 2007.

ASSOCIAÇÃO BRASILEIRA DE NORMAS TÉCNICAS (ABNT). NBR IEC 60.439-3:2004. *Conjuntos de manobra e controle de baixa tensão*: Parte 3 – requisitos particulares para montagem de acessórios de baixa tensão destinados a instalação em locais acessíveis a pessoas não qualificadas durante sua utilização – quadros de distribuição. Rio de Janeiro: ABNT, 2004.

ASSOCIAÇÃO BRASILEIRA DE NORMAS TÉCNICAS (ABNT). NBR 13.726:1996. *Redes telefônicas internas em prédios*: tubulação de entrada telefônica – projeto. Rio de Janeiro: ABNT, 1996.

ASSOCIAÇÃO BRASILEIRA DE NORMAS TÉCNICAS (ABNT). NBR 13.727:1996. *Redes telefônicas internas em prédios*: plantas/partes componentes de projeto de tubulação telefônica. Rio de Janeiro: ABNT, 1996.

ASSOCIAÇÃO BRASILEIRA DE NORMAS TÉCNICAS (ABNT). NBR 15.701:2009. *Conduletes metálicos roscados e não roscados para sistemas de eletrodutos*. Rio de Janeiro: ABNT, 2009.

CORPO DE BOMBEIROS MILITAR DO ESTADO DO RIO DE JANEIRO (CBMERJ). Norma Técnica - BM/7 - NT 014/79. *Sistema elétrico de emergência em prédios alimentado em baixa tensão*. Rio de Janeiro, 1979.

CORPO DE BOMBEIROS MILITAR DO ESTADO DO RIO DE JANEIRO (CBMERJ). Decreto n.º 897, de 21 de setembro de 1976. *Código de segurança contra incêndio e pânico (CoSCIP)*. Legislação complementar.

Guia EM da NBR 5410. Instalações elétricas em baixa tensão - *Revista Eletricidade Moderna*, 2002.

LIGHT S.A. *Regulamentação para fornecimento de energia elétrica a consumidores em baixa tensão* – RECON-BT, 2007.

TELECOMUNICAÇÕES BRASILEIRAS (TELEBRAS). *Projetos de redes telefônicas em edifícios*, 1978.

TELECOMUNICAÇÕES BRASILEIRAS (TELEBRAS). *Tubulações telefônicas em edifícios*, 1976.

TELECOMUNICAÇÕES BRASILEIRAS (TELEBRAS). *Tubulações telefônicas em unidades habitacionais individuais*, 1977.

Catálogos e manuais de fabricantes

FAME – Tomadas múltiplas padrão brasileiro.
GE – Motores síncronos.
LEGRAND – Tomadas.
NEXANS – Fios e cabos.
OSRAM – Catálogo geral.
PHILIPS – Comercial.
PHILIPS – Lâmpadas – volume 1.
PHILIPS – Lâmpadas – volume 2.
PHILIPS – Lâmpadas LED.

PHILIPS – Sensores.
PIAL LEGRAND – Interruptores e tomadas.
PRYSMIAN – Fios e cabos de todos os tipos.
SIEMENS – Automação predial.
SIEMENS – FireFinder XLS
SIEMENS – Motores trifásicos de baixa tensão.
WEG – Motores síncronos.

Livros mais consultados

KOOGAN/HOUAISS. *Enciclopédia e dicionário ilustrado*. Rio de Janeiro: Delta, 1998.

MAMEDE FILHO, J. *Instalações elétricas industriais*. 8. ed. Rio de Janeiro: LTC, 2010.

LARGEAUD, H. *Le schéma électrique*. Paris: Eyrolles, 1993.

ILLUMINATING ENGINEERING SOCIETY (IES). *The lighting handbook*. 3. ed. Nova York: IES, 2011.

ACADEMIA BRASILEIRA DE LETRAS. *Vocabulário ortográfico da língua portuguesa*. 5. ed. Rio de Janeiro: Global, 2009.

Índice

A

Abraçadeiras de ferro modular, 280
Agência Nacional de Energia Elétrica – ANEEL, 23
Alfabeto grego, 338
Alimentadores corrente de projeto I_p, 95
Alternador
    geração de corrente, 15-21
    trifásico induzido, 20
Ampère, 3
Amperímetro, 4
André Marie Ampère, 65
Aparelho(s)
    de ar condicionado, 97
        tipo split, 100
    fixos de consumo, 74
Aquecedor elétrico (*boiler*), 179, 180
Aquecimento de água, 100
Atendimento, tipo de, 40
Atenuador, 203, 204
Aterramento, 166-174
    das instalações, 62-64
    de para-raios, 240, 241
    do condutor, neutro, 62, 63, 169
    eletrodo de, 63, 167
    entradas coletivas
        até 6 unidades de consumo, 64
        mais de 6 unidades de consumo, 64
    interligação à malha, 63
    malha de terra, 167
    modalidades de, 167, 168
    número de eletrodos, 63
    simbologias, 167, 168
Átomo(s), 1
    núcleo, 1
Automático de boia, 195, 196
Avaliação de demandas
    agrupamento de medidores, 103, 104
    circuitos de condomínios, 101
    composto por duas seções, 101
    de entrada
        coletiva, 102
        individuais, 101
    exemplos, 112-122

B

Banco de capacitores, 227
Benjamin Franklin, 248
Bobina, condutor neutro que sai do *tap* central de uma, 29
Boia, automático de, 195, 196
Buchas para eletrodutos, 275, 276
    de alumínio, 277
    de latão, 277
Bus-way, 281

C

Cabo(s)
    afitox, 128
    afumex, 128
    cobertura dos, 125
    de descida, eletroduto rígido de PVC, 240
    elétricos
        distribuição com prateleiras, 269
        fator de agrupamento, 153
        não propagadores de chama, 128
        propagadores de chama, 128
        resistentes à chama, 128
    fiter flex, 126
    isolado, 125
    multipolares
        fator de correção, 151
        Sintenax Econax, 126
        superflex, 126
    passagem de
        espaço vazio, 292
        poço, 292
    Pirelli Cabos, 126, 128, 132, 133
    Prysmian, 126, 128-131
    sugestão de uso, 129
    unipolares, 126
        Noflam BWF 750 V, 126
Caixa(s)
    de distribuição aparente, 297-299
    de inspeção de aterramento, 55-57
    padronizadas, 50
        para medidores, 50-53
    para disjuntor - CDJ, 53, 54
    para medidor polifásico, 53
    para proteção geral, 56
    para seccionador, 55
Cálculo
    da carga instalada, 97
    de demanda, 98-101
Calhas
    de piso, 283-285
    instalação, 281-290
Campo magnético, 13
    variação de intensidade, 14, 15
Canaleta(s), 263, 265
    para tomadas, de piso, 284, 285
Canalizações elétricas, 282
    Canalis, 287
Capacidade de carga, aumento na, 215-220
Capacitor(es), 18
    associação de, 227, 228
    bancos de, 227
    CPNW, 222
    em circuito, com indutância, 24
    estáticos industriais, 220, 221
    prescrições para instalação, 221-226
    trifásicos, 215
        de baixa tensão, 225
Captores, posicionamento de nível de proteção, 243
Carga(s)
    de iluminação, 74
    elétrica, 2
    energética, perda de, 8
    estimativa de, 79-82

indutiva, 17
instalada, 41
compatibilização, previsões, 112
determinação, 112
lineares, 229
não lineares, 229
por aparelho
consumo, 79, 80
densidade, 79, 80
previsão mínima, 101
reativas, 17
Células fotoelétricas, 198, 199, 251
Central
confirmação de telecomando, 261
de alarmes
entradas
analógicas, 261
digitais, 259-261
estações remotas, 259
preparação de um projeto, 259-261
saídas digitais, 261
de supervisão e controle de edifícios, 257-261
Charles Augustin Coulomb, 123
Chave(s)
de boia, 195, 196
magnética(s), 177
combinada, 178
protetoras, 178
mestra, 194-196
seccionadora tripolar, 185
Choque elétrico, 169-174
anoxemia, 170
anoxia, 170
asfixia, 170
efeitos em adultos, 172
morte aparente, 170
percurso da corrente, no corpo humano, 171
Circuito(s)
com indutância, 23
com resistência
associadas, 9-12
em paralelos, 11, 12
em série, 9-11
queda de tensão, 219
contendo apenas resistências, 6
de detecção (laço), 255
de distribuição, 67, 93
de serviço único, 110
dispositivos de comando, 177-182
elétrico
queda de tensão, 8
terminal, 67
resistência
efetiva, 11
equivalente, 11
Cloreto de polivinila (PVC), 128
Cobertura dos cabos, 125
Código de Segurança Contra Incêndio e Pânico (COSCIP), 36, 37
Combate a incêndio, central de controle, 252-255
Componentes harmônicos de onda de 60 Hz, 230
Concessionária, dados fornecidos, 49
Condutor(es), 4
bitola do, temperatura ambiente de 30°, 134
cálculo pela queda de tensão, 160-165
capacidade de condução de corrente, 143-146
comprimento dos, 163
cores no encapamento isolante, 174
de alimentação, 80, 81
de aterramento do neutro, 63
de descida, proteção do, 241
de equipotencialidade, 167
de proteção (terra), 63, 167
desiguais, 157-160

dimensionamento, 128-156
elétricos, 2
economia dos, 125-146
escolha segundo critério do aquecimento, 130-133
iguais, 157
isolação, 125
isolados, dimensões totais, 159
neutro, 20
seção mínima, 126, 127
temperaturas admissíveis, 134
Condutos, 268-280
aéreos, perfurados, 289, 290
eletrodutos
flexíveis, 269, 279, 280
rígidos, 269
Construção, poços verticais, 263, 264
Consumo de energia elétrica, 25, 26
Contadores, 179-181
Conversão de cv em kVA, 99
Correção do fator de potência, 207, 213-215
automático, 223
Corrente
alternada
grandezas, 17-20
intensidade eficaz, 17
de compensação, 20
de fuga, 169
efeitos, 193
de projeto I_p nos alimentadores, 93, 95
diferencial-residual, 169
dispositivo de proteção à, 170
efeitos fisiológicos, 170
elétrica, 3
influência, sobre o corpo humano, 193
intensidade, 3, 4
no condutor, 3
frequência f (hertz), 17
nominal, 93-95
Curtos-circuitos
dispositivos de proteção, 182-191
tempo
de interrupção das correntes, 182
máximo de duração, 183

D

Demanda(s)
avaliação da, 97, 98
de apartamentos em função da área, 104-107
de energia elétrica, 42
de entradas
coletivas mistas, 110, 111
residenciais, avaliação, 110
do ramal de entrada, 103
máxima de energia, 92
Detectores automáticos
por ionização, 252, 254
térmicos, 252, 254
termovelocimétricos, 252, 254
Dimensionamento
dos cabos
agrupamento, 146
correção de temperatura, 146
dos condutores
aquecimento, 128, 129
queda de tensão, 128
Dimmer, 203, 204
Disjuntor(es), 188, 191
com proteção
eletromagnética, 190
térmica, 190
escolha do, 189
termomagnéticos, 58
Dispositivo
de comando dos circuitos, 177-182

de proteção
à corrente diferencial-residual, 170
contra
curto-circuito, 128, 182-191
sobrecarga, 128
dos circuitos, 182-191
diferencial-residual, 192
DR, 170
Distribuição subterrânea, radial, 39
Documento ART do CREA/RJ, 49
Dutos
instalação, 281
metálicos, 281
para barramento (*bus-ducts*), 281

E

Edificação(ões), 40
proteção das, 233-247
Edifício inteligente, 249-261
alarme contra
fogo, 251-256
fumaça, 251-256
gases, 251-256
roubo, 251
centrais de controle, 257-261
informatização, 249
segurança, 251-256
Efeito
de indução eletromagnética, 13
Joule, 219
Eletricidade
atmosférica, 233-235
condutor, 235
descarga
de retorno, 234
-guia, 234
-piloto, 233
principal, 234
-reflexas, 234
raio
canalizado, 234
líder, 233
trovão, 235
coulombs, 2
instalações, 1-31
Eletrocalha, 263, 264
Eletrodinâmica, 65
Eletrodo de aterramento, 63, 167
Eletroduto(s)
ao ar livre, 150
conexões não rosqueadas, 278, 279
de aço
ocupação máxima, 149
proteção contra corrosão, 270
diâmetro nominal, 156
embutidos, 150
enterrados, 150
fixação de, 277
flexíveis
boxe reto interno, 279
metálicos, 156
plásticos, 280
metálicos
buchas, 275
curvas, 275
luvas, 275
porcas, 275
modalidades de instalação, 270
números de condutores, 270, 271
rígidos, 156, 270
de aço, 158
-carbono, 272
tipo pesado, 274

galvanizado, 272
de PVC
antichama, 272
tipo rosqueável, 273
Elétrons, 1
livres, 2
Empresas de eletricidade, privatização, 33, 34
Encapamento dos condutores, cores, 174
Energia(s), 206
analisadores de, 228, 229
ativa, 207
consumida, 7, 8
demanda
de fator, 92
máxima, 92
elétrica
entrada
coletiva, 40
individual, 40
instalação de entrada, 40
ponto de entrega, 40
equilíbrio entre, 228
fornecimento aos prédios, 33-64
Enrolamentos
dos geradores, 20, 21
dos induzidos, 20
Entrada
coletiva, 59-62
medição
agrupada, 59, 60
individual, 59, 60
de energia elétrica, projeto, 49
individual, medição direta, 51, 52
Escova de carvão, 16
Espelhos para caixas de embutir, 296
Esquemas fundamentais de ligações, 82-92
Etilenopropileno (ERP), 128

F

Fator(es)
de carga por número de apartamento, 107, 108
de conversão de unidades, 333-337
de correção
agrupamento de circuitos, 148-151
dimensionamento dos cabos, 146
eletrodutos
ao ar livre, 150, 154
embutidos, 150, 155
enterrados, 150, 155
para temperaturas ambientes diferentes de 30°, 147
de demanda, 95
de energia, 92
de diversidade, 109
de potência, 94
acréscimo de carga, 215-220
correção, 213-215
igual a 1, 207
inferior a 1, 207
medidores, 228, 229
por avaliação
horária, 208
mensal, 208
regulamentação, 208-213
de utilização, 95
Fiação, 80-82
Fio(s), 125
alternativos, 81
de mercúrio, 4
de retorno, 81
fase, 81
neutro, 21, 81
Fluxo elétrico, 3

Fonte
chaveada, 231
eletromotriz, 3
ação
da luz, 13
química, 13
aquecimento, 13
atrito, 13
compressão, 13
indução eletromagnética, 13
produção, 13-15
tração, 13
Fórmula de Fourier, 229, 230
Fornecimento de energia elétrica
às unidades consumidoras, 95-97
carga instalada, 34
demanda, 34
limites de, 34, 35, 38, 39
medição, 38
ponto de entrega (PE), 35
regulamentação, 34
responsabilidades, 35
solicitação de procedimentos, 48, 49
Fração de perímetro, 77
Fusível(is)
de cartucho, 184
de rolha, 184
Diazed (ou tipo D), 184, 185
NH, 187, 188

G

Gaiola de Faraday, 236
George Simon Ohm, 175
Gerador
elétrico, rotativo, 3
monofásico, 15, 16
trifásico
elementar, 17, 18
ligações dos enrolamentos, 20, 21
Graham Bell, 31
Grandezas elétricas, 2-12

H

Harmônicos nas instalações de edifícios, 229, 230
Haste(s)
de aterramento, 167
estabilidade das, 238

I

Iluminação
fluorescente, 96, 210
incandescente, 210
Impedância, 19
indutiva, 18
Incêndio, central de controle de combate a, 252-255
Indução eletromagnética, 13
Indutância, 17
INMETRO, 58
Instalação(ões)
alimentadas a partir de redes
de alta-tensão, 160, 161
de baixa tensão, 160
aparentes, canaletas DLP, 265
aterramento de, 62-64
de bombeamento, esquema elétrico, 197
de condutores
em linhas aéreas, 293, 294
sobre isoladores, 292, 293
de iluminação, carga mínima, 98
de minuterias individuais eletrônicas, 92
de telerruptor, 91, 92
dos condutores, número de, 134

elétrica, bandeja, 265
caixas
de embutir, 295, 296
de sobrepor, 295, 296
multiuso, 295, 296
canaletas, de sobrepor, 291
de edificações, 30
de edifícios, 229, 230
elementos componentes, 67-79
leitos para cabos, 265, 267
materiais empregados, 263-300
perfilado, 265, 266
prateleira, 265
projetos, 303-329
em baixa tensão, 67
em calhas, 281-290
em dutos, 281
industrial, temperatura ambiente de 45 graus, 152
para aparelhos domésticos, 67-122
para iluminação, 67-122
Intensidade da corrente elétrica, 7
Interruptor(es), 75
four-way, 75
three-way, 75
Isolação
do condutor, 125
tipos de, 134
Isolantes elétricos, 2

J

James Clerk Maxwell, 339
James Watt, 205
Jean Le Rond D'Alembert, 330
Joseph Henry, 301

L

Lâmpadas, tensão entre, 25
Legislação ANEEL, 34
Lei
de Coulomb do atrito, 123
de força, de Coulomb, 123
de Ohm, 6, 7, 175
Ligação(ões)
à terra, 63, 166-174
alimentador predial, 170
de alternador
em estrela, 20
em triângulo (delta), 21
de energia elétrica
definitivas, 38
de segurança, 38
de substituição, 38
normal, 38
provisórias, 37
dos aparelhos
de consumo de energia, 25, 26
em estrela, 25
dos enrolamentos dos geradores, 20, 21
dos receptores em triângulo (delta), 25
dos transformadores
com secundário, em estrela, 28
trifásicos, 27-30
esquemas fundamentais, 81
Limite de propriedade, 41
Linhas elétricas, tipos de, 135-140
Ludwing Eduard Boltzmann, 262

M

Manya Sklodowska, 232
Máquina
de lavar roupa, aterramento, 173
elétrica, rendimento, 24

Marie Curie, 232
Master Switch, 194-196
Matéria, estrutura da, 1
Medição
    de serviço, 60-62
    equipamentos de, 60-62
    totalizador em CSMD, 62
    totalizadora em entradas coletivas, 62
Megger, 241
Método de Faraday, 244, 245
Minidisjuntor, 190
Minuteria eletrônica, 90
Modelo eletrogeométrico
    aplicação, 245
    distância R, 246
    volume de proteção do captor, 246, 247
Molécula da água, 1
Motor(es)
    a vapor, 205
    de 60 Hz em curto-circuito, 224
    de indução, 211
    síncrono, 211
Movimento de um condutor
    no interior de um solenoide, 14
    num campo magnético, 13

N

Neoprene, 128
Nêutrons, 1
Normas técnicas do Corpo de Bombeiros do Estado do Rio de
    Janeiro, 36, 37

O

Ohm (Ω), 4
Onda de energia quadrada, 231

P

Padrão de entrada de energia, 49
Painel(éis) de medição
    PDMD, 60
    PMD, 60
    PPGP, 60
    PSMD, 60
Para-raios
    braçadeiras, 238
    campo de proteção, 235
    captor, 236, 237
    comuns tipo Franklin, 235
    condutor(es), de descida, 237, 238
        metálico, 238, 239
        não naturais, 239
        naturais, 239
    conector, 238
    eletrodo de terra, 240, 241
    função
        preventiva, 237
        protetora, 237
    haste, 236, 237
        para suporte do captor, 238
    isoladores, 238
    poder das pontas, 237
    ponta/mastro, 236, 237
    ponto de aterramento, 236
    prediais, 233-247
Pial Legrand, 75
Pierre Curie, 232
Poços para passagem de cabos, 292
Polietileno reticulado (XLPE), 128
Ponto(s), 74
    ativo, 74, 75
    de comando, 75
    de entrega de energia elétrica, 40

de iluminação, 76
de interligação, 41
de tomada(s), números de, 76, 77
de utilização, 76
neutro, 20, 21
útil, 74, 75
Potência
    ângulo de defasagem, 22
    aparente, 22
    ativa, 22
    corrente eficaz, 22
    de alimentação, 92, 93
    de saída do equipamento, 94
    demandada, 92, 93
    elétrica, 7
    fator de, 22-24
    fornecida pelos alternadores, 21-24
    instalada, 92, 93
    reativa, 23
    tensão, eficaz, 22
    total, 22
    trifásica ativa, 21
Potencial elétrico, 2, 3
Prédios, fornecimento de energia, 33-64
Pressostato, 178
Projeto(s) de instalações elétricas, 303-329
    elaboração, 303
    elementos constitutivos, 303, 304
    memorial
        de cálculo para o local de medição, 304
        descritivo, 304
    orçamento
        da mão de obra, 304
        do material, 304
    plantas, 304
    prédio de apartamentos
        cobertura, 311, 312
        dados iniciais, 305-329
        demanda, 324-327
        divisão dos circuitos, 309, 312
        esquema vertical, 313-323
        iluminação, 306
        memória de cálculo, 306-308
        pavimento-tipo, 305
        proteção, 328
        subsolo, 311
        térreo, 310
        tomadas, 307
    relação de materiais, 328, 329
    símbolos e convenções, 68-74
Proteção
    contra descargas atmosféricas, 243-247
        ângulo de proteção θ, 243
        método de Franklin, 243
    contra sobretensões, 58, 59
    geral
        contra sobrecorrentes, 57, 58
        de entrada, 57-59
Prótons, 1

Q

Quadro(s)
    de carga do QLD
        de serviço, 320
        do apartamento
            porteiro, 322
            -tipo, 321
    geral de baixa tensão, 227
    terminais, 67
        de chaves, 80
        de comando, 300
        de distribuição, 300

R

Radioatividade, 232
Raio(s)
    caminho da corrente, 245
    líder, 233
        ascendente (receptor), 245
        descendente, 245
Ramal
    de entrada, 41
        demanda, 103
    de ligação elétrica, 41
        aéreo, 38
            ancoramento em pontalete, 45
            cabo concêntrico, 43, 44
        subterrânea, 38
    subterrâneo, 46, 47
Reatância
    capacitiva, 18, 19
    indutiva, 17, 18
RECON-BT,
Recuo técnico, 41
Rede(s)
    de alta-tensão, 160
    de baixa tensão, 160
    elétrica
        aérea, 38
        harmônicos, 229, 230
        subterrânea, 38, 39
Relé(s)
    de partida, 196-198
    de sobrecorrentes, 191, 192
    de subtensão, 191, 192
    de tempo, 194
    eletroímã, 191
    térmico, 181, 188
Rendimento de máquinas elétricas, 24
Resistência
    de terra, 241, 242
        chapas metálicas, 242
        condutor enterrado horizontalmente, 242
        haste, 242
        megger, 241
    do condutor
        de seção uniforme, 4
        fatores, 4
    elétrica, 4-6
    variação com temperatura, 5
Resistividade, 4
    valores da, 5
Resolução normativa nº 414 da ANEEL, 34, 40
Revolução Francesa, 123

S

Seção(ões)
    dos condutores de proteção, 169
    mínimas dos condutores, 126, 127
    nominal dos cabos, 126
Seletividade
    entre disjuntores, 200-203
    entre fusíveis, 200, 202
Sensor de presença, 75
Shafts, 263
Símbolos para projetos de instalações elétricas, 68-74
Sistema(s)
    correntes harmônicas, 229
    de alarmes
        contra roubo, sensores, 251
        suprimento de energia, 255, 256
    de automação predial
        integração, 260
        SIEMENS-SAPS, 258
    de canaletas, SIEMENS, 284

de Proteção contra Descargas Atmosféricas
    (SPDA), 233-247
elétrico de emergência, 111
internacional de unidade
    prefixos, 331, 332
    unidades básicas do, 331
SIK, 285
solar, 1
Soma das potências nominais, 92
SPDA
    dimensionamento, 242, 243
    externo, 236-241
    interno, 236-241

T

Temperatura dos condutores por tipo de isolação, 185
Tempo de fusão/corrente de curto-circuito de fusível
    NH, 187
    Diazed, 186
Tensão(ões)
    baixa, quadro geral de, 227
    de distribuição
        primária, 34
        secundária, 34
    de fornecimento, 40
    elétrica, 2
        variação, 203
    em lâmpadas, 231
    queda de, 8, 9
        cálculo dos condutores, 160-165
        unitárias, 162
Terminal local (SAPS-TGI), 259
Termostato, 178
Tomada(s)
    de corrente, 77, 78
    de uso específico (TUEs), 77
    de uso geral (TUGs), 77, 78, 96
    potência a prever, 78, 79
Trabalho elétrico, 7, 8
Transformador(es), 14
    emprego de, 26-30
    estático, 27
    indutor do, 27
    induzido do, 27
    monofásico, esquema básico, 14
    primário do, 27
    secundário do, 27
    trifásicos, ligação, 27-30
        em triângulo, 28
Triângulo de impedâncias, 19

U

Unidade(s)
    consumidoras (UC), 39, 40
    elétricas, 332
    equivalências importantes, 337, 338
    magnéticas, 332
    remota controladora
        de demanda (SAPS-CD), 259
        de processos (SAPS-CP), 259
    transformadora externa, 38

V

Variador
    de luminosidade (*dimmer*), 75
    de tensão elétrica, 203, 204
Volts, 3

W

Watt (W), 7
Wattímetro, 22

Pré-impressão, impressão e acabamento

grafica@editorasantuario.com.br
www.editorasantuario.com.br
Aparecida-SP